普通高等教育“十二五”规划教材

大学物理教程

（下册）

高礼静　刘津升　编著

国防工業出版社
·北京·

内容简介

本书根据独立学院近年来大学物理课程的实际教学情况，结合三本和大专院校着重培养应用型人才的特点，在充分借鉴了国内外优秀教材的基础上编著而成。内容上简化了《理工科非物理专业类专业大学物理课程教学基本要求(讨论稿)》的部分B类内容，弱化对公式来源过程的推导，降低数学上的运算，同时加强了对A类内容、公式和概念的理解与实际应用。本书分上、下两册，上册包括力学、振动与波动、气体动理论和热力学基础，下册包括电磁学、光学、相对论和量子物理。

本书可作为高等学校尤其是独立学院或大专院校理工科非物理专业的教材或参考书。

图书在版编目(CIP)数据

大学物理教程．下册/高礼静，刘津升编著．—北京：国防工业出版社，2017.4 重印

普通高等教育“十二五”规划教材

ISBN 978-7-118-09973-7

Ⅰ.①大... Ⅱ.①高...②刘... Ⅲ.①物理学-高等学校-教材 Ⅳ.①04

中国版本图书馆 CIP 数据核字(2015)第044442号

※

国防工业出版社出版发行

(北京市海淀区紫竹院南路23号 邮政编码100048)

三河市众誉天成印务有限公司印刷

新华书店经售

*

开本 787×1092 1/16 **印张** 13¼ **字数** 295千字

2017年4月第1版第2次印刷 **印数** 4001—6000册 **定价** 28.00元

国防书店：(010)88540777 发行邮购：(010)88540776

发行传真：(010)88540755 发行业务：(010)88540717

序　言

物理学是研究物质运动最一般规律和物质基本结构的学科。物理学的发展极大地推动了近代工业和科学技术的创新革命，同时促进了人类社会文明的进步。作为自然科学的带头学科，物理学研究大至宇宙、小至基本粒子等一切物质最基本的运动形式和规律。近些年来，随着教学改革的不断深入，"大学物理"课程日渐被看作是一门为学生树立科学世界观、增强学生综合能力的素质教育课程。

独立学院是我国高等教育在办学模式上的一种新的尝试，它是公办高等院校教学资源与社会资金有机结合的产物。目前，大学物理学教材版本较多，但主要针对独立学院学生的教材相对较少，因此很有必要针对该层次的学生编写配套的教材。本着"夯实基础，注重专业衔接"的原则，在借鉴了一些国家级优秀教材的教学内容基础上，我们编写出了符合独立学院教学规律的这套教学用书。

本书的主要特点是：结合三本和大专院校着重培养应用型人才的特点，简化《理工科非物理类专业大学物理课程教学基本要求》的部分 B 类内容，弱化了对公式来源过程的推导，降低了数学上的运算，同时加强了对 A 类内容、公式和概念的理解与实际应用。本书针对独立学院学生基础相对薄弱的特点，挑选出难度适中的例题和习题，让学生在学习和课后自学时更容易理解与掌握。在一些重要的章节中增加了和实际生活紧密相关的物理现象，可以有效激发学生的学习兴趣。全书的教学内容可以根据本校的教学实际进行调整，适用于 120 课时以下的课程教学。本书适合作为独立学院和专科类院校的大学物理课程主讲教材或教学参考书，也可以作为物理爱好者的参考用书。

全书共分为上、下两册。上册主要由唐娜斯、陈悦、张红卫编著；下册主要由高礼静、刘津升编著。

致同学们

当初学者们第一次拿起这本物理学教程，部分同学初看会觉得很熟悉，力学、热学、光学和电磁学的部分内容已经在高中接触过，但是仔细一看书上的公式和习题会觉得很茫然，不理解也不会做题。这是因为中学学习的是物理中最基础的内容，用的都是最简单的运算，而在大学物理中将接触其本质和更加普适的形式，使用全新的数学工具——微积分和矢量，内容与中学物理初看雷同，其实有了一个很大的飞跃。

高中物理与大学物理不仅仅在方法和数学工具上有很大的不同，内容上也有很大的区别。例如，中学力学学的是最简单的一维直线运动，大学物理将扩展成为二维、三维曲线运动，无需再像中学那样去背诵那些令人"烦恼"的公式，我们只需要利用最基本的牛顿运动定律动力学矢量式就能推导出直线运动和曲线运动情况下的所有表达式。在电磁学方面，中学介绍的大多是均匀电场和磁场，而这里我们将详细介绍包含均匀场在内的更一般的电磁现象。在光学中，和中学里利用几何光学研究透镜成像的方法不同，我们将重点介绍波动光学的知识，并用来解释生活中常见的光的波动现象。总之，希望同学们不要在继续使用以前学习物理的方法，以一个初学者的心态去面对，这样你会发现一个全新的、不一样的物理学之美。

"判天地之美，析万物之理"。大学物理是自然科学的基础学科，在理工类专业课的学习前，都会要求学好大学物理。基础课和专业课的关系就如"走"和"跑"的关系，不会走，怎么能跑？除此之外，物理学也是一门普适教育的课程，可以增强大学生的知识面，同时具有科学的价值观和世界观。即使进入到社会，从日常生活到高新技术领域，你们会发现前面学习的这些科学知识原来无所不在。

通过大学物理的学习，我们希望能提高同学们各方面的能力。

(1) 获取知识和应用知识的能力——大学物理比高中物理学习内容多，信息量大，与数学结合紧密，需要学生学会独立阅读书本内容，自学参考书和文献知识，紧密结合高等数学中微积分和矢量代数，提高自学能力和应用能力。

(2) 科学思维的能力——能够运用物理学的理论和观点，通过分析综合、演绎归纳、科学抽象、类比联想等方法正确分析、研究和计算遇到的一些物理问题；能根据单位（量纲）分析、数量级估算、极端情况和特例讨论等，进行定性思考或半定量估算，并判断结果的合理性。

(3) 解决问题的能力——对一些较为简单的实际问题，能够根据问题的性质以及实际需要，抓住主要因素，进行合理的简化，建立相应的物理模型，并用物理语言进行描述，运用所学的物理理论和研究方法，加以解决。

希望同学们在学习过程中注意以下素质的培养。

(1) 科学素质——追求真理的理想和献身科学的精神，树立学生现代科学的自然观、宇宙观和辩证唯物主义世界观，使学生具有科学的成败观和探索科学疑难问题的信心与勇气，培养学生严谨求实的科学态度和坚忍不拔的科学品格。

(2) 创新精神——激发学生求知热情、探索精神和创新欲望，使学生善于思考，勇于实践，敢于向旧观念挑战。

(3) 应用精神——通过理论知识的教学和实验课的学习，能将学到的理论知识应用到实际的生产生活中。

由于作者学术水平有限，书中难免存在不妥之处，希望老师和同学们在使用过程中多提宝贵意见，我们将在以后的再版中不断完善。

编著者

2014 年 11 月

希腊字母表

序号	大写	小写	英文注音	中文读音	物理中的应用
1	Α	α	alpha	阿尔法	角度、系数
2	Β	β	beta	贝塔	角度、系数
3	Γ	γ	gamma	伽马	电导率
4	Δ	δ	delta	戴尔塔	变化量
5	Ε	ε	epsilon	艾普西龙	电容率、电势能
6	Ζ	ζ	zeta	截塔	系数、方位角、阻抗、原子序数
7	Η	η	eta	艾塔	磁滞系数、效率
8	Θ	θ	theta	西塔	温度、相位角
9	Ι	ι	iot	约塔	
10	Κ	κ	kappa	卡帕	介质常数
11	Λ	λ	lambda	兰姆达	波长、体积
12	Μ	μ	mu	缪	磁导率、放大率、动摩擦因数
13	Ν	ν	nu	纽	频率、中微子
14	Ξ	ξ	xi	克西	随机变量
15	Ο	ο	omicron	奥密克戎	
16	Π	π	pi	派	圆周率(值为3.141592653589793)
17	Ρ	ρ	rho	柔	密度
18	Σ	σ	sigma	西格马	总和、面密度
19	Τ	τ	tau	套	时间常数、周期
20	Υ	υ	upsilon	宇普西龙	位移
21	Φ	φ	phi	法爱	通量、电势
22	Χ	χ	chi	奇	电感
23	Ψ	ψ	psi	帕赛	通量、角度
24	Ω	ω	omega	欧米伽	欧姆、角速度、角度

目　录

第9章　真空中的静电场

电磁学主要研究电磁运动的基本规律，是物理学的一个重要分支。电磁运动是物质运动中最基本的一种运动方式，电磁力也是自然界当中四种基本自然力之一。电磁学的发展和建立是物理学发展史上第二次重要的突破。如今，电视、广播以及无线电通信日益普及；电灯照明、家用电器等也早已成为人们生活的必需品；计算机成为科学发展中的重要工具，所有这些，无不以电磁学基本原理为核心。

在相当长的一段时间内，电和磁被看成两种完全不同的现象。因此，人们对它们的理论研究是从两个不同方面进行的，进展十分缓慢。直到1820年，丹麦物理学家奥斯特(H. C. Oerstde, 1777—1851)发现了电流的磁效应，人们这才认识到电和磁是相互关联的。紧接着，法拉第(H. Faraday, 1791—1867)于1831年发现了电磁感应现象，进一步揭示了电和磁的内在联系。1865年，麦克斯韦(J. C. Maxwell, 1831—1879)在前人工作的基础上，提出感应电场和位移电流假说，总结建立了完整的电磁场理论，也成为经典电磁理论。该理论预言了电磁波的存在，并指出光是一种电磁波。

一般来说，运动电荷将同时激发电场和磁场。但是，在某种情况下，如我们所研究的电荷相对某参考系静止时，电荷在这个相对静止参考系中就只激发电场，这个电场就是我们本章要讨论的静电场。本章主要的内容包括静电场的基本定律——库仑定律、静电场的基本定理——高斯定理和环路定理、描述静电场属性的两个基本物理量——电场强度和电势等。

9.1　电荷　库仑定律

9.1.1　物质的电结构　电荷守恒定律

人们对电荷的认识最早是从摩擦起电现象和自然界的雷电现象开始的。实验指出，硬橡胶棒与皮毛摩擦后或玻璃棒与丝绸摩擦后对轻微物体都有吸引作用，这种现象称为带电现象，经过摩擦后的物体带有电荷。自然界只有两种电荷，分别称为**正电荷**和**负电荷**。同种电荷互相排斥，异种电荷相互吸引。物体所带电荷的多少称为**电荷量**(Electric Quantity)，用 Q 或 q 表示，单位是库仑，记作 C。

摩擦起电的根本原因与物体的电结构有关。按照原子理论，任何物体都是由分子或原子构成，原子又由质子和中子组成的原子核和核外电子构成。中子不带电，质子带正电，电子带负电。通常状态下，质子所带的正电荷和核外电子所带的负电荷在电荷量上相等，因此对外不显示电性。当物体经受摩擦等作用而造成物体中的电子发生转移时，物体便带了电，失去电子的带正电，得到电子的带负电。

大量实验表明，在一个孤立系统中，无论发生了怎样的物理过程，电荷都不会产生，也不会消失，只能从一个物体转移到另一个物体上，或从物体的一部分转移到另一部分，电荷的代数和是守恒的，这就是**电荷守恒定律**。

9.1.2 电荷的量子化

1897年，汤姆生(J. J. Thomson，1856—1940)通过观测阴极射线发现了电子。紧接着，1907—1913年，密立根(R. Milikan，1868—1953)通过油滴实验发现，带电体的电荷总是以一个基本单元的整数倍出现。这个电荷量的基本单元就是电子所带电荷量的绝对值，用 e 表示，$e = 1.602 \times 10^{-19}$ C，而一般带电体的电荷量 $q = \pm ne$，$n = 1, 2, 3, \cdots$ 这是自然界存在不连续性(即量子化)的又一个例子。电荷的这种只能取离散、不连续的量值的性质，叫做**电荷的量子化**。

9.1.3 库仑定律

在发现电子后的2000多年里，人们对电的认识一直停留在定性阶段。从18世纪中叶开始，许多科学家有目的地进行了一些实验性的研究，以便找出静止电荷之间的相互作用力的规律。因为带电体之间的相互作用力不仅与物体所带电荷量有关，还与带电体的形状、大小以及周围介质有关，要用实验直接确立带电体的作用是很困难的。法国物理学家库仑(C. A. Coulomb，1736—1806)于1785年提出了**点电荷**(Point Charge)的理想模型，认为带电体的大小和带电体之间的距离相比很小时，可以忽略其形状和大小，把它看作一个带电的几何点。库仑设计了一台精密的扭秤，如图9-1所示，对两个静止点电荷之间的相互作用进行实验，通过定量分析，库仑得到了两个点电荷在真空中的相互作用规律，称为**库仑定律**，表述如下。

真空中的两个静止点电荷之间的相互作用力 $\boldsymbol{F}$ 的大小与这两个点电荷多带的电荷量 q_1 和 q_2 的乘积成正比，与它们之间的距离 r 的二次方成反比，作用力 $\boldsymbol{F}$ 的方向沿它们的连线方向，同种电荷相互排斥，异种电荷相互吸引，即

$$\boxed{\boldsymbol{F} = k\frac{q_1 q_2}{r^2}\boldsymbol{e}_r = \frac{1}{4\pi\varepsilon_0}\frac{q_1 q_2}{r^2}\boldsymbol{e}_r} \tag{9-1}$$

式中：$\boldsymbol{e}_r$ 为从电荷 q_1 指向电荷 q_2 的单位矢量，即 $\boldsymbol{e}_r = \boldsymbol{r}/r$；$\varepsilon_0$ 为真空电容率，又称真空介电常量(Dielectric Constant of Vacuum)，其量值为 $\varepsilon_0 = 8.854 \times 10^{-12}\,\mathrm{C^2 \cdot N^{-1} \cdot m^{-2}}$；$k = \dfrac{1}{4\pi\varepsilon_0} = 8.987 \times 10^9\,\mathrm{N \cdot m^2 \cdot C^{-2}} \approx 9.0 \times 10^9\,\mathrm{N \cdot m^2 \cdot C^{-2}}$。

如图9-2所示，电荷 q_1 和 q_2 的量值可正可负，当 q_1 和 q_2 同号时，q_2 受到斥力作用，$\boldsymbol{F}$ 与 $\boldsymbol{e}_r$ 同向，当 q_1 和 q_2 异号时，q_2 受到引力作用，$\boldsymbol{F}$ 与 $\boldsymbol{e}_r$ 反向。库仑定律是一个实验定律，经过精密测定，在一定范围内证明是正确的。

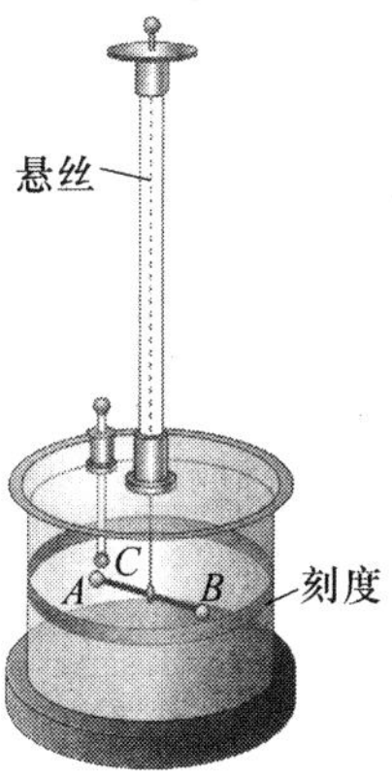

图 9－1　库仑扭秤装置

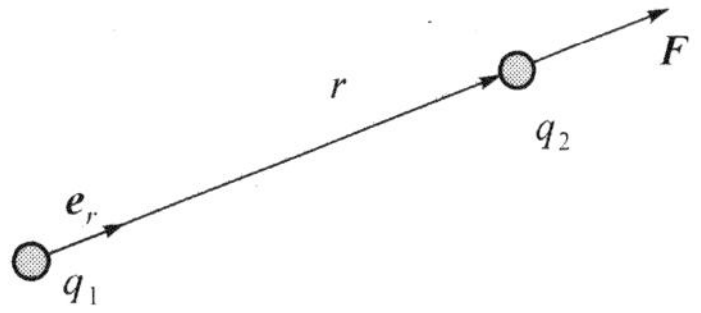

图 9－2　两个点电荷之间的作用力

9.2　电 场 强 度

9.2.1　静电场

库仑定律只给出了两个点电荷之间的相互作用的定量关系，并没指明这种作用是通过怎样的方式进行的。我们平常所见到的物体间的相互作用一般是直接接触作用的。例如，推车时，通过手和车的直接接触把力作用在车子上。但是电力、磁力和重力却可以发生在两个相隔一定距离的物体之间。那么，这些力究竟是如何传递的呢？在很长一段时间内，人们曾认为这些力的作用不需要中间媒介，也不需要时间，就能实现远距离的相互作用，即“超距作用”。到了 19 世纪初，英国物理学家法拉第提出新的观点：认为在电荷的周围存在着一种特殊形态的物质，称为**电场**（Electric Field）。任何电荷在其周围都激发电场，电荷间的相互作用是通过电场对电荷的作用来实现的。其作用可以表示如下：

电场对电荷的作用力称为电场力（Force Due to Electric Field）。现代物理学家证明，“超距作用”的观点是错误的，电力和磁力的传递都需要时间，传递速度约为 3×10^8m/s。

法拉第以其惊人的想象力提出的“场”的概念，受到了高度评价。现代物理学已经肯定了场的观点，证明了电磁场的存在。电磁场与实物粒子一样具有质量、能量、动量等物质的基本属性。相对于观察者静止的电荷在周围空间激发的电场称为**静电场**（Electrostatic Field），它是电磁场的一种特殊状态，下面就静电场的基本性质加以讨论。

9.2.2　电场强度

为了定量研究电场对电荷的作用，我们把一个实验电荷（Test Charge）q_0 放到电场中，观察电场对实验电荷 q_0 的作用力的情况。实验电荷必须满足如下两个条件：它的线度必须小到可以看作点电荷，以便确定电场中各个点的电场性质；它所带的电荷量必须充分小，以免影响到原有电场的分布。为了讨论方便，我们取实验电荷为正电荷 $+q_0$。

如图 9-3 所示,在静止电荷 Q(场源电荷)周围的电场中,先后将实验电荷 $+q_0$ 放在电场中 A、B 和 C 三个不同的场点位置。实验表明,实验电荷在不同位置所受到的电场力 $\boldsymbol{F}$ 大小和方向均不相同;若在任取的同一场点位置上,改变所放置的实验电荷 $+q_0$ 的电荷量大小,则 $+q_0$ 所受到的电场力 $\boldsymbol{F}$ 的大小也会随之改变,然而,两者的比 $\boldsymbol{F}/+q_0$ 却与实验电荷量值 $+q_0$ 无关,而仅取决于场源电荷 Q 的量值和位置。因此,我们就从电场对电荷施力的角度,把这个比值作为描述电场的一个物理量,称为**电场强度**(Electric Field Indensity),记作 $\boldsymbol{E}$,即

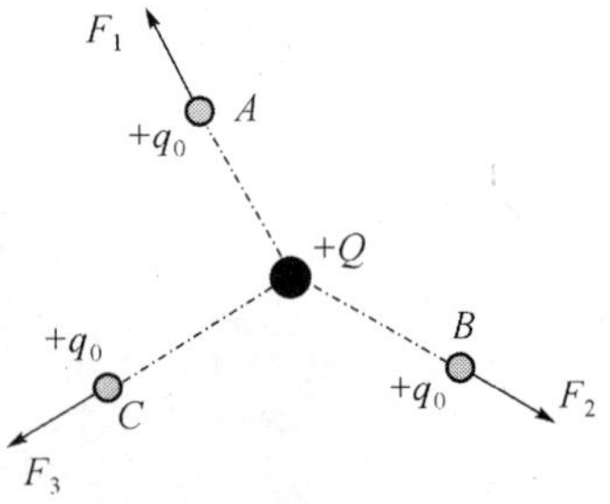

图 9-3　实验电荷在电场中不同位置受电场力情况

$$\boxed{\boldsymbol{E} = \frac{\boldsymbol{F}}{q_0}} \tag{9-2}$$

在国际单位制中,电场强度 $\boldsymbol{E}$ 的单位是牛顿每库仑($N \cdot C^{-1}$),也可以表示为伏特每米($V \cdot m^{-1}$)。式(9-2)为电场强度的定义式。它表明,电场中某点的电场强度 $\boldsymbol{E}$ 等于位于该点处的单位实验电荷所受到的电场力。显然,电场强度 $\boldsymbol{E}$ 为一个矢量,方向与正电荷在该点处受到的电场力方向一致。

由以上的讨论不难推断,如果已知空间某点处的电场强度 $\boldsymbol{E}$,则电荷 q 在该点处受到的电场力为

$$\boldsymbol{F} = q\boldsymbol{E} \tag{9-3}$$

9.2.3　电场强度的计算

1. 点电荷电场中的电场强度

由库仑定律及电场强度的定义式,可以求得真空中点电荷周围电场的电场强度。

考虑真空中放置一场源点电荷,电荷量为 q,设想把一个实验电荷 $+q_0$ 放置在距离 q 为 r 的 P 点处,根据库仑定律,$+q_0$ 受到的电场力为

$$\boldsymbol{F} = \frac{1}{4\pi\varepsilon_0}\frac{qq_0}{r^2}\boldsymbol{e}_r$$

式中:$\boldsymbol{e}_r$ 是从 q 指向 P 点的单位矢量。

由式(9-2)可得到 P 点电场强度为

$$\boxed{\boldsymbol{E} = \frac{\boldsymbol{F}}{q_0} = \frac{1}{4\pi\varepsilon_0}\frac{q}{r^2}\boldsymbol{e}_r} \tag{9-4}$$

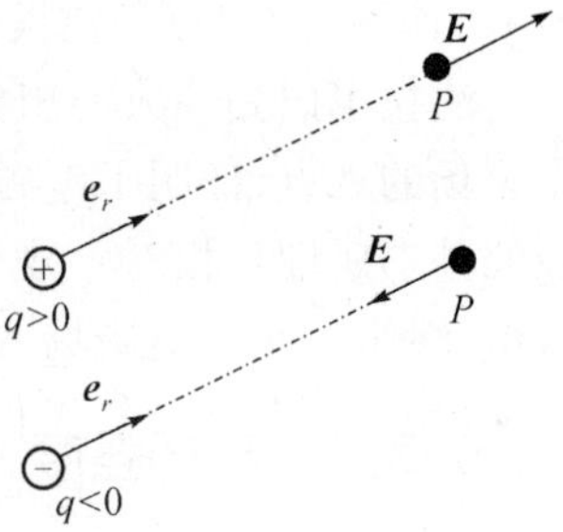

图 9-4　点电荷的电场强度

式(9-4)表明,在点电荷的电场空间,任意一点 P 的电场强度大小与场源电荷到场点的距离 2 次方成反比,与场源电荷的电荷量 q 成正比。电场强度的方向取决于场源电荷的符号。若 $q>0$,即正电荷的电场强度 $\boldsymbol{E}$ 与 $\boldsymbol{e}_r$ 同向;若 $q<0$,即负电荷的电场强度 $\boldsymbol{E}$ 的方向与 $\boldsymbol{e}_r$ 反向,如图 9-4 所示。

从式(9-4)可以看出,点电荷产生的电场具有球对称性,在以场源电荷为球心的球面上,电场强度的大小处处相等。

2. 点电荷系电场中的电场强度

一般来说,空间可能存在由许多个点电荷组成的点电荷系,那么,点电荷系的电场强度如何计算呢?下面我们具体说明。

设真空中一点电荷系由若干个点电荷 $q_1, q_2, q_3, \cdots, q_n$ 组成,每个点电荷周围都有各自激发出的电场。把实验电荷 q_0 放在场点 P 处,根据力的独立作用原理,作用在 q_0 上的电场力的合力 $\boldsymbol{F}$ 应该等于各个点电荷分别作用于 q_0 上的电场力 $\boldsymbol{F}_1, \boldsymbol{F}_2, \boldsymbol{F}_3, \cdots, \boldsymbol{F}_n$ 的矢量和,即

$$\boldsymbol{F} = \boldsymbol{F}_1 + \boldsymbol{F}_2 + \boldsymbol{F}_3 + \cdots + \boldsymbol{F}_n \tag{9-5}$$

把式(9-5)的两边分别除以 q_0,可以得到 P 点的电场强度为

$$\boldsymbol{E} = \frac{\boldsymbol{F}}{q_0} = \frac{\boldsymbol{F}_1}{q_0} + \frac{\boldsymbol{F}_2}{q_0} + \frac{\boldsymbol{F}_3}{q_0} + \cdots + \frac{\boldsymbol{F}_n}{q_0} = \boldsymbol{E}_1 + \boldsymbol{E}_2 + \boldsymbol{E}_3 + \cdots + \boldsymbol{E}_n \tag{9-6}$$

即点电荷系在空间某点激发的电场强度,等于各个点电荷单独存在时在该点激发的电场强度的矢量和,这一结论称为**电场强度的矢量叠加原理**。这是静电场的一个基本原理。将式(9-4)代入式(9-6)可得到 P 点的电场强度为

$$\boldsymbol{E} = \boldsymbol{E}_1 + \boldsymbol{E}_2 + \boldsymbol{E}_3 + \cdots + \boldsymbol{E}_n = \sum_i \boldsymbol{E}_i = \sum_i \frac{1}{4\pi\varepsilon_0} \frac{q_i}{r_i^2} \boldsymbol{e}_{r_i} \tag{9-7}$$

式中:$\boldsymbol{e}_{r_1}, \boldsymbol{e}_{r_2}, \boldsymbol{e}_{r_3}, \cdots, \boldsymbol{e}_{r_n}$ 分别是场点 P 相对于各个场源电荷 $q_1, q_2, q_3, \cdots, q_n$ 的位矢 $\boldsymbol{r}_1, \boldsymbol{r}_2, \boldsymbol{r}_3, \cdots, \boldsymbol{r}_n$ 方向上的单位矢量。

3. 连续分布电荷电场中的电场强度

对于电荷连续分布的任意带电体,可以将它看成无数个电荷元 $\mathrm{d}q$ 的集合。每个电荷元 $\mathrm{d}q$ 则看作点电荷,空间任意点的电场强度则是由这无数个点电荷 $\mathrm{d}q$ 激发的电场叠加而成。

如图 9-5 所示,有一体积为 V、电荷连续分布的带电体,现在来计算点 P 处电场强度。

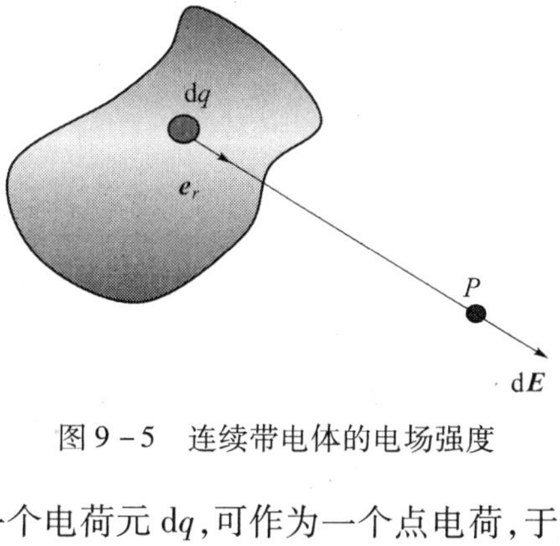

图 9-5　连续带电体的电场强度

首先,在带电体上取一个电荷元 $\mathrm{d}q$,可作为一个点电荷,于是,$\mathrm{d}q$ 在 P 的电场强度为 $\mathrm{d}\boldsymbol{E} = \frac{1}{4\pi\varepsilon_0} \frac{\boldsymbol{e}_r}{r^2} \mathrm{d}q$,式中 $\boldsymbol{e}_r$ 是由电荷元 $\mathrm{d}q$ 指向场点 P 的单位矢量。其次,根据场强的叠加原理,计算出各电荷元在点 P 处的电场强度,求矢量和,因带电体连续分布矢量和可以化成矢量积分。于是,可得到整个连续带电体在 P 点的电场强度为

$$E = \int_V \mathrm{d}\boldsymbol{E} = \int_V \frac{1}{4\pi\varepsilon_0}\frac{\boldsymbol{e}_r}{r^2}\mathrm{d}q \tag{9-8}$$

如果带电体的电荷体密度为ρ,电荷元的体积为$\mathrm{d}V$,则$\mathrm{d}q=\rho\mathrm{d}V$;如果是一个带电面,电荷面密度为$\sigma$,电荷元的面积为$\mathrm{d}S$,则$\mathrm{d}q=\sigma\mathrm{d}S$;如果是一条带电线,电荷线密度为$\lambda$,线元为$\mathrm{d}l$,则$\mathrm{d}q=\lambda\mathrm{d}l$。

式(9-8)是一个矢量积分,在运算时需要首先建立坐标系,将电荷元的电场强度矢量沿着各坐标轴方向进行分解,然后对电荷元沿各坐标轴的电场强度分量分别进行标量积分,最后求出合电场强度$\boldsymbol{E}$。下面我们通过例题详细说明。

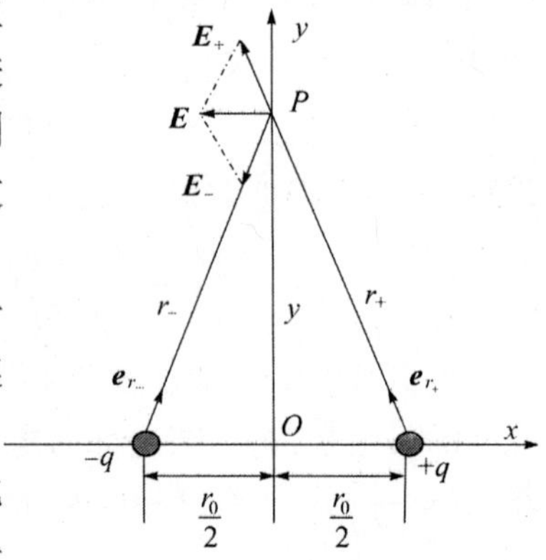

图9-6 电偶极子中垂线上的场强

例9-1 如图9-6所示,一对相距为l的等量异号点电荷$+q$和$-q$组成一个点电荷系统,求两个点电荷连线的中垂线上某点P的电场强度。

解 当两个等量异号的点电荷$+q$和$-q$的距离r_0比从它们连线中点到所讨论场点的距离y小得多时,这一带电系统称为**电偶极子**。以两个点电荷连线的中点为坐标原点O,建立直角坐标系Oxy。根据场强定义式可知,正、负电荷在P点激发的电场强度为

$$\boldsymbol{E}_+ = \frac{q}{4\pi\varepsilon_0}\frac{\boldsymbol{e}_{r_+}}{r_+^2},\boldsymbol{E}_- = -\frac{q}{4\pi\varepsilon_0}\frac{\boldsymbol{e}_{r_-}}{r_-^2}$$

式中:r_+和r_-分别是$+q$和$-q$与点P间的距离;$\boldsymbol{e}_{r_+}$和$\boldsymbol{e}_{r_-}$分别是从$+q$和$-q$指向P点的单位矢量。

从图中可以看出:$r_+ = r_-$,并且令其为r,即

$$r_+ = r_- = r = \sqrt{y^2 + \left(\frac{r_0}{2}\right)^2}$$

而单位矢量$\boldsymbol{e}_{r_+}=\boldsymbol{r}_+/r_+=\boldsymbol{r}_+/r$,其中

$$\boldsymbol{r}_+ = -\frac{r_0}{2}\boldsymbol{i} + y\boldsymbol{j}$$

单位矢量$\boldsymbol{e}_{r_+}=\left(-\frac{r_0}{2}\boldsymbol{i}+y\boldsymbol{j}\right)/r$,所以有

$$\boldsymbol{E}_+ = \frac{q}{4\pi\varepsilon_0}\frac{1}{r^3}\left(-\frac{r_0}{2}\boldsymbol{i} + y\boldsymbol{j}\right)$$

同时

$$\boldsymbol{E}_- = -\frac{q}{4\pi\varepsilon_0}\frac{1}{r^3}\left(\frac{r_0}{2}\boldsymbol{i} + y\boldsymbol{j}\right)$$

根据电场强度叠加原理,可得到P点的电场强度$\boldsymbol{E}$为

$$\boldsymbol{E} = \boldsymbol{E}_+ + \boldsymbol{E}_- = -\frac{1}{4\pi\varepsilon_0}\frac{qr_0}{r^3}\boldsymbol{i}$$

令 $\boldsymbol{r}_0$ 为从 $-q$ 指向 $+q$ 的矢量，其大小为 r_0，则 $q\boldsymbol{r}_0$ 称为电偶极子的**电偶极矩**（简称电矩），用符号 $\boldsymbol{P}_e$ 表示，有 $\boldsymbol{P}_e = q\boldsymbol{r}_0$。由图 9 -6 可知 $\boldsymbol{P}_e = qr_0\boldsymbol{i}$，因此有

$$\boldsymbol{E} = -\frac{1}{4\pi\varepsilon_0}\frac{\boldsymbol{P}_e}{r^3} = -\frac{1}{4\pi\varepsilon_0}\frac{\boldsymbol{P}_e}{\left(y^2+\frac{r_0^2}{4}\right)^{3/2}}$$

当 $y \gg r_0$ 时，上式可改为

$$\boldsymbol{E} = -\frac{1}{4\pi\varepsilon_0}\frac{\boldsymbol{P}_e}{y^3} \tag{9-9}$$

可见，电偶极子在中垂线上的电场强度与电偶极子的电矩 $\boldsymbol{P}_e$ 成正比，与该点到电偶极子中心的距离的 3 次方成正比，方向与电矩 $\boldsymbol{P}_e$ 相反。并且随着距离 y 的增大，其电场强度值迅速衰减。$\boldsymbol{P}_e$ 是表征电偶极子属性的一个重要物理量，在研究电介质的极化时会用到。

例 9 -2　一长为 L 的均匀带电细棒，电荷线密度为 λ，设棒外一点 P 到细棒的距离为 a，且与棒两端的连线分别和棒成夹角 θ_1、θ_2，如图 9 -7 所示，求 P 点的电场强度。

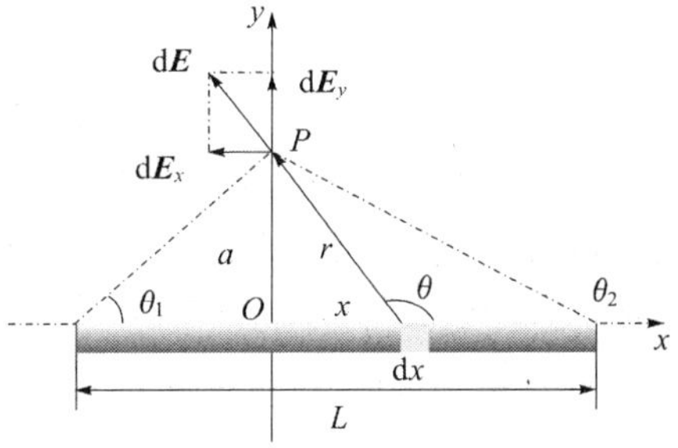

图 9 -7　均匀带电细棒外任一点处的场强

解　以 P 点到带电细棒的垂足 O 为原点并建立直角坐标系 Oxy。在细棒上 x 处取一长为 $\mathrm{d}x$ 的电荷元，其电荷为 $\mathrm{d}q = \lambda\mathrm{d}x$，则 $\mathrm{d}q$ 在 P 点产生的电场强度大小为

$$\mathrm{d}E = \frac{1}{4\pi\varepsilon_0}\frac{\mathrm{d}q}{r^2} = \frac{1}{4\pi\varepsilon_0}\frac{\lambda\mathrm{d}x}{r^2}$$

细棒上不同位置的电荷元 $\mathrm{d}q$ 在 P 点产生的 $\mathrm{d}\boldsymbol{E}$ 方向都不相同，因此在积分前先要将矢量 $\mathrm{d}\boldsymbol{E}$ 沿 x、y 轴的方向分解为

$$\mathrm{d}E_x = \mathrm{d}E\cos\theta = \frac{1}{4\pi\varepsilon_0}\frac{\lambda\mathrm{d}x}{r^2}\cos\theta, \mathrm{d}E_y = \mathrm{d}E\sin\theta = \frac{1}{4\pi\varepsilon_0}\frac{\lambda\mathrm{d}x}{r^2}\sin\theta$$

从图 9 -7 可知，上式中 x、r、θ 并非都是独立变量，它们有如下的关系，即

$$r = \frac{a}{\sin\theta}, x = -a\cot\theta$$

对上式微分，则有

$$\mathrm{d}x = \frac{a}{\sin\theta^2}\mathrm{d}\theta$$

则各电荷元在 P 点产生的合电场强度在 x、y 轴上的分量为

$$E_x = \int \mathrm{d}E_x = \int \frac{1}{4\pi\varepsilon_0} \frac{\lambda \mathrm{d}x}{r^2}\cos\theta$$

$$= \frac{\lambda}{4\pi\varepsilon_0 a}\int_{\theta_1}^{\theta_2}\cos\theta \mathrm{d}\theta = \frac{\lambda}{4\pi\varepsilon_0 a}(\sin\theta_2 - \sin\theta_1)$$

$$E_y = \int \mathrm{d}E_y = \int \frac{1}{4\pi\varepsilon_0} \frac{\lambda \mathrm{d}x}{r^2}\sin\theta$$

$$= \frac{\lambda}{4\pi\varepsilon_0 a}\int_{\theta_1}^{\theta_2}\sin\theta \mathrm{d}\theta = \frac{\lambda}{4\pi\varepsilon_0 a}(\cos\theta_1 - \cos\theta_2)$$

P 点的合场强为

$$\boldsymbol{E} = \frac{\lambda}{4\pi\varepsilon_0 a}(\sin\theta_2 - \sin\theta_1)\boldsymbol{i} + \frac{\lambda}{4\pi\varepsilon_0 a}(\cos\theta_1 - \cos\theta_2)\boldsymbol{j}$$

讨论：

若 $a \ll L$，则细棒可以看成无限长，即 $\theta_1 = 0, \theta_2 = \pi$，代入结果可得

$$\boldsymbol{E} = \frac{\lambda}{4\pi\varepsilon_0 a}(\sin\theta_2 - \sin\theta_1)\boldsymbol{i} + \frac{\lambda}{4\pi\varepsilon_0 a}(\cos\theta_1 - \cos\theta_2)\boldsymbol{j}$$

$$= \frac{\lambda}{2\pi\varepsilon_0 a}\boldsymbol{j} \qquad (9-10)$$

上式指出，在一无限长带电细棒周围任意点的场强与该点到带电细棒的距离成反比，在离细棒距离相同处的电场强度大小相等，方向垂直于细棒，即电场强度具有轴对称性。

例 9-3 如图 9-8 所示，电荷 $q(q>0)$ 均匀分布在一半径为 R 的细圆环上，计算在垂直于环面的轴线上任一点 P 的电场强度。

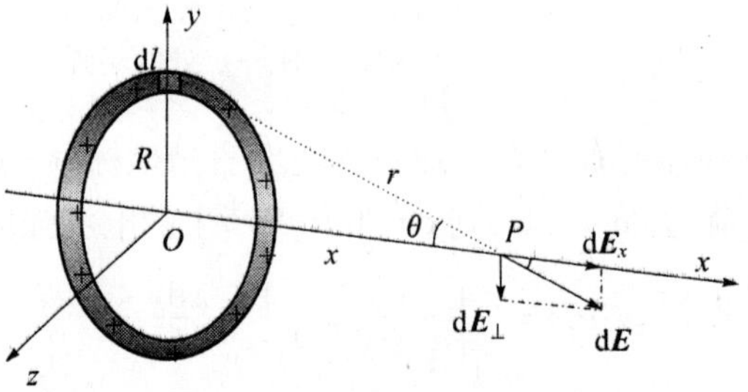

图 9-8 均匀带电细圆环轴上的电场强度

解 在圆环轴线上任取一点 P，距离环心 O 为 x，取如图 9-8 所示的坐标 $Oxyz$，将圆环分割成许多的电荷元 $\mathrm{d}q$，则

$$\mathrm{d}q = \lambda \mathrm{d}l = \frac{q}{2\pi R}\mathrm{d}l$$

任一电荷元在 P 点激发的场强为

$$\boldsymbol{E} = \frac{1}{4\pi\varepsilon_0} \frac{\mathrm{d}q}{r^2}\boldsymbol{e}_r$$

根据对称性分析可知，各电荷元在 P 点的电场强度沿垂直于轴线方向上的分量 $\mathrm{d}\boldsymbol{E}_\perp$ 相互抵消，而平行于轴线方向上的分量 $\mathrm{d}\boldsymbol{E}_x$ 则相互加强，因而，合电场强度大小即为

$$E = E_x = \int_l \mathrm{d}E_x = \int_l \mathrm{d}E\cos\theta$$

$$= \int_l \frac{\cos\theta}{4\pi\varepsilon_0}\frac{\mathrm{d}q}{r^2} = \frac{\cos\theta}{4\pi\varepsilon_0 r^2}\int_l \mathrm{d}q = \frac{\cos\theta}{4\pi\varepsilon_0 r^2}q$$

上式中，积分号下的 l 表示对整个带电圆环积分，由图 9-8 可知，$\cos\theta = \frac{x}{r}$，而 $r = \sqrt{x^2 + R^2}$，则可将上式改写成

$$E = \frac{qx}{4\pi\varepsilon_0 (x^2 + R^2)^{3/2}} \tag{9-11}$$

$\boldsymbol{E}$ 的方向沿着 x 轴正向。

讨论：

（1）当 $x \gg R$ 时，$(x^2 + R^2)^{3/2} \approx x^3$，则 $\boldsymbol{E}$ 的大小为

$$E = \frac{q}{4\pi\varepsilon_0 x^2}$$

上式表明，远离环心处的电场相当于一个电荷全部集中在环心处的点电荷产生的电场。

（2）当 $x = 0$ 时，环心处的电场强度 $E = 0$。

例 9-4 有一表面均匀带电的薄圆盘，半径为 R，电荷面密度为 σ，如图 9-9 所示。计算圆盘轴线上任一点 P 的电场强度。

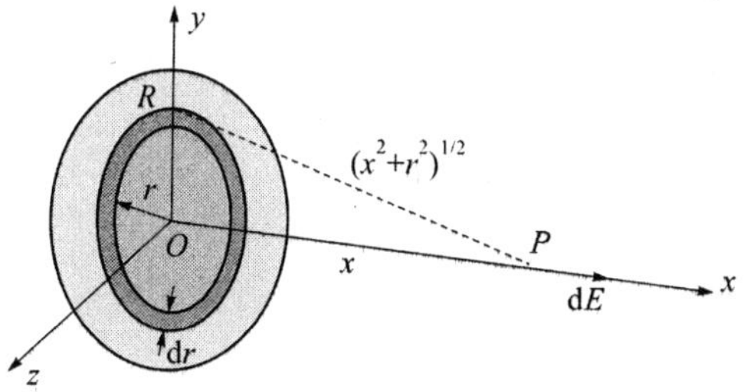

图 9-9 均匀带电圆盘面轴上的电场强度

解 取图示的坐标系 $Oxyz$，将圆盘表面看成由许多同心带电的细圆环组成，取任一带电细圆环，其电荷量 $\mathrm{d}q = \sigma 2\pi r\mathrm{d}r$。由例 9-3 可知，此带电细圆环在 P 点激发的电场强度大小为

$$\mathrm{d}E = \frac{x\sigma 2\pi r\mathrm{d}r}{4\pi\varepsilon_0 (x^2 + r^2)^{3/2}}$$

$\mathrm{d}E$ 方向沿着 x 轴正向。因此，带电圆盘在 P 点激发的电场强度大小为

$$E = E_x = \int_0^R \frac{x\sigma 2\pi r\mathrm{d}r}{4\pi\varepsilon_0 (x^2 + r^2)^{3/2}} = \frac{x\sigma}{2\varepsilon_0}\int_0^R \frac{r\mathrm{d}r}{(x^2 + r^2)^{3/2}}$$

$$= \frac{\sigma}{2\varepsilon_0}\left[1 - \frac{x}{(x^2 + R^2)^{3/2}}\right] \tag{9-12}$$

方向沿着 x 轴正向。

讨论：

当 $x \ll R$ 时，便可将表面均匀带电的薄圆盘看作无限大均匀带电平面，则其附近的电场强度大小为

$$E = \frac{\sigma}{2\varepsilon_0} \tag{9-13}$$

上式表明，无限大均匀带电平面附近是一均匀电场，其方向垂直于平面。

9.3 高斯定理及应用

9.2 节我们研究了描述电场性质的一个重要物理量——电场强度，并从叠加原理出发讨论了点电荷系和带电体的电场强度。为了更形象地描述电场，本节在介绍电场线的基础上引进电场强度通量的概念，并导出静电场的重要定理——高斯定理。

9.3.1 电场线

因为场的概念比较抽象，所以法拉第在提出场的概念的同时引入了力线的概念，对场的物理图像作出非常直观的形象化描述。描述电场的力线称为**电场线**(Electric Field Line)。

为了使电场线既能显示空间各处的电场强度大小，又能显示各点电场强度的方向，在绘制电场线时作如下规定：电场线上每一点的切线方向都与该点处的电场强度方向一致；在任一场点处，通过垂直于电场强度 $\boldsymbol{E}$ 的单位面积的电场线条数，等于该点处电场强度 $\boldsymbol{E}$ 的大小。按此比例绘制的电场线便可以很好地描述电场强度的分布。

图 9-10 是几种常见电场线的分布，从中可看出电场线的一些基本性质。

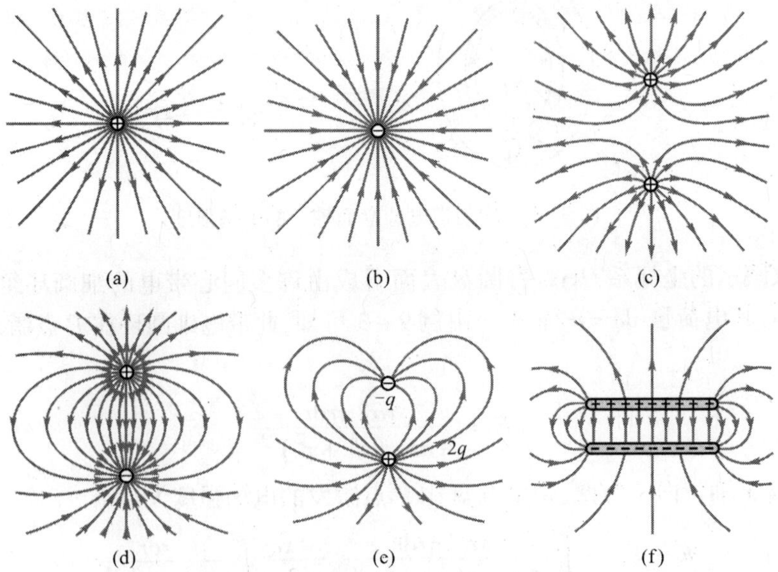

图 9-10 几种典型电场的电场线分布

(a) 正电荷；(b) 负电荷；(c) 两个等值正电荷；(d) 两个等值异号电荷；

(e) 电荷 $+2q$ 与电荷 $-q$；(f) 正负带电板。

(1) 电场线总是起始于正电荷(或无限远),终止于负电荷(或无限远),在没有电荷的地方电场线不会中断。

(2) 电场线不会形成闭合线。

(3) 没有电荷处,任意两条电场线不会相交。

(4) 电场线密集处,电场强度大;电场线稀疏处,电场强度较小。

应当指出的是,电场线只是为了更形象地描述电场的分布而引入的一组曲线,电场线不是电荷运动的轨迹。

为了给出电场线密度和电场强度间的数量关系,我们对电场线的密度作如下规定:在电场中任一点,想象地作一个面积元 ds,并使它与该点的 $\boldsymbol{E}$ 垂直(图 9-11),因面积元是一个无穷小量,可认为面积元 ds 面上各点的 $\boldsymbol{E}$ 是相同的,则通过面积元 ds 的电场线 dN 与该点的 $\boldsymbol{E}$ 的大小有如下关系,即

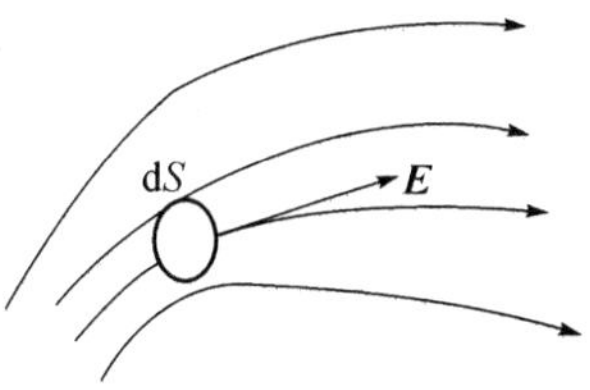

图 9-11 电场线密度与电场强度

$$\frac{\mathrm{d}N}{\mathrm{d}s} = E \qquad (9-14)$$

这就是说,通过电场中某点垂直于 $\boldsymbol{E}$ 的单位面积的电场线数等于该点处电场强度 $\boldsymbol{E}$ 的大小。dN/ds 也叫做**电场线密度**。

9.3.2 电场强度通量

通量是描述包括电场在内的一切矢量场的一个重要概念,理论上有助于说明场与源的关系。我们常常用通过电场中某一个面的电场线条数来表示通过这个面的电场强度通量,简称 **$\boldsymbol{E}$ 通量**(Electric Flux),用符号 Φ_e 表示。设在均匀电场中取一个平面 S,并使它和电场强度方向垂直,如图 9-12(a)所示,由于匀强场中电场强度处处相等,所以电场线密度也处处相等。这样,通过面 S 的电场强度通量为

$$\Phi_e = ES \qquad (9-15)$$

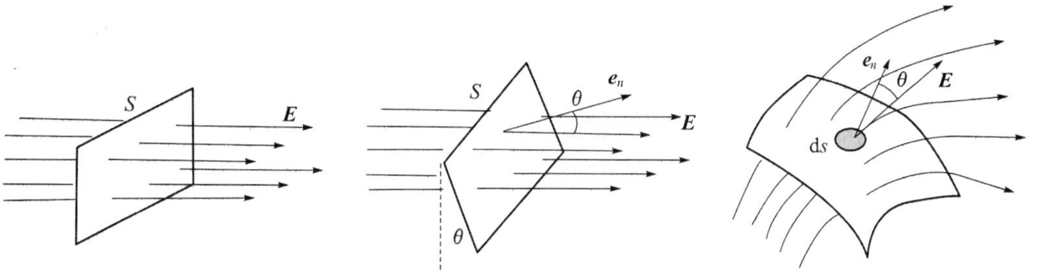

图 9-12 不同电场中的电通量计算

如果平面 S 与匀强场的 $\boldsymbol{E}$ 不垂直,那么,面 S 在电场空间可取许多方位。为了把面 S 在电场中的大小和方位两者同时表现出来,引入面积矢量 $\boldsymbol{S}$,规定其大小为 S,其方向用它

的单位法线矢量 $\boldsymbol{e}_n$来表示，有 $\boldsymbol{S} = S\boldsymbol{e}_n$。在图 9－12(b)中，$\boldsymbol{E}$ 与 $\boldsymbol{e}_n$之间的夹角为 θ。因此，这时通过面 S 的电场强度通量为

$$\Phi_e = ES\cos\theta \tag{9-16a}$$

由矢量标积的定义可知，$ES\cos\theta$ 为矢量 $\boldsymbol{E}$ 和 $\boldsymbol{S}$ 的标积，故上式可用矢量表示为

$$\Phi_e = ES\cos\theta = \boldsymbol{E}\cdot\boldsymbol{S} \tag{9-16b}$$

如果电场是非匀强场，并且面 S 是任意曲面，如图 9－12(c)所示，则可以把曲面分成无限多个面积元 $\mathrm{d}S$，每个面积元 $\mathrm{d}S$ 都可以看成一个小平面，在面积元 $\mathrm{d}S$ 上，$\boldsymbol{E}$ 也处处相等。仿照上面的办法，若 $\boldsymbol{e}_n$为面积元 $\mathrm{d}S$ 的单位法线矢量，则 $\mathrm{d}S\boldsymbol{e}_n = \mathrm{d}\boldsymbol{S}$ 。如 $\boldsymbol{e}_n$与 $\boldsymbol{E}$ 成 θ 角，于是，通过面积元 $\mathrm{d}S$ 的电场强度通量为

$$\mathrm{d}\Phi_e = E\mathrm{d}S\cos\theta = \boldsymbol{E}\cdot\mathrm{d}\boldsymbol{S} \tag{9-17}$$

所以通过曲面 S 的电场强度通量 Φ_e 等于通过面 S 上所有面积元 $\mathrm{d}s$ 电场强度通量 $\mathrm{d}\Phi_e$ 的总和，即

$$\Phi_e = \int_S \mathrm{d}\Phi_e = \int_S E\cos\theta\mathrm{d}S = \int_S \boldsymbol{E}\cdot\mathrm{d}\boldsymbol{S} \tag{9-18}$$

如果曲面是闭合曲面，式(9－18)中的曲面积分应换成对闭合曲面积分，闭合曲面积用“$\oint_S$”表示，故通过闭合曲面的电场强度通量为

$$\Phi_e = \oint_S E\cos\theta\mathrm{d}S = \oint_S \boldsymbol{E}\cdot\mathrm{d}\boldsymbol{S} \tag{9-19}$$

一般说来，通过闭合曲面的电场线，有些是“穿进”的，有些是“穿出”的。也就是说，通过曲面上各个面积元的电场强度通量 $\mathrm{d}\Phi_e$ 有正、有负。为此规定：闭合曲面上某点的法线矢量的正方向是垂直指向曲面外侧的。依照这个规定，如图 9－13 所示，在曲面的 A 处，电场线从外穿进曲面里，$\theta>90°$，所以 $\mathrm{d}\Phi_e$ 为负；在 B 处，电场线从曲面里向外穿出，$\theta<90°$，所以 $\mathrm{d}\Phi_e$ 为正。

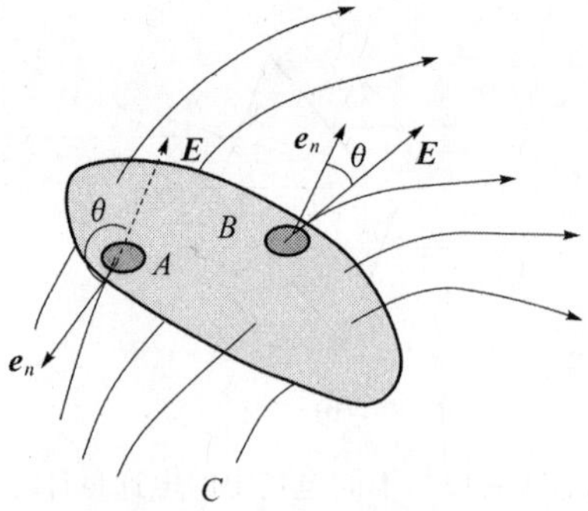

图 9－13　闭合曲面不同面积元的电通量正负判断

9.3.3 高斯定理

高斯(K. F. Gauss,1777—1855),德国数学家、天文学家和物理学家,高斯在数学上的建树颇丰,有“数学王子”的美称。他把数学应用于天文学、大地测量和电磁学的研究,并有杰出贡献

既然电场是电荷所激发的,那么,通过电场空间某一给定闭合曲面的电场强度通量与激发电场的场源电荷必有确定的关系。高斯通过缜密运算论证了这个关系,这就是著名的**高斯定理**。具体表述如下。

<u>在真空中的静电场内,通过任何闭合曲面的 $\boldsymbol{E}$ 通量,等于包围在该闭合曲面内的所有电荷的代数和的 $1/\varepsilon_0$ 倍。</u>其数学表达式为

$$\boxed{\Phi_e = \oint_S \boldsymbol{E} \cdot \mathrm{d}\boldsymbol{S} = \frac{1}{\varepsilon_0}\sum_{i=1}^{n} q_i} \tag{9-20}$$

定理中的闭合曲面常称为高斯面,$\sum_{i=1}^{n} q_i$ 表示高斯面内电荷的代数和。高斯定理是电磁学理论中的一条重要规律。下面通过一些例子来验证高斯定理的正确性。

首先,考虑以点电荷 q(设 $q>0$)为球心、半径为 r 的闭合球面的 $\boldsymbol{E}$ 通量,如图 9-14(a)所示。球面 S 上任一点的电场强度 $\boldsymbol{E}$ 的大小均为 $\dfrac{q}{4\pi\varepsilon_0 r^2}$,方向沿着各自位矢 $\boldsymbol{r}$ 的方向,且与该点处的球面垂直。显然,通过整个球面的 $\boldsymbol{E}$ 通量为

$$\Phi_e = \oint_S \boldsymbol{E} \cdot \mathrm{d}\boldsymbol{S} = \int_S \frac{q}{4\pi\varepsilon_0 r^2}\cos 0° \mathrm{d}S$$
$$= \frac{q}{4\pi\varepsilon_0 r^2}\int_S \mathrm{d}S = \frac{q}{4\pi\varepsilon_0 r^2}\cdot 4\pi r^2 = \frac{q}{\varepsilon_0}$$

此结果与球面半径 r 无关,只与它所包围的电荷量 q 有关,这意味着,对以点电荷 q 为中心的任意球面来说,通过它们的 $\boldsymbol{E}$ 通量都等于 q/ε_0。

接着,考虑通过包围点电荷 q 的任意形状的闭合曲面 S' 的 $\boldsymbol{E}$ 通量情况,如图 9-14(b)所示。S 和 S' 包围同一个点电荷 q,且在 S 和 S' 之间并无其他电荷,故电场线不会中断,因此,穿过球面 S 的电场线都将穿过闭合曲面 S'。这就是说,通过任意闭合曲面 S' 的 $\boldsymbol{E}$ 通量与通过球面 S 的 $\boldsymbol{E}$ 通量相等,在数值上都等于 q/ε_0。

如果电荷 q 在任意闭合曲面 S 之外,如图 9-14(c)所示,可见,只有部分电场线可以穿过闭合曲面 S,而且每一条穿进闭合曲面 S 的电场线必定会从曲面的另一处穿出来,因

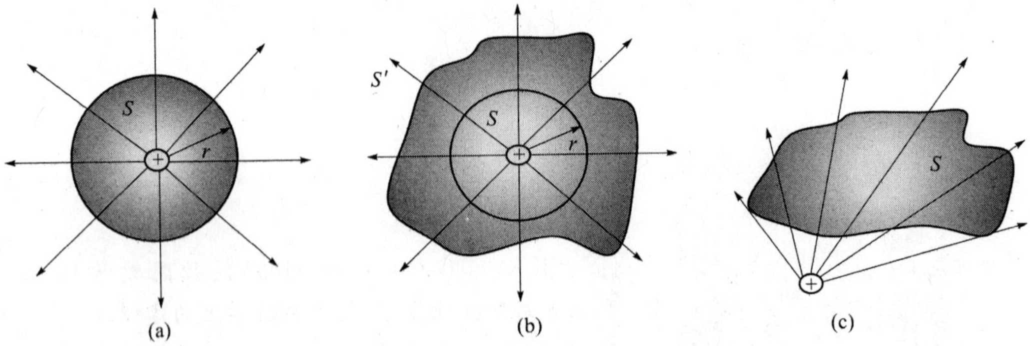

图 9－14　证明高斯定理应用图

为闭合曲面 S 内无电荷存在，因此通过这一闭合曲面 E 通量的代数和为零，即

$$\Phi_e = \oint_S \boldsymbol{E} \cdot \mathrm{d}\boldsymbol{S} = 0$$

对于一个由 $q_1, q_2, \cdots, q_n$ 组成的点电荷系来说，根据电场强度叠加原理，电场中任意一点的电场强度为 $\boldsymbol{E} = \boldsymbol{E}_1 + \boldsymbol{E}_2 + \cdots + \boldsymbol{E}_n$，其中 $\boldsymbol{E}_1, \boldsymbol{E}_2, \cdots, \boldsymbol{E}_n$ 为各个点电荷单独存在时的电场强度，$\boldsymbol{E}$ 为总电场强度。这时通过任意闭合曲面 S 的 $\boldsymbol{E}$ 通量为

$$\begin{aligned}\Phi_e &= \oint_S \boldsymbol{E} \cdot \mathrm{d}\boldsymbol{S} = \oint_S \boldsymbol{E}_1 \cdot \mathrm{d}\boldsymbol{S} + \oint_S \boldsymbol{E}_2 \cdot \mathrm{d}\boldsymbol{S} + \cdots + \oint_S \boldsymbol{E}_n \cdot \mathrm{d}\boldsymbol{S} \\ &= \Phi_{e1} + \Phi_{e2} + \cdots + \Phi_{en}\end{aligned} \tag{9-21}$$

式中：$\Phi_{e1}, \Phi_{e2}, \cdots, \Phi_{en}$ 为各个点电荷的电场强度通过闭合曲面 S 的 $\boldsymbol{E}$ 通量。

由上述有关点电荷情况的结论可知，当 q_i 在闭合曲面 S 内部时，$\Phi_{ei} = \dfrac{q_i}{\varepsilon_0}$；当 q_i 在闭合曲面 S 外部时，$\Phi_{ei} = 0$，所以可以将式(9－21)写成

$$\Phi_e = \oint_S \boldsymbol{E} \cdot \mathrm{d}\boldsymbol{S} = \frac{1}{\varepsilon_0}\sum_{i=1}^{n} q_i \tag{9-22}$$

式中：$\sum\limits_{i=1}^{n} q_i$ 为在闭合曲面内的点电荷的代数和。

对于电荷连续分布的带电体与点电荷系的情况相同。至此，我们验证了高斯定理的正确性。

为了正确地理解高斯定理，需要注意以下几点。

(1) 高斯定理反映了电场对闭合曲面的 $\boldsymbol{E}$ 通量 Φ_e 与闭合曲面包围的电荷量的代数和的关系，并非是指闭合曲面上的电场强度 $\boldsymbol{E}$ 与闭合曲面内电荷量的代数和的关系。

(2) 虽然闭合曲面外的电荷对通过闭合曲面的 $\boldsymbol{E}$ 通量 Φ_e 没有贡献，但是对闭合面上各点的电场强度 $\boldsymbol{E}$ 是有贡献的，也就是说，闭合面上各点的电场强度是由闭合面内、外所有电荷共同激发确定的。

(3) 高斯定理说明了静电场是有源场。从高斯定理可知，若闭合面内有正电荷，则它对闭合曲面贡献的 $\boldsymbol{E}$ 通量是正的，电场线自内向外穿出，说明电场线出自正电荷；若闭合面内有负电荷，则它对闭合曲面贡献的 $\boldsymbol{E}$ 通量是负的，意味着必有电场线自外穿入闭合面，说明电场线终止于负电荷。如果通过闭合面的电场线不中断，$\boldsymbol{E}$ 通量为零，说明此处

无电荷。高斯定理将电场与场源电荷联系了起来,揭示了静电场是有源场这一普遍性质。

9.3.4 高斯定理应用举例

高斯定理不仅从一个侧面反映了静电场的性质,而且有时也可以用来计算一些呈对称性分布的电场的电场强度,这种方法往往比用前面介绍的矢量叠加法更简便。由高斯定理的数学表达式(9-20)来看,电场强度 $\boldsymbol{E}$ 矢量对于闭合曲面面积的积分,一般情况下不易求解。但是如果高斯面上的电场强度大小处处相等,且方向与各点处面积元 $\mathrm{d}\boldsymbol{S}$ 的法线方向一致或具有确定的夹角,这时 $\boldsymbol{E}\cdot\mathrm{d}\boldsymbol{S}=E\cos\theta\mathrm{d}S$,则 E 可作为常量从积分号中提出来,从而算出积分大小,再根据高斯面内电荷分布利用高斯定理就可以解出 E 值的大小。由此看来,利用高斯定理计算电场强度,不仅要求电场强度分布具有对称性,而且还要根据电场强度的对称性做出相应的高斯面。下面通过几个例题来理解上述应用高斯定理求解电场强度 $\boldsymbol{E}$ 的方法。

例9-5 已知半径为 R、带电荷量为 q(设 $q>0$)的均匀带电球面,求其空间各处的电场强度分布。如果是均匀带电球体,它在空间各处的电场强度分布情况又将如何?

解 先分析电场的对称性,如图9-15所示,由于电荷均匀分布在球面上,所以电场强度的分布应该具有球对称性。因此,如以半径 r 作一球面,则在同一球面上各点 $\boldsymbol{E}$ 的大小相等,且 $\boldsymbol{E}$ 与球面上各处的面积元相垂直。以 O 为球心、r 为半径作一闭合球面为高斯面,则通过此高斯面的 $\boldsymbol{E}$ 电通量为

$$\Phi_e=\oint_S\boldsymbol{E}\cdot\mathrm{d}\boldsymbol{S}=\oint_S E\cos0^\circ\mathrm{d}S$$

$$=E\oint_S\mathrm{d}S=E\cdot4\pi r^2$$

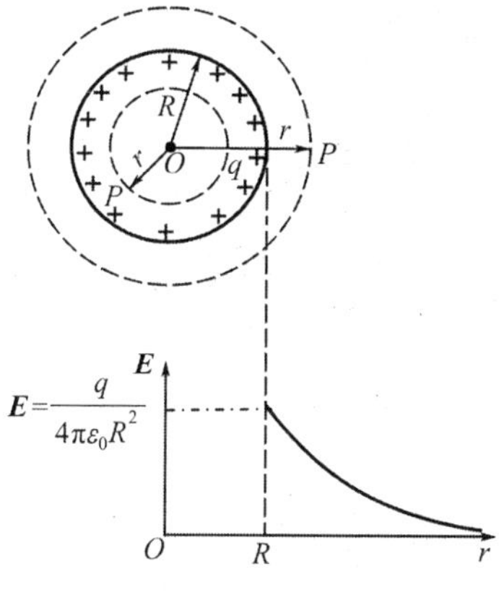

图9-15 用高斯定理计算均匀带电球面的电场强度

如果点 P 在如图9-14所示的球面内部($r<R$),由于球面内部没有电荷,即 $\sum q=0$,由高斯定理可得

$$E\cdot4\pi r^2=0$$

则

$$E = 0$$

上式说明均匀带电球面内部空间的电场强度处处为零。

如果点 P 在球面外部($r > R$)，此时，高斯面 S 所包围的电荷为 q。根据高斯定理，有

$$E \cdot 4\pi r^2 = \frac{q}{\varepsilon_0}$$

由此得 P 点的电场强度为

$$E = \frac{q}{4\pi\varepsilon_0 r^2}$$

上式表明，均匀带电球面在其外部的电场强度，与等量电荷全部集中在球心时的电场强度相同。

由上述结果可作出均匀带电球面的 $E-r$ 曲线，如图 9－15 所示。从曲线上可以看出，在球面内的 E 为零，球面外的 E 与 r^2 成反比，球面处($r=R$)的电场强度有跃变。

如果电荷 q 均匀分布在球体内，可以用同样的方法计算电场强度。球体外的电场强度与球面外的电场强度分布完全相同。计算球内电场强度时，半径为 $r(r<R)$ 的球面内部的电荷不再为零，场强也不再为零，根据高斯定理，有

$$E \cdot 4\pi r^2 = \frac{q}{\pi R^3 4/3}\frac{4}{3}\pi r^3 \frac{1}{\varepsilon_0} \qquad (r < R)$$

得

$$E = \frac{qr}{4\pi\varepsilon_0 R^3}$$

$\boldsymbol{E}$ 的方向沿径向向外。均匀带电球体的电场强度分布如图 9－16 所示，从图中可以看出，在球体表面及附近的场强是连续的。

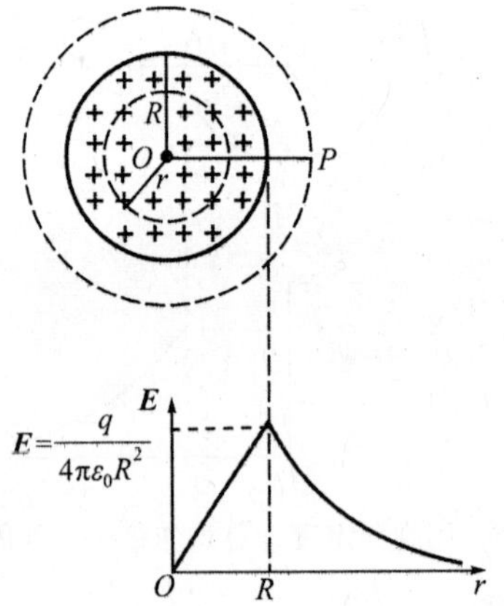

图 9－16　用高斯定理计算均匀带电球体的电场强度

例 9－6　设有一无限长均匀带电细棒，单位长度上的电荷为 λ，即电荷线密度为 λ。求距直线为 r 处的电场强度。

解　由于无限长带电细棒上的电荷均匀分布，所以其电场分布具有轴对称性。$\boldsymbol{E}$ 的

方向垂直于该细棒沿径向。以带电细棒为轴,作半径为 r、长为 h 的圆柱形高斯面 S,如图 9-17 所示,则通过高斯面的 $\boldsymbol{E}$ 通量为

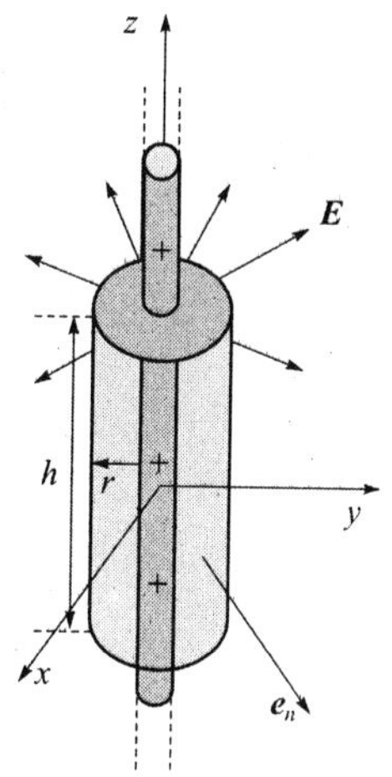

图 9-17 用高斯定理计算无限长均匀带电细棒的电场强度

$$\Phi_e = \oint_S \boldsymbol{E} \cdot d\boldsymbol{S}$$

$$= \int_{侧面} \boldsymbol{E} \cdot d\boldsymbol{S} + \int_{上底面} \boldsymbol{E} \cdot d\boldsymbol{S} + \int_{下底面} \boldsymbol{E} \cdot d\boldsymbol{S}$$

因为 $\boldsymbol{E}$ 的方向与圆柱面两底面的法线方向垂直,所以后两项的积分为零,而侧面上各点 $\boldsymbol{E}$ 的方向与各点的法线方向相同,且 $\boldsymbol{E}$ 为常量,故有

$$\Phi_e = \int_{侧面} \boldsymbol{E} \cdot d\boldsymbol{S} = \int E dS = E \int dS$$

$$= E \cdot 2\pi r h$$

式中:$2\pi rh$ 为圆柱面的侧面积。

圆柱形高斯面内包围的电荷量为 $\sum_i q_i = \lambda h$, 根据高斯定理,有

$$E \cdot 2\pi r h = \frac{\lambda h}{\varepsilon_0}$$

因此,高斯定理上任一点的电场强度大小为

$$E = \frac{\lambda}{2\pi r \varepsilon_0}$$

当 $\lambda > 0$ 时,$\boldsymbol{E}$ 的方向沿径向指向外;当 $\lambda < 0$ 时,$\boldsymbol{E}$ 的方向沿径向指向内,这一结果与例 9-2 讨论的结果相同。

例 9-7 设有一无限大的均匀带电平面,电荷面密度为 σ,求此平面在空间电场的分布。

解 根据对称性分析,平面两侧的电场强度分布具有对称性。两侧离平面等距离处的电场强度大小相等,方向处处与平板垂直。作圆柱形高斯面 S,垂直于平面且被平面左右等分,如图 9-18 所示。由于圆柱侧面上各点 $\boldsymbol{E}$ 的方向与侧面上各个面积元 $d\boldsymbol{S}$ 法向垂直,所以通过侧面的 $\boldsymbol{E}$ 通量为零。设底面的面积为 $\Delta \boldsymbol{S}$,则通过整个圆柱形高斯面的 $\boldsymbol{E}$ 通量为

$$\Phi_e = \oint_S \boldsymbol{E} \cdot d\boldsymbol{S}$$

$$= \int_{侧面} \boldsymbol{E} \cdot d\boldsymbol{S} + \int_{左底面} \boldsymbol{E} \cdot d\boldsymbol{S} + \int_{右底面} \boldsymbol{E} \cdot d\boldsymbol{S}$$

$$= \int_{左底面} \boldsymbol{E} \cdot d\boldsymbol{S} + \int_{右底面} \boldsymbol{E} \cdot d\boldsymbol{S} = 2E\Delta S$$

该高斯面中包围的电荷为 $\sum_i q_i = \sigma \Delta S$, 根据高斯定理,有

$$2E\Delta S = \frac{\sigma \Delta S}{\varepsilon_0}$$

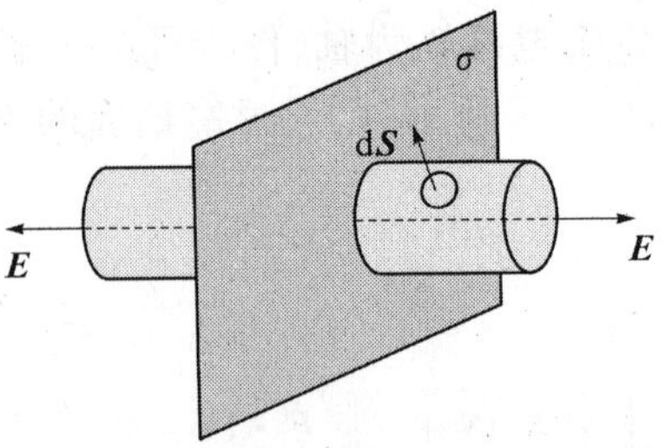

图 9－18　无限大均匀带电平面的电场

因此，无限大均匀带电平面外的电场强度为

$$\boxed{E = \frac{\sigma}{2\varepsilon_0}}$$

可见，无限大均匀带电平面两侧的电场是均匀的，它与例 9－4 讨论的结果相同。

综合以上几个例题可以看出，利用高斯定理求电场强度的关键在于对称性的分析，只有当带电系统的电荷分布具有一定的对称性时，才有可能利用高斯定理求电场强度。具体步骤如下。

（1）从电荷分布的对称性来分析电场强度的对称性，判断电场强度的方向。

（2）根据电场强度的对称性特点，作相应的高斯面（通常为球面、圆柱面等），使高斯面上各点的电场强度大小相等。

（3）确定高斯面内包围的电荷的代数和。

（4）根据高斯定理计算出电场强度大小。

需要说明的是，不具有特别对称性的电荷分布，其电场强度不能直接用高斯定理求出。但是，由于高斯定理是反映静电场性质的一条普遍规律，因此不论电荷的分布对称与否，高斯定理对各种情形下的静电场总是成立的。

9.4　静电场的环路定理　电势

在牛顿力学中，我们曾讨论了保守力对质点做功只与起始位置和终了位置有关，而与路径无关这一重要特性，如万有引力、弹性力、重力等。那么，静电场力的情况如何呢？库仑力是否也是一种保守力呢？本节讨论库仑力的保守力性质，并引入电势能和电势。

9.4.1　静电场的环路定理

如图 9－19 所示，真空中有一正点电荷 q 激发的电场，实验电荷 q_0 在 q 的电场中由点 A 沿着任意形状的路径 ACB 到达点 B。在路径上点 C 处取位移元 $\mathrm{d}\boldsymbol{l}$，从点电荷 q 到点 C 的位矢为 $\boldsymbol{r}$。电场力对实验电荷 q_0 做的元功为

$$\mathrm{d}W = q_0\boldsymbol{E}\cdot\mathrm{d}\boldsymbol{l} = q_0E\mathrm{d}l\cos\theta$$

式中：θ 为矢量 $\boldsymbol{E}$ 与 $\mathrm{d}\boldsymbol{l}$ 之间的夹角。由图可知，$\mathrm{d}l\cos\theta = \mathrm{d}r$，将它带入上式可得

$$\mathrm{d}W = q_0E\mathrm{d}r$$

当实验电荷 q_0 从 A 点移到 B 点时，电场力对它所做的功为

$$W = \int_A^B \mathrm{d}W = \int_{r_A}^{r_B} q_0 E \mathrm{d}r$$

$$= \int_{r_A}^{r_B} \frac{qq_0}{4\pi\varepsilon_0 r^2}\mathrm{d}r = \frac{qq_0}{4\pi\varepsilon_0}\left(\frac{1}{r_A} - \frac{1}{r_B}\right) \qquad (9-23)$$

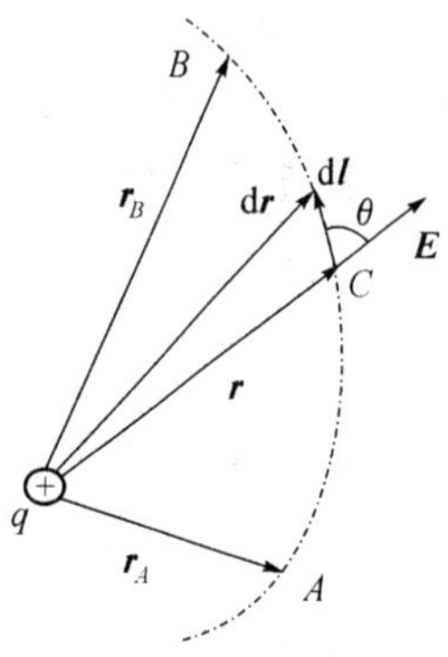

图 9-19 非匀强场中电场力所做的功

式中：r_A、r_B分别为实验电荷在起点 A 和终点 B 的位矢的大小。

式(9-23)说明，在点电荷的电场中，电场力对实验电荷 q_0所作的功与路径无关，只和实验电荷 q_0的始末位置 r_A、r_B有关。

在一般情况下，可以把带电体看作是大量点电荷的集合，当实验电荷 q_0在电场中移动时，根据电场强度的叠加原理，电场力对实验电荷 q_0所作的功等于各个点电荷单独存在时对 q_0所做的功的代数和，即

$$W = \int_A^B q_0 \boldsymbol{E} \cdot \mathrm{d}\boldsymbol{l} = \int_A^B q_0(\boldsymbol{E}_1 + \boldsymbol{E}_2 + \cdots + \boldsymbol{E}_n) \cdot \mathrm{d}\boldsymbol{l} = W_1 + W_2 + \cdots + W_n$$

$$= \frac{q_0}{4\pi\varepsilon_0}\sum_{i=1}^{n} q_i\left(\frac{1}{r_{iA}} - \frac{1}{r_{iB}}\right) \qquad (9-24)$$

式中：r_{iA}和 r_{iB}分别表示实验电荷 q_0相对于点电荷 q_i 的起点和终点的位矢。

由于上式中的每一项都与路径无关，因此它们的代数和也必定与路径无关。由此可以得出结论：在静电场中，实验电荷 q_0从一个位置移到另一个位置时，电场力对它所作的功只与 q_0及其始、末位置有关，而与路径无关。这是静电场力的一个重要特性，与重力场中重力对物体做功和路径无关的特性相同，所以静电场力是**保守力**，静电场是**保守场**(Conservative Field)。

静电场力做功与路径无关这一结论，还可以换成另一种等价的说法。如图 9-20 所示，设实验电荷 q_0在静电场中从某点 a 出发，沿着任意闭合路径 l 运动一周，又回到起点 a，设想在 l 上再取一点 b，将 l 分成 l_1和 l_2两段，则沿着闭合路径 l 电场力对实验电荷所做的功为

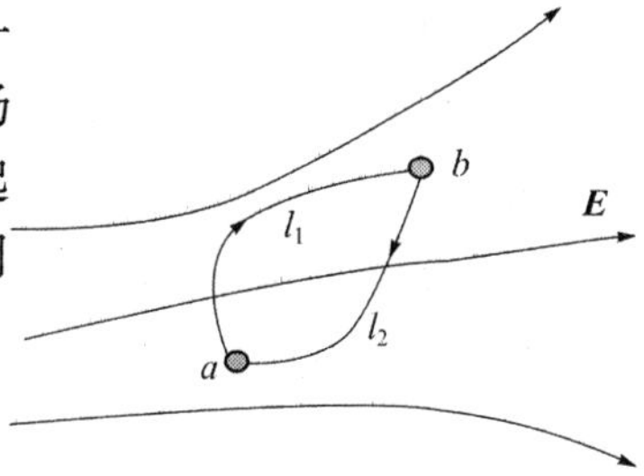

图 9-20 静电场的环流等于零

$$W = \oint_l q_0 \boldsymbol{E} \cdot \mathrm{d}\boldsymbol{l} = \int_{a\,(l_1)}^{b} q_0 \boldsymbol{E} \cdot \mathrm{d}\boldsymbol{l} + \int_{b\,(l_2)}^{a} q_0 \boldsymbol{E} \cdot \mathrm{d}\boldsymbol{l}$$

$$= \int_{a\,(l_1)}^{b} q_0 \boldsymbol{E} \cdot \mathrm{d}\boldsymbol{l} - \int_{a\,(l_2)}^{b} q_0 \boldsymbol{E} \cdot \mathrm{d}\boldsymbol{l}$$

因为电场力做功与路径无关，对于相同的起始点和终点，有

$$\int_{a\,(l_1)}^{b} q_0 \boldsymbol{E} \cdot \mathrm{d}\boldsymbol{l} = \int_{a\,(l_2)}^{b} q_0 \boldsymbol{E} \cdot \mathrm{d}\boldsymbol{l}$$

代入上式可得

$$W = \oint_l q_0 \boldsymbol{E} \cdot \mathrm{d}\boldsymbol{l} = 0$$

因 $q_0 \neq 0$，因此有

$$\oint_l \boldsymbol{E} \cdot \mathrm{d}\boldsymbol{l} = 0 \qquad (9-25)$$

式(9－25)表明，在静电场中，电场强度 $\boldsymbol{E}$ 沿着任意闭合路径的积分为零。$\boldsymbol{E}$ 沿任意闭合路径的线积分又叫做 $\boldsymbol{E}$ 的**环流**，故上式表明，在静电场中电场强度 $\boldsymbol{E}$ 的环流为零，这叫做**静电场的环路定理**。它与高斯定理一样，也是表述静电场性质的一个重要定理。

至此，我们明白了静电场力与万有引力、弹性力一样，也都是保守力，静电场是保守力场。

9.4.2 电势能

在力学中，所有保守力均可以引入对应的势能，如重力势能、弹性势能、万有引力势能等。静电场力也是保守力，因此也可以引入相应的电势能(Electric Potential Energy)，记作 $\boldsymbol{E}_p$。

在保守力场中，保守力做功等于相应势能的减小量。静电场力既然是一种保守力，那么，静电场力做功应该等于电势能的减少量。设实验电荷 q_0 在电场力作用下从 a 点移动到 b 点，在此期间，电势能从 E_{pa} 改变到 E_{pb}，电场力做功与电势能的关系可以表示为

$$W_{ab} = q_0 \int_a^b \boldsymbol{E} \cdot \mathrm{d}\boldsymbol{l} = \boldsymbol{E}_{pa} - \boldsymbol{E}_{pb} = -(\boldsymbol{E}_{pb} - \boldsymbol{E}_{pa}) \tag{9-26}$$

在国际单位制中，电势能的单位是焦，记作 J。电势能与重力势能、弹性势能等其他形式的势能相仿，是一个相对量。这就意味着，要确定实验电荷 q_0 在电场中某点的电势能，需首先确定电势能的零点，这个势能零点的选择是任意的。当场源电荷为有限大小的带电体时，习惯上取无限远处为电势能零点。设式(9－26)中的 b 点为无穷远处，即 $E_{pb} = E_{p\infty} = 0$，则实验电荷 q_0 在 a 点的电势能为

$$E_{pa} = W_{a\infty} = q_0 \int_a^\infty \boldsymbol{E} \cdot \mathrm{d}\boldsymbol{l} \tag{9-27}$$

式(9－27)表明，实验电荷 q_0 在电场中某点 a 处的电势能，在数值上等于将 q_0 从 a 点移到电势能零点处电场力所做的功。必须指出：

(1) 电势能仅与电荷 q_0 及其在静电场中的位置有关，电势能是属于电场和位于电场中电荷 q_0 所组成的系统的，而不是属于某个孤立电荷的；

(2) 电势能是标量，可正可负。

9.4.3 电势

实验电荷 q_0 在电场中 a 点的电势能 E_{pa} 不仅与电场有关，而且与实验电荷的电荷量有关，所以电势能不能直接用来描述电场的性质。实验表明，实验电荷在场点 a 的电势能与其电荷量之比(E_{pa}/q_0)是一个与实验电荷无关的量，仅取决于场源电荷的分布和场点的位置。因此，把这个比值作为描述电场的一个物理量，称为该点的**电势**(Electric Potential)，记作 V_a，即

$$V_a = \frac{E_{pa}}{q_0} = \int_a^\infty \boldsymbol{E} \cdot \mathrm{d}\boldsymbol{l} \tag{9-28}$$

式(9－28)表明，电场中某一点 a 的电势 V_a，在数值上等于单位正电荷在该处的电势能；或等于把单位正电荷从 a 点移到无限远出(零势能点)，静电场力所做的功。

电势是标量，它的单位是 $J\cdot C^{-1}$，称为伏特(V)。电势也是一个相对的量，要确定某点的电势，必须先选定参考点(电势零点)。由于电势能及电势的相对性，真正有意义的是两点之间的电势差(亦称为电压)。由式(9－26)可知，两边同除以 q_0，可得静电场中任意两点 a 和 b 之间的电势差为

$$V_a - V_b = \frac{E_{pa}}{q_0} - \frac{E_{pb}}{q_0} = \int_a^b \boldsymbol{E}\cdot d\boldsymbol{l} \tag{9-29}$$

这就是说，静电场中 a、b 两点之间的电势差等于将单位正电荷从 a 点移到 b 点时，静电场力所做的功。显然，只要知道 a、b 两点之间的电势差，就可以方便地算出电荷 q_0 从 a 点移到 b 点时电场力做的功，即

$$\boxed{W_{ab} = q_0\int_a^b \boldsymbol{E}\cdot d\boldsymbol{l} = q_0(V_a - V_b)} \tag{9-30}$$

式(9－30)在计算电场力做功或计算电势能增减变化时经常会被用到。

需要指出的是，与电势能一样，电势也是一个与参考零点有关的量，但电场中任意两点的电势差则与参考零点的选择无关。在理论计算中，对一个有限大小的带电体，往往选择无限远处的电势为零；如果带电体是无限大的，那么，就只能在电场中选一个适当的位置作为电势零点。在实际问题中，通常选取大地作为电势零点，导体接地后就认为它的电势为零了。在电子仪器中，常取电器的金属外壳或公共地线作为电势的零点。

9.4.4 电势的计算

1. 点电荷电场中的电势

在点电荷 q 激发的电场中，若选取无限远处电势为零，即 $V_\infty=0$，则由式(9－28)可以得出电场中任一点 P 的电势。设点 P 到点电荷 q 的距离为 r，由于静电场为保守力场，积分与路径无关，因此可沿着场强 $\boldsymbol{E}$ 的方向即径向积分，则

$$\boxed{V_p = \int_p^\infty \boldsymbol{E}\cdot d\boldsymbol{l} = \int_r^\infty \frac{q}{4\pi\varepsilon_0 r^2}dr = \frac{q}{4\pi\varepsilon_0 r}} \tag{9-31}$$

式(9－31)表明，当 $q>0$ 时，电场中各点的电势都是正值，和距离 r 成反比关系；当 $q<0$ 时，电场中各点的电势则是负值，随着距离 r 不断增加，直到无限远处电势为零，电势最高。

2. 点电荷系电场中的电势

在点电荷系所激发的电场中，总电场强度是各个电荷所激发的电场强度的矢量叠加，所以电场中 P 点的电势为

$$\begin{aligned} V_p &= \int_p^\infty \boldsymbol{E}\cdot d\boldsymbol{l} = \int_p^\infty (\boldsymbol{E}_1 + \boldsymbol{E}_2 + \cdots + \boldsymbol{E}_n)\cdot d\boldsymbol{l} \\ &= \int_p^\infty \boldsymbol{E}_1\cdot d\boldsymbol{l} + \int_p^\infty \boldsymbol{E}_2\cdot d\boldsymbol{l} + \cdots + \int_p^\infty \boldsymbol{E}_n\cdot d\boldsymbol{l} \\ &= V_1 + V_1 + \cdots + V_n \end{aligned}$$

亦即

$$V_p = V_1 + V_1 + \cdots + V_n = \sum_{i=1}^n \frac{q_i}{4\pi\varepsilon_0 r_i} \tag{9-32}$$

式(9－32)表明,点电荷系所激发的电场中某点的电势,等于各个点电荷单独存在时在该点产生的电势的代数和。这一结论就叫做静电场的**电势叠加原理**。

3. 电荷连续分布的带电体电场中的电势

对于电荷连续分布的带电体,可将其看作无限多个电荷元 $\mathrm{d}q$ 的集合,每个电荷元在电场中某点 P 产生的电势为

$$\mathrm{d}V = \frac{\mathrm{d}q}{4\pi\varepsilon_0 r}$$

再根据电势的叠加原理,可得出 P 点的总电势为

$$\boxed{V = \int_V \mathrm{d}V = \int_V \frac{\mathrm{d}q}{4\pi\varepsilon_0 r}} \tag{9－33}$$

式(9－33)的积分是对带电体的空间体积进行积分的,电势零点在无限远处。

利用上述的方法,我们通过几个例子来详细讨论电势的计算。

例 9－8 如图 9－21 所示,正电荷 q 均匀地分布在半径为 R 的细圆环上,计算在环的中轴线上与环心 O 相距为 x 处的点 P 的电势。

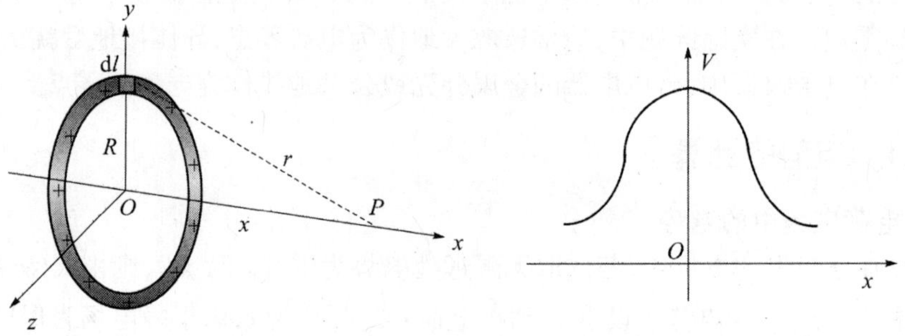

图 9－21　均匀带电圆环轴线上的电势

解 以圆心 O 为原点轴线为 x 轴建立如图 9－21 所示的坐标系,电荷线密度为 $\lambda = q/2\pi R$,在圆环上取一线元 $\mathrm{d}l$,则其所带的电荷量为 $\mathrm{d}q = \lambda\mathrm{d}l$,该电荷元在点 P 处产生的电势为

$$\mathrm{d}V = \frac{\lambda\mathrm{d}l}{4\pi\varepsilon_0 r}$$

式中:$r = \sqrt{R^2 + x^2}$,根据电势的叠加原理,带电圆环在 P 点产生的电势为

$$V = \frac{\lambda}{4\pi\varepsilon_0 r}\int_0^{2\pi R}\mathrm{d}l$$

$$= \frac{2\pi R\lambda}{4\pi\varepsilon_0 r} = \frac{q}{4\pi\varepsilon_0 r} = \frac{q}{4\pi\varepsilon_0\sqrt{R^2 + x^2}}$$

电势沿着 x 轴的分布规律如图 9－21 曲线所示。从上式结果可知,当 $x \gg R$ 时,P 点电势 $V_p = \dfrac{q}{4\pi\varepsilon_0 x}$,这个结果相当于把全部电荷集中在环心处形成的点电荷在 P 点产生的电势。

例 9－9 半径为 R 的均匀带电球面,所带电荷量为 q,试求该带电球面产生的空间电场的电势分布。

解 由例 9-5 我们知道,均匀带电球面产生的空间电场的场强分布为

$$E=\begin{cases}0, & r<R\\ \dfrac{q}{4\pi\varepsilon_0 r^2}, & r>R\end{cases}$$

场强方向沿着径向向外。

因球面为有限大小的带电体,我们可以选择无限远处为电势零点。设球面外任一点 P 与球心的距离为 r,根据电势的定义式(9-28),P 点电势为

$$V_P=\int_P^{\infty}\boldsymbol{E}\cdot\mathrm{d}\boldsymbol{l}=\int_r^{\infty}\frac{q}{4\pi\varepsilon_0 r^2}\mathrm{d}r$$

$$=\frac{q}{4\pi\varepsilon_0 r}$$

上式结果说明,均匀带电球面在球外任一点的电势等于将球面上的所有电荷全部集中在球心处形成的点电荷的电势。

球面内的电势,同样由电势定义式(9-28),并将球面内外的场强代入,可得

$$V_P=\int_P^{\infty}\boldsymbol{E}\cdot\mathrm{d}\boldsymbol{l}=\int_r^{R}\boldsymbol{E}_{内}\cdot\mathrm{d}\boldsymbol{l}+\int_R^{\infty}\boldsymbol{E}_{外}\cdot\mathrm{d}\boldsymbol{l}$$

$$=\int_R^{\infty}\frac{q}{4\pi\varepsilon_0 r^2}\mathrm{d}r=\frac{q}{4\pi\varepsilon_0 R}$$

上式结果说明,均匀带电球面内各点的电势相等,并且等于球面上各点的电势。电势 V 大小随着到达球心距离 r 分布曲线如图 9-22 所示。

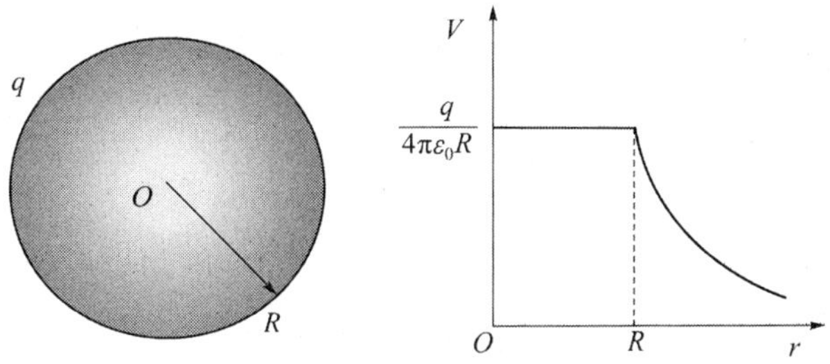

图 9-22 均匀带电球面电场中的电势

9.5 等势面 电势梯度

9.5.1 等势面

本节用等势面形象地描绘电场中电势的分布,并指出等势面和电场线两者之间的联系。

在静电场中,将电势相等的各点连起来所形成的曲面,称为**等势面**(Equi - potential Surface)。当电荷 q 沿等势面运动时,电场力对电荷不做功,即 $q\boldsymbol{E}\cdot\mathrm{d}\boldsymbol{l}=0$。由于 q、$\boldsymbol{E}$ 和 $\mathrm{d}\boldsymbol{l}$ 均不为零,故上式成立的条件是:$\boldsymbol{E}$ 必须与 $\mathrm{d}\boldsymbol{l}$ 垂直,即某点的电场强度与通过该点的等势面垂直。在画等势面的图像时,通常规定相邻两等势面间的电势差相等。图 9-23 是

按此规定画出的以一些常见带电体的等势面图像，图中实线为电场线，虚线为等势面。

图 9－23（a）为负点电荷产生的电场等势面及电场线分布，图 9－23（b）为匀强场中的电场强度和等势面的分布，图 9－23（c）为电偶极子产生的电场线和等势面。

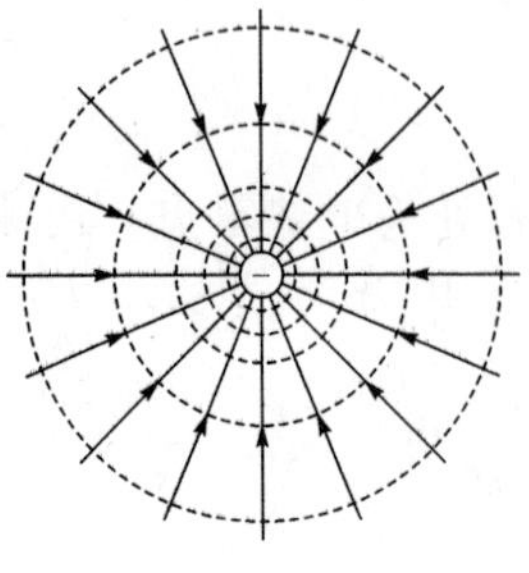

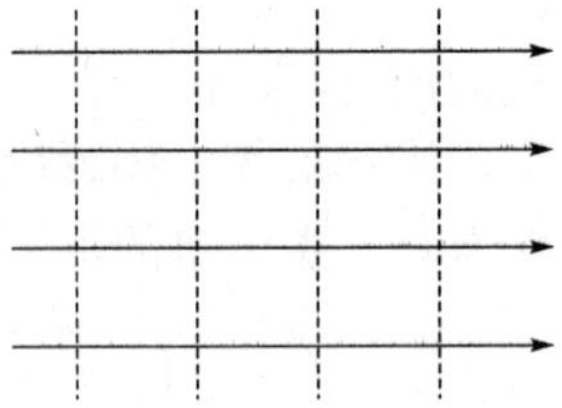

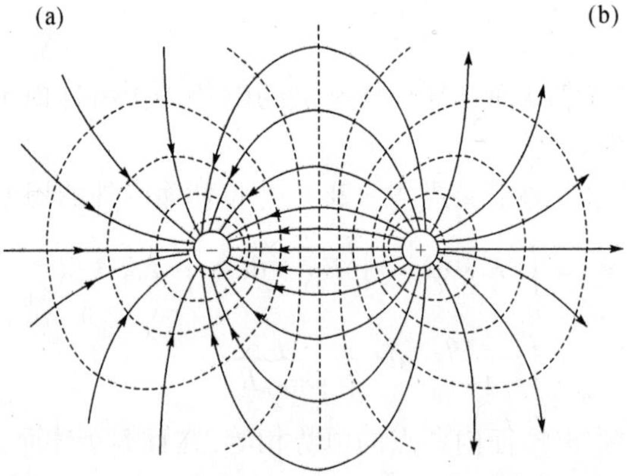

图 9－23　电场线与等势面（实线为电场线，虚线为等势面）

综合上述，可以看出，等势面具有以下两个特点。

（1）等势面密集的地方电场强度较大，稀疏的地方电场强度较小。

（2）等势面处处与电场线正交。电荷沿着等势面移动时，电场力不做功。

9.5.2　电场强度与电势梯度的关系

电场强度和电势都是描述电场性质的物理量，两者之间必然存在某种联系。由式（9－28）可知，已知电场强度可以通过积分算出电势，下面来讨论已知电势如何求电场强度。

如图 9－24 所示，设一试探电荷 q_0 在电场强度为 $\boldsymbol{E}$ 的电场中，从 a 点移到 b 点，位移为 $\mathrm{d}\boldsymbol{l}$，电势增高了 $\mathrm{d}V$，并设位移 $\mathrm{d}\boldsymbol{l}$ 与 $\boldsymbol{E}$ 间的夹角为 θ。由电场力做功与电势差的关系式（9－30）可知，在这一过程中，电场力所做的功为

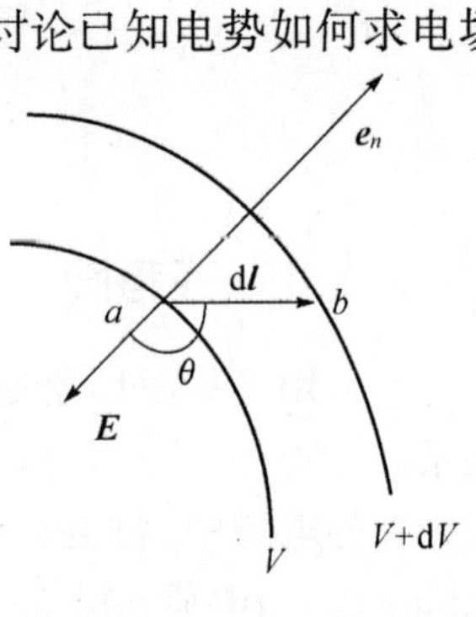

图 9－24　$\boldsymbol{E}$ 与 V 的关系

$$\mathrm{d}W = -q_0\mathrm{d}V = q_0E\cos\theta\mathrm{d}l$$

因此，可得

$$E\cos\theta = -\frac{\mathrm{d}V}{\mathrm{d}l}$$

由图 9-24 可以看出，$E\cos\theta$ 是电场强度矢量 $\boldsymbol{E}$ 在位移矢量 $\mathrm{d}\boldsymbol{l}$ 方向上的分量，用 E_l 表示，$\mathrm{d}V/\mathrm{d}l$ 为电势沿位移 $\mathrm{d}\boldsymbol{l}$ 方向上的变化率。于是，上式可写成

$$E_l = -\frac{\mathrm{d}V}{\mathrm{d}l} \tag{9-34}$$

式(9-34)表示，电场中给定点的电场强度沿某一方向的分量，等于这一点电势沿该方向变化率的负值，负号表示电场强度 $\boldsymbol{E}$ 指向电势降低的方向。

一般说来，在直角坐标系 $Oxyz$ 中，电势 V 是坐标 x、y 和 z 的函数。因此，由式(9-34)可知，如果把电势 V 对坐标 x、y 和 z 分别求一阶偏导数再取负值，就可得到电场强度在这三个方向上的分量，数学形式为

$$E_x = -\frac{\partial V}{\mathrm{d}x}, E_y = -\frac{\partial V}{\mathrm{d}y}, E_z = -\frac{\partial V}{\mathrm{d}z} \tag{9-35}$$

将式(9-35)合并在一起的矢量形式表示为

$$\boldsymbol{E} = -\left(\frac{\partial V}{\mathrm{d}x}\boldsymbol{i} + \frac{\partial V}{\mathrm{d}y}\boldsymbol{j} + \frac{\partial V}{\mathrm{d}z}\boldsymbol{k}\right) \tag{9-36}$$

采用数学上的梯度算子 $\nabla = \mathrm{grad} = \frac{\partial}{\mathrm{d}x}\boldsymbol{i} + \frac{\partial}{\mathrm{d}y}\boldsymbol{j} + \frac{\partial}{\mathrm{d}z}\boldsymbol{k}$，式(9-36)可简写成

$$\boxed{\boldsymbol{E} = -\nabla V = -\mathrm{grad}V} \tag{9-37}$$

这就是电场强度与电势的微分关系，即<u>电场强度 $\boldsymbol{E}$ 等于电势梯度的负值</u>，据此可以方便地由电势的分布函数求出电场强度的分布。

在国际单位制中，电势梯度的单位是伏特每米($\mathrm{V \cdot m^{-1}}$)，所以电场强度的单位也可用伏特每米表示，$1\ \mathrm{V \cdot m^{-1}} = 1\ \mathrm{N \cdot C^{-1}}$。

例 9-10 在例 9-3 中，曾用电场强度的矢量叠加原理计算过均匀带电圆环轴线上一点 P 的电场强度。在此试用电场强度与电势梯度的关系来求解同样的问题。

解 例 9-8 已经利用电势的叠加原理计算出均匀带电圆环在中轴线上任一点 P 的电势大小为

$$V = \frac{q}{4\pi\varepsilon_0\sqrt{R^2 + x^2}}$$

由式(9-35)可求得 P 点的电场强度为

$$\begin{aligned} E = E_x &= -\frac{\partial V}{\mathrm{d}x} \\ &= -\frac{\partial}{\mathrm{d}x}\left(\frac{q}{4\pi\varepsilon_0\sqrt{R^2 + x^2}}\right) \\ &= \frac{qx}{4\pi\varepsilon_0(x^2 + R^2)^{3/2}} \end{aligned}$$

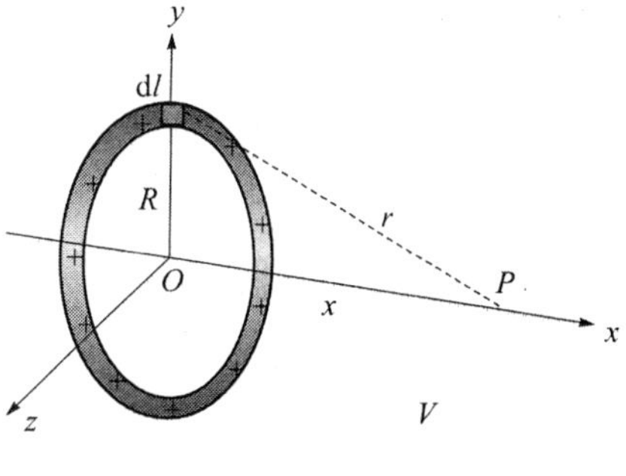

图 9-25　例 9-10 用图

这与例 9-3 的计算结果完全相同。

从以上例子中可以看到，先按电势叠加原理积分计算出电势，再通过电场强度和电势梯度的关系对电势求导，计算出相应的电场强度。显然，由于电势是标量，这要比直接用电场强度的矢量叠加原理积分求电场强度分布容易。

习 题

9－1 如果把1mol氢原子的全部正电荷集中起来，视作一个点电荷，全部负电荷集中起来，视作另一个点电荷，当两个点电荷相距为1m和10^7m（和地球直径可比拟）时，其相互作用力分别为多少？

9－2 在平面直角坐标系中，在$x=0, y=0.1$m处和$x=0, y=-0.1$m处分别放置一电荷量$q=10^{-10}$C的点电荷，求在$x=0.2$m，$y=0$处一电荷量$Q=10^{-8}$C的点电荷受力的大小和方向。

9－3 在直角三角形ABC的A点有一点电荷$q_1=1.8\times10^{-9}$C，在B点有点电荷$q_2=-4.8\times10^{-9}$C，已知$BC=0.04$m，$AC=0.03$m，求直角顶点C处的场强E。

9－4 如图所示，长$l=15$cm的直导线AB上均匀地分布着线密度为$\lambda=5\times10^{-9}$ C/m的电荷。

求：(1)在导线的延长线上与导线一端B相距d＝5cm处P点的场强；(2)在导线的垂直平分线上与导线中点相距d＝5cm处Q点的场强。

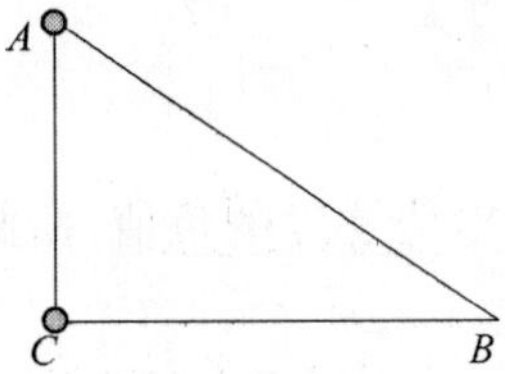

习题9－3图

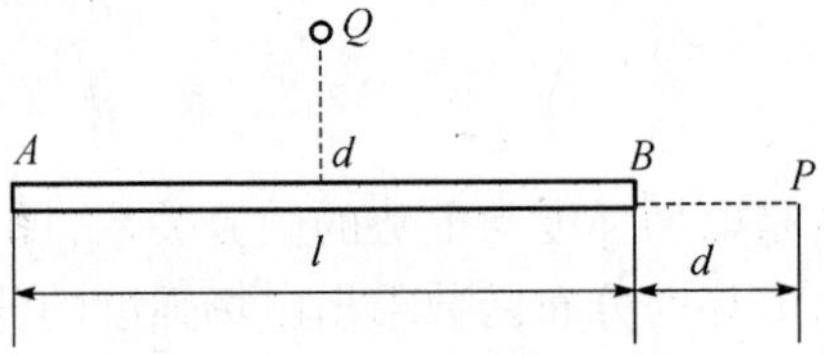

习题9－4图

9－5 一个半径为R的半球面，均匀地分布着电荷面密度为σ的电荷，求球心处的电场强度的大小。

9－6 一个均匀带电细线弯成如图所示的半径为R的半圆，电荷线密度为λ，试求圆心处的电场强度。

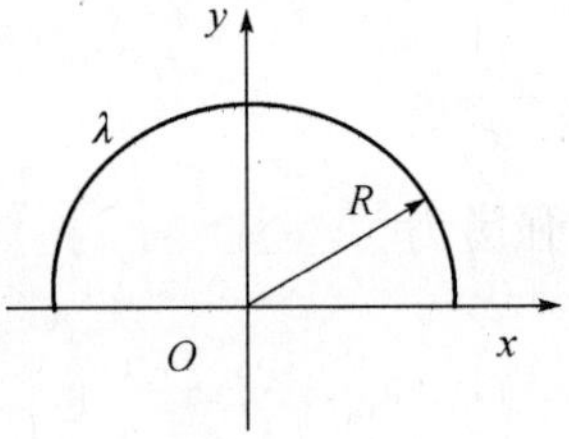

习题9－6图

9－7 一个点电荷q位于一个立方体中心，立方体边长为a，则通过立方体六个面中的任一个面的E通量是多少？如果将该电荷移动到立方体的一个角上，这时通过立方体的E通量是多少？

9－8 设点电荷分布的位置是：在(0,0)处为5×10^{-8}C，在(3m,0)处为4×10^{-8}C，在(0,6m)处为-6×10^{-8}C。求通过球心为(0,0)，半径等于5m的球面上的总E通量。

9－9 (1)地球表面附近的场强近似为200V/m，方向指向地球中心。计算地球带的总电荷量，地球的半径为 6.37×10^6m。

(2) 在离地面1400m处，场强降为20V/m，方向仍指向地球中心。求这1400m厚的大气层里的平均电荷密度。

9-10 两个无限大平行平面均匀带电，电荷面密度都是 σ，求空间各区域的电场分布。

9-11 半径分别为 R_1、R_2 的两同心球面中间，均匀分布着电荷体密度为 ρ 的正电荷。求离球心距离为 $r_1(r_1<R_1)$、$r_2(R_1<r_2<R_2)$、$r_3(r_3>R_2)$ 三点处的电场强度。

9-12 如图所示，均匀带有等量异号电荷的两根无限长带电直线平行放置，相距为 d，电荷线密度为 λ。以两直中心为坐标原点，垂直两直线的水平向右方向为 x 轴建立坐标系，P_1、P_2、P_3 为两导线组成的平面内的三个点，对应坐标值分别为 x_1、x_2、x_3，求这三个点上的电场强度。

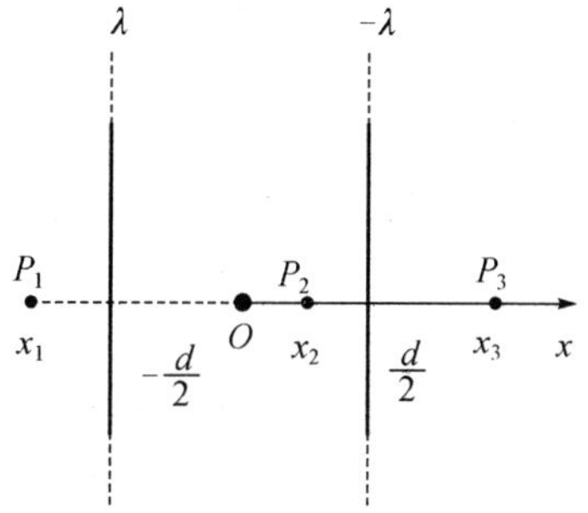

习题9-12图

9-13 两个带有等量异号电荷的无限长同轴圆柱面，半径分别为 R_1 和 $R_2(R_1<R_2)$，单位长度上的电荷量为 λ。求离轴线为 r 处的电场强度：(1) $r<R_1$；(2) $R_1<r<R_2$；(3) $r>R_2$。

9-14 点电荷 q_1、q_2、q_3、q_4 的电荷量均为 4×10^{-9}C，放置在一正方形的四个顶点上，各顶点距正方形中心 O 点的距离为5cm。(1)计算 O 点的场强和电势；(2)将一试探电荷 $q_0=10^{-9}$C 从无穷远处移到 O 点，电场力做功多少？q_0 的电势能改变了多少？

9-15 如图所示，$r=6$cm，两电荷间距离 $d=8$cm，点电荷 $q_1=3\times10^{-8}$C，$q_2=-3\times10^{-8}$C。求：

(1) 将电荷量为 2×10^{-9}C 的点电荷从 A 点移到 B 点，电场力做功多少？

(2) 将此点电荷从 C 点移到 D 点，电场力做功多少？

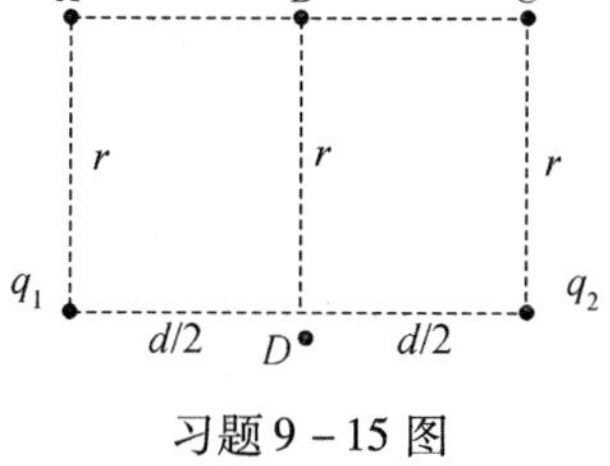

习题9-15图

9-16 一个球形雨滴半径为 R，带有电荷量 q，它表面的电势有多大？两个这样的雨滴相遇后合并成一个较大的雨滴，这个雨滴表面的电势又是多大？

9－17　半径分别为 R_1、R_2（$R_1 < R_2$）的两同心球面，小球面均匀带有电荷 q，大球面带有电荷 Q，求以下三点的电势：(1)球心处；(2)两球面之间距球心为 r_1（$R_1 < r_1 < R_2$）处的一点；(3)两球面外距球心为 r_2（$r_2 > R_2$）处的一点。

9－18　电荷面密度分别为 $+\sigma$ 和 $-\sigma$ 的两个无限大均匀带电平行平面，如图所示，取 $x=0$ 为零电势点，求空间各点电场强度和电势随位置坐标 x 的变化关系。

9－19　如图所示的带电细棒，电荷线密度为 λ，其中 BCD 是半径为 R 的半圆，$AB = DE = R$。求：(1)半圆上的电荷在半圆中心 O 处产生的电势；(2)直细棒 AB 和 DE 在半圆中心 O 处产生的电势；(3)O 处的总电势。

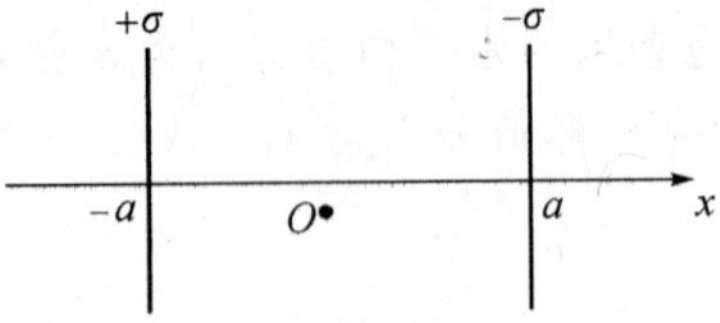

习题 9－18 图

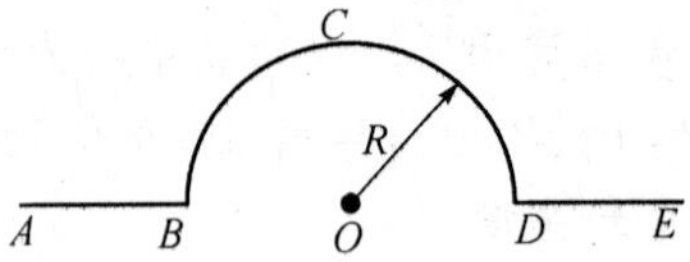

习题 9－19 图

9－20　外力将电荷量为 q 的点电荷从电场中的 A 点移动到 B 点，做功为 W（$W>0$），问 A、B 两点间的电势差为多少？A、B 两点哪点电势较高？若设 B 点电势为零，问 A 点的电势为多大？

9－21　一个半径为 R 的圆盘，其上均匀带有面密度 σ 的电荷，求：(1)圆盘中心轴线上任一点的电势（用该点与盘心的距离 x 来表示）；(2)从场强和电势的关系求该点的场强。

第 10 章　静电场中的导体与电介质

第 9 章介绍了真空中的静电场，实际上，在静电场中总有导体或电介质（也叫绝缘体）存在，而且在静电的应用中也都要涉及导体和电介质对电场的影响。本章的主要内容包括导体的静电平衡条件、静电场中导体的电学性质、电介质的极化现象和相对电容率的意义、有介质的高斯定理、电容器及其连接、电场的能量等。本章所讨论的问题，不仅在理论上有重大意义，使我们更深入地认识静电场，而且在实际应用上也有重大意义。

10.1　静电场中的导体

10.1.1　导体的静电平衡条件

金属导体由大量的带负电的自由电子和带正电的晶体点阵构成。当导体不带电并不受外电场影响时，导体中的自由电子只做微观的无规律热运动，而没有宏观的定向运动。如图 10－1 所示，若把金属导体放在外电场中，导体中的自由电子在外电场力的作用下将做定向运动，从而使导体中的电荷重新分布，导体的一侧由于自由电子堆积而带负电，另一侧由于失去自由电子而带正电，这个现象叫做**静电感应现象**（Electrostatic Induction）。导体两侧正负电荷的积累会在导体内部建立一个附加电场，称为内建电场（Built－in Field），方向与外电场反向，内建电场会影响外电场的分布。导体内部的电场是内建电场 $\boldsymbol{E}'$ 与外电场 $\boldsymbol{E}_0$ 的矢量叠加。随着导体两侧的电荷积累，内建电场逐渐增强，直至导体内部合场强处处为零。这时自由电子的定向迁移停止，导体达到了**静电平衡**（Electrostatic Equilibrium），如图 10－1（c）所示。因静电感应重新分布的在导体两侧的电荷称为感应电荷（Induced Charge）。导体达到静电平衡的时间极短，通常为 $10^{-14} \sim 10^{-13}$ s，几乎在瞬间完成。

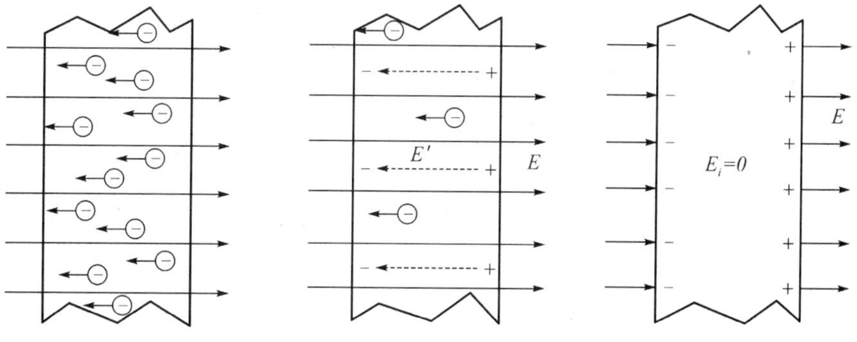

图 10－1　静电感应现象以及静电平衡时导体内部场强

处在静电平衡状态下的导体必须满足以下两个条件。

（1）在导体内部，电场强度处处为零。

（2）导体表面附近电场强度的方向都与导体表面垂直。

为何满足这两个条件，原因很容易理解。如果导体内部电场强度不等于零，则导体内的自由电子将在电场力的作用下继续作定向运动；如果电场强度与导体表面不垂直，则电场强度在沿导体表面的分量将使自由电子沿着表面做定向运动。

导体的静电平衡条件也可以用电势来表述。由于在静电平衡时，导体内部的电场强度为零，导体表面的电场强度与导体表面垂直。因此，导体内部以及导体表面任意两点之间的电势差为零。这就是说，当导体处于静电平衡时，导体上的电势处处相等，导体为等势体，其表面为等势面。

10.1.2 静电平衡时导体上的电荷分布

在静电平衡时，带电导体的电荷分布可运用高斯定理来进行讨论。如图 10－2 所示，有一带电实心导体处于静电平衡状态。由于静电平衡时，导体内部 $\boldsymbol{E}$ 为零，所以通过导体内部任意高斯面 $\boldsymbol{S}$ 的电场强度通量亦必然为零，即

$$\oint_S \boldsymbol{E} \cdot \mathrm{d}\boldsymbol{S} = 0$$

于是，根据高斯定理，此高斯面内所包围的电荷的代数和必然为零。因为高斯面是任意作出的，所以可得如下结论：在静电平衡时，导体所带的电荷只能分布在导体的表面上，导体内没有净电荷。

如果有一带有电荷的空腔导体，处于静电平衡时，电荷如何分布呢？若在导体内取高斯面 $\boldsymbol{S}$，如图 10－3 所示，由于在静电平衡时，导体内的电场强度为零，所以有

$$\oint_S \boldsymbol{E} \cdot \mathrm{d}\boldsymbol{S} = \frac{\sum_i q_i}{\varepsilon_0} = 0$$

这说明在空腔内表面上没有净电荷。那么，在内表面有没有可能出现等量异种的电荷分布呢？现假设空腔内表面一部分带有正电荷，另一部分带有负电荷，则在空腔内就会有从正电荷指向负电荷的电场线。电场强度沿此电场线的积分将不等于零，即空腔内表面存在电势差。显然，这与导体在静电平衡时是一个等势体的结论相违背。因此，静电平衡时，空腔导体内表面处处没有电荷，电荷只分布在空腔导体的外表面上。

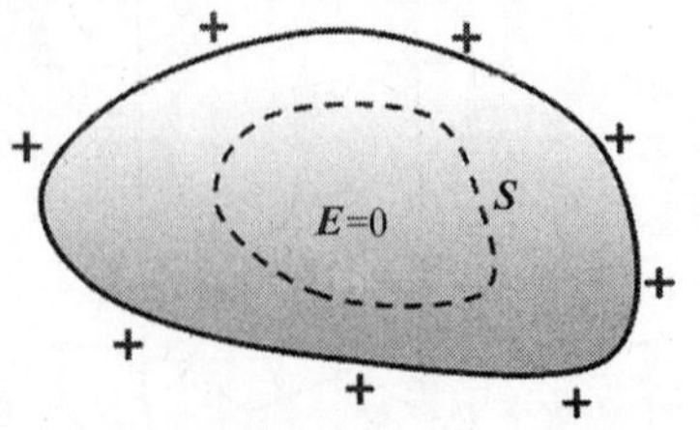

图 10－2　静电平衡时实心带电导体的电荷分布在表面

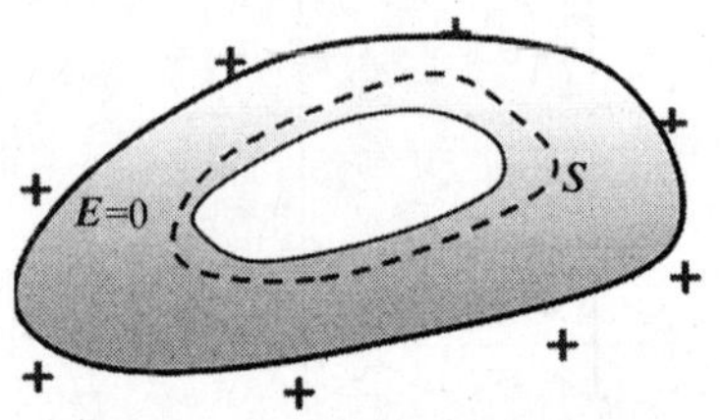

图 10－3　静电平衡时空腔带电导体的电荷分布在外表面上

当空腔导体内有带电体时，在静电平衡下，空腔导体具有如下性质：电荷分布在导体内、外两个表面，其中内表面的电荷是空腔内带电体的感应电荷，与腔内带电体的电荷等量异种。

我们可以用高斯定理来证明以上结论。如图 10－4 所示，设空腔内带电体的电荷为 $-q$，空腔导体本身不带电。当处于静电平衡时，在导体内取一包围内表面的高斯面 S，由于 S 上的电场强度处处为零，所以根据高斯定理，空腔内表面所带的电荷与空腔内电荷的代数和为零，则空腔内表面所带的电荷为 $+q$。根据电荷守恒定律，由于整个空腔导体不带电，所以在空腔外表面上也会出现感应电荷，电荷量为 $-q$。

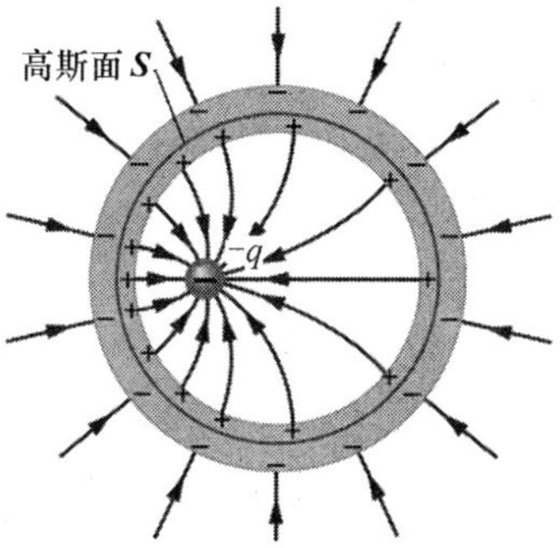

图 10－4　空腔内有带电体，则空腔内、外表面出现感应电荷

下面讨论带电导体表面的电荷面密度与其邻近处电场强度的关系。如图 10－5 所示，设在导体表面上取一圆形面积元 ΔS，当 ΔS 足够小时，ΔS 上的电荷分布可当作是均匀的，设其电荷面密度为 σ，于是，ΔS 上的电荷为 $\Delta q=\sigma\Delta S$。以面积元 ΔS 为底面积作一如图 10－5 所示的扁圆柱形高斯面，下底面处于导体内部。由于导体内部电场强度处处为零，所以通过下底面的电场强度通量为零；在侧面上电场强度要么为零，要么与侧面的法线垂直，所以通过侧面的电场强度通量也为零；只有在上底面上，电场强度矢量 $\boldsymbol{E}$ 与 ΔS 垂直，即与上底面的法向一致，所以通过上底面的电场强度通量为 $E\Delta S$。根据高斯定理，有

$$\oint_S \boldsymbol{E}\cdot \mathrm{d}\boldsymbol{S} = E\Delta S = \frac{\sigma\Delta S}{\varepsilon_0}$$

得

$$E = \frac{\sigma}{\varepsilon_0} \qquad (10-1)$$

式(10－1)表明，带电导体处于静电平衡时，导体表面之外非常邻近表面处的电场强度 $\boldsymbol{E}$，其大小与该处的电荷面密度 σ 成正比，其方向与导体表面垂直。当表面带正电时，$\boldsymbol{E}$ 的方向垂直表面向外；当表面带负电时，$\boldsymbol{E}$ 的方向垂直表面向导体内部。

式(10－1)只给出导体表面的电荷面密度与表面附近的电场强度之间的关系。至于带电导体达到静电平衡后导体表面的电荷如何分布，则是一个复杂的问题。实验表明，如果带电导体不受外电场的影响或其影响可以忽略不计，那么，在导体表面曲率半径越小处(表面尖锐而凸出)，如图 10－6 中 A 附近，则电荷面密度越大；在曲率半径越大处(表面比较平坦)，如图 10－6 中 B 附近，则电荷面密度也越小；如果曲率为负(表面向内凹)，则

该处的电荷面密度最小。

对于有尖端的带电体,尖端处的电荷面密度会很大,尖端附近的电场强度非常强,当电场强度足够大时,就会使空气分子发生电离而放电,这一现象被称为**尖端放电**(Point Discharge)。尖端放电时,周围的空气就变得更加容易导电,急速运动的离子与空气中的分子碰撞时,会使分子受激发而发光,形成**电晕**(Corona)。夜晚在高压输电导线附近往往会看到这种现象。

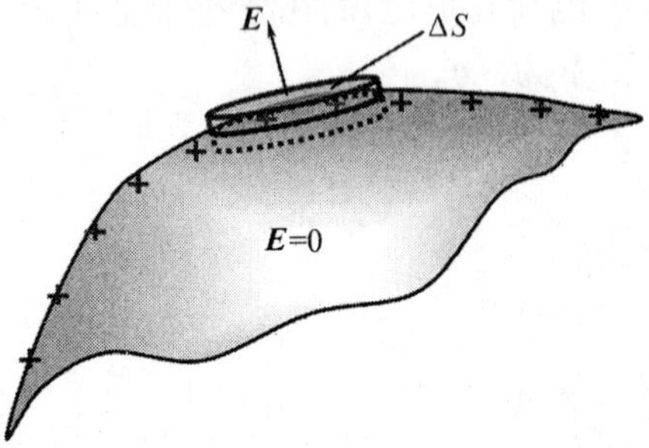

图 10-5 静电平衡的带电导体表面场强

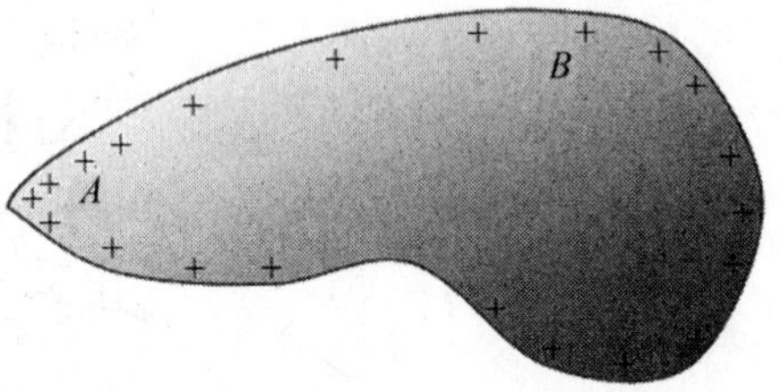

图 10-6 带电导体表面曲率半径较小处,电荷面密度较大,反之较小

尖端放电有很多危害。例如,静电放电会使火箭弹产生意外爆炸;在石化产业中,由于静电放电曾多次发生汽油着火事故;在电子工业中,尖端放电会损坏电子元器件。

尖端放电也有可用之处,避雷针(Lightning Rod)就是一个例子。雷雨季节,当带电的大块雷雨云接近地面时,由于静电感应,使地面上的物体带上异种电荷,这些电荷较集中地分布在地面上凸起的物体(如高层建筑、烟囱、大树等)上,电荷密度很大,因而,电场强度也很大。当电场强度大到一定程度时,足以使空气电离,从而引发雷雨云与这些物体之间的放电,这就是雷击现象。为了防止雷击对建筑物的破坏,可安装避雷针。因为避雷针尖端处电荷密度最大,所以电场强度也最大,避雷针与云层之间的空气就很容易被击穿,这样,带电云层与避雷针之间形成通路。同时,避雷针又是接地的,于是,就可以把雷雨云上的电荷导入大地,使其不对高层建筑构成危险,保证了高层建筑的安全。

10.1.3 静电屏蔽

根据空腔导体在静电平衡时的带电特性,只要空腔导体内没有带电体,则即使处在外电场中,导体和空腔内必定不存在电场。这样空腔导体就屏蔽了外电场或空腔导体外表面的电荷,使空腔导体内部不受外电场干扰。此外,如果空腔导体内部存在带电体,空腔外表面则会出现感应电荷,感应电荷激发的电场会对外界产生影响,如图 10-7(a)所示。但是如果将空腔外壳接地,如图 10-7(b)所示,由于此时空腔导体的电势与大地的电势相同,则导体外表面的感应电荷将被大地中的电荷所中和,因此腔内带电体不会对导体外部空间产生影响。综上所述,空腔导体(不论是否接地)的内部空间不受腔外电荷和电场的影响;接地的空腔导体,腔外空间不受腔内电荷和电场影响,这种现象统称为**静电屏蔽**(Electrostatic Shielding)。

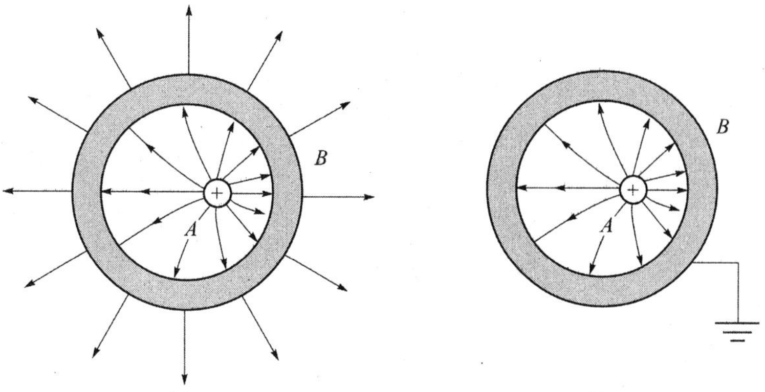

图 10－7　接地空腔导体屏蔽内电场

在实际工程中,常用编织得相当紧密的金属网来代替金属壳体。例如,高压设备周围的金属网,校检电子仪器的金属网屏蔽室都能起到静电屏蔽的作用。在弱电工程中,有些传送弱电信号的导线,为了增强抗干扰性能,往往在其绝缘层外再加一层金属编织网,这种线缆称为屏蔽线缆。

例 10－1　如图 10－8 所示,有一个半径为 R_1 的导体球所带电荷量为 $+q$,在它的外部套有一个同心的导体薄球壳,球壳内半径为 R_2、外半径为 R_3,球壳带有电荷 Q,问静定平衡后电荷如何分布? 空间任意点 P 的电势为多少?

解　由静电平衡条件,内导体球上的电荷 $+q$ 只分布在球体表面处,外球壳内表面由于静电感应将出现 $-q$ 的感应电荷,球壳的外表面由电荷守恒条件将出现 $Q+q$ 的电荷。

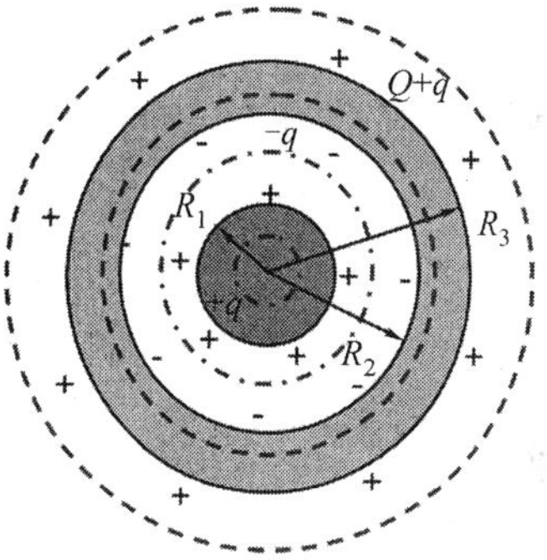

图 10－8　例 10－1 用图

球体和球壳均具有球对称性,所以空间的电场分部具有球对称性,可以用高斯定理求出空间各处的电场强度。

在球内 $r<R_1$,由静电平衡条件可知,$E_1=0(r<R_1)$,在球与球壳之间作 $R_1<r<R_2$ 的同心球面为高斯面(图 10－7),此时,高斯面内部包围的电荷为内球所带电荷 $+q$,即

$$\oint_S \boldsymbol{E}_2 \cdot \mathrm{d}\boldsymbol{S} = E_2 4\pi r^2 = \frac{q}{\varepsilon_0}$$

因此有

$$E_2 = \frac{q}{4\pi\varepsilon_0 r^2}, \quad (R_1 < r < R_2)$$

在球壳内部 $R_2<r<R_3$,由静电平衡的条件可知,$E_3=0(R_2<r<R_3)$,球壳外部选取半径 $r>R_3$的球面为高斯面,此时,高斯面内含有的电荷为 $\sum_i q_i = +q-q+Q+q = Q+q$,由高斯定理可得

$$\oint_S \boldsymbol{E}_4 \cdot \mathrm{d}\boldsymbol{S} = E_4 4\pi r^2 = \frac{Q+q}{\varepsilon_0}$$

$$E_4 = \frac{Q+q}{4\pi\varepsilon_0 r^2}, \quad (r > R_3)$$

由电势的定义式(9-28),球体内部 $r<R_1$,可得

$$V_1 = \int_r^{\infty} \boldsymbol{E}\cdot \mathrm{d}\boldsymbol{l} = \int_r^{R_1} \boldsymbol{E}\cdot \mathrm{d}\boldsymbol{l} + \int_{R_1}^{R_2} \boldsymbol{E}\cdot \mathrm{d}\boldsymbol{l} + \int_{R_2}^{R_3} \boldsymbol{E}\cdot \mathrm{d}\boldsymbol{l} + \int_{R_3}^{\infty} \boldsymbol{E}\cdot \mathrm{d}\boldsymbol{l}$$

$$= \frac{q}{4\pi\varepsilon_0}\left(\frac{1}{R_1} - \frac{1}{R_2}\right) + \frac{Q+q}{4\pi\varepsilon_0 R_3}, \quad (r < R_1)$$

同理,当 $R_1<r<R_2$ 时,有

$$V_2 = \int_r^{\infty} \boldsymbol{E}\cdot \mathrm{d}\boldsymbol{l} = \int_r^{R_2} \boldsymbol{E}\cdot \mathrm{d}\boldsymbol{l} + \int_{R_2}^{R_3} \boldsymbol{E}\cdot \mathrm{d}\boldsymbol{l} + \int_{R_3}^{\infty} \boldsymbol{E}\cdot \mathrm{d}\boldsymbol{l}$$

$$= \frac{q}{4\pi\varepsilon_0}\left(\frac{1}{r} - \frac{1}{R_2}\right) + \frac{Q+q}{4\pi\varepsilon_0 R_3}, \quad (R_1 < r < R_2)$$

当 $R_2<r<R_3$ 时,有

$$V_3 = \int_r^{\infty} \boldsymbol{E}\cdot \mathrm{d}\boldsymbol{l} = \int_r^{R_3} \boldsymbol{E}\cdot \mathrm{d}\boldsymbol{l} + \int_{R_3}^{\infty} \boldsymbol{E}\cdot \mathrm{d}\boldsymbol{l}$$

$$= \frac{Q+q}{4\pi\varepsilon_0 R_3}, \quad (R_2 < r < R_3)$$

当 $r>R_3$时,有

$$V_4 = \int_r^{\infty} \boldsymbol{E}\cdot \mathrm{d}\boldsymbol{l} = \frac{Q+q}{4\pi\varepsilon_0 r}, \quad (r > R_3)$$

10.2　静电场中的电介质

10.1 节主要讨论了静电场中的导体对静电场的影响,本节介绍电介质对静电场的影响。电介质(Dielectric)是电阻率很高(常温下大于$10^7\Omega\cdot\mathrm{m}$)、导电能力极差的物质,故又称绝缘体(Insulator)。电介质与导体不同,从结构上来看,电介质不存在自由电子,分子中的电子被原子核紧紧束缚,即使在外电场作用下,电子一般也只能相对于原子核有一微观位移。因此,当电介质放在外电场中时,不会像导体那样由于大量自由电子的定向迁移而在表面出现感应电荷。但是处在静电场中的电介质达到平衡以后,表面会出现极化电荷,这个现象称作电介质的**极化**(Polarization)。下面说明电介质与电场之间的相互作用。

10.2.1　电介质的电结构

从物质的微观结构来看,分子中带正电的原子核和分布在原子核外的电子系都在作复杂的热运动,但是在研究电介质的静电特性时,可以把电介质分成两类。一类是分子正、负电荷中心在无外电场时是重合的,如氦气分子、甲烷(图 10-9)、聚苯乙烯等,这种分子叫做**无极分子**(Nonpolar Molecules)。另一类是即使在外电场不存在时,分子的正、负电荷中心也是不重合的,这种分子相当于一个有着固有电偶极矩的电偶极子,所以这种分

子叫做**有极分子**(Polar Molecules),如氯化氢(HCl)、水蒸气(H_2O)、一氧化碳(CO)、氨气(NH_3)等分子都是有极分子,如图 10-10 所示。

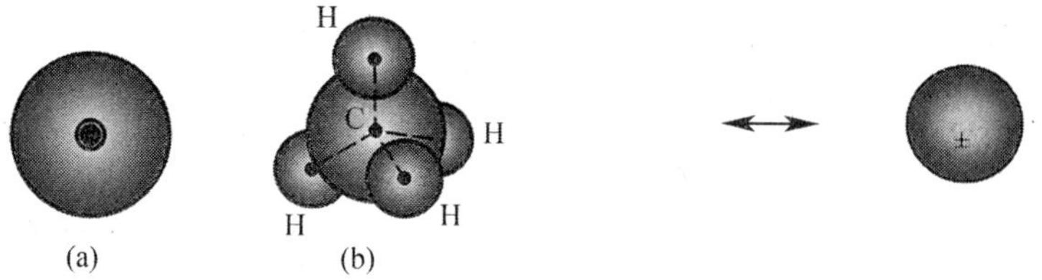

图 10-9 无极分子

(a) He;(b) CH_4。

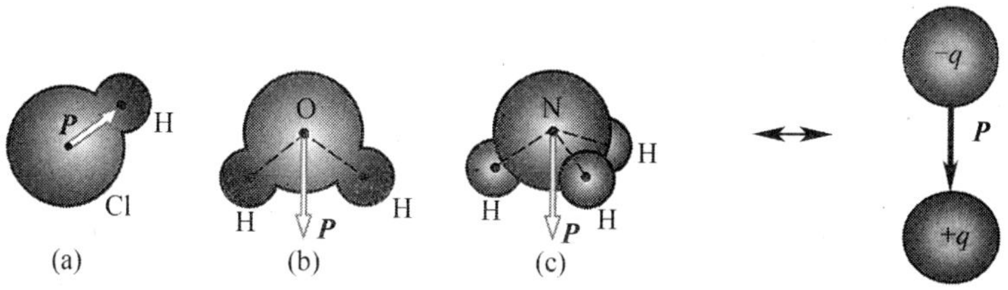

图 10-10 有极分子及其电偶极矩

(a) HCl; (b) H_2O; (c) NH_3。

10.2.2 电介质的极化

1. 无极分子的位移极化

对于无极分子而言,单个分子的固有电矩 $\boldsymbol{P}=0$,因此,在无外电场时,整个电介质中分子的电矩的矢量和为零,如图 10-11(a)所示。但是当有外电场作用时,无极分子的正、负电荷的中心将在电场力的作用下发生相对位移,所以常叫做**位移极化**(Displacement Polarization),如图 10-11(b)所示。这样每个分子的电矩不再为零,而且都将沿着电场方向排列,这时,在介质的端面上将出现**极化电荷**(Polarization Charge),如图 10-11(c)所示。极化电荷一般不能脱离介质,也不能在介质中自由移动,因此又称为束缚电荷。

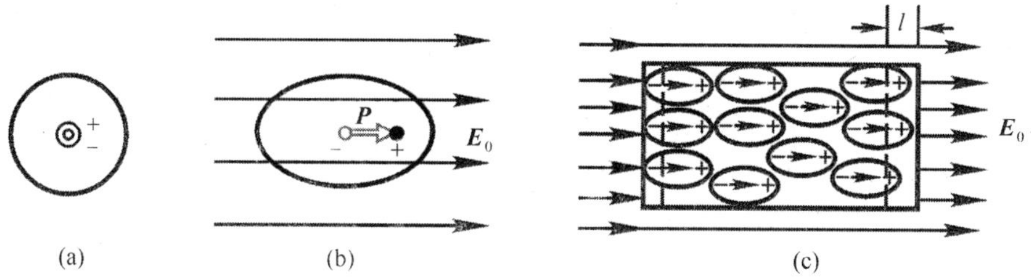

图 10-11 无极分子的位移极化

2. 有极分子的取向极化

对于有极分子电介质来说,其极化过程与无极分子介质不同。尽管每个分子具有固有电矩,但由于大量分子的热运动,分子电矩的排列杂乱无章,因而,在无电场时,介质中任一体积元中所有分子电矩的矢量和为零,介质对外不显现电性。但是当有外电场作用时,每个有极分子都将受到电场的作用而发生转动,使分子电矩转向外电场方向排列,如

图 10 - 12 所示，这时，在介质的表面也会出现极化电荷。有极分子的极化就是分子的等效电偶极子转向外电场的方向，所以叫做**取向极化**（Orientation Polarization）。一般说来，分子在取向极化的同时还会产生位移极化，但是，对有极分子电介质来说，在静电场的作用下，取向极化的效应比位移极化的效应强得多。当外电场撤去后，由于分子的热运动，分子电矩排列又变得杂乱无序了，电介质又恢复了电中性。

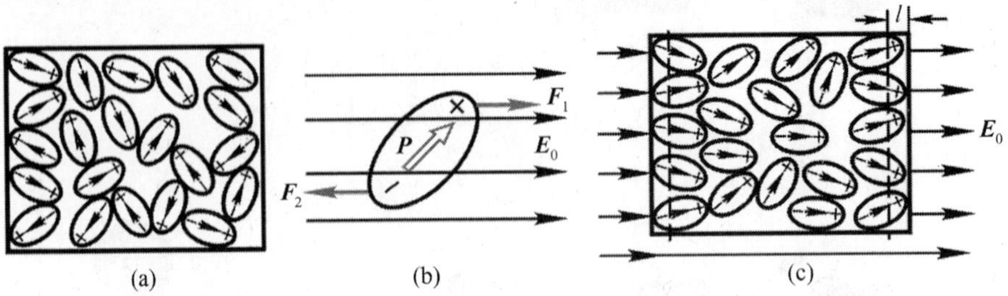

图 10 - 12　有极分子的取向极化

从上面的分析可知，虽然两类电介质受外电场作用后的极化机制在微观上是不同的，但是产生的宏观效果却是相同的，即在电介质的表面出现了极化电荷。因此，后面在描述电介质的极化现象时就不必对这两种电介质加以区分了。由于介质表面极化电荷的出现，会产生一个附加的电场 $\boldsymbol{E}'$，因此在电介质内部各处的电场强度 $\boldsymbol{E}$ 是外电场 $\boldsymbol{E}_0$ 与附加电场 $\boldsymbol{E}'$ 的矢量和，即

$$\boldsymbol{E} = \boldsymbol{E}_0 + \boldsymbol{E}' \tag{10-2}$$

如果外电场很强，则电介质分子中的正、负电荷可能被拉开而变成自由电荷，这时，电介质的绝缘性能被破坏，变成了导体。在强电场作用下电介质变成导体的现象称为电介质的**击穿**（Breakdown）。

10.2.3　电极化强度

根据电介质的极化机制可知，如果在外电场中分子电矩的有序排列越整齐，则电介质表面出现的极化电荷密度越大，这表明极化程度越强。在电介质中任取一体积元 ΔV，在没有外电场时，电介质未被极化，该小体积中所有分子的电偶极矩 $\boldsymbol{P}$ 的矢量和为零，即 $\sum \boldsymbol{P} = 0$。当外电场存在时，电介质将被极化，该小体积元中分子电偶极矩 $\boldsymbol{P}$ 的矢量和将不为零，即 $\sum \boldsymbol{P} \neq 0$。外电场越强，分子电偶极矩的矢量和越大，因此，可用单位体积中分子电偶极矩的矢量和表示电介质的极化程度，有

$$\boldsymbol{P} = \frac{\sum \boldsymbol{P}}{\Delta V} \tag{10-3}$$

式中：$\boldsymbol{P}$ 为电极化强度（Electric Polarization），单位是 $\mathrm{C \cdot m^{-2}}$。

极化电荷是由电介质极化产生的，因此电极化强度与极化电荷之间必定存在一定的关系。以无极分子为例，如图 10 - 13 所示，在均匀电介质中取一长为 l、底面积为 $\mathrm{d}\boldsymbol{S}$ 的柱体，其轴线与电极化强度 $\boldsymbol{P}$ 平行。设 $\boldsymbol{P}$ 的方向与面积元 $\mathrm{d}\boldsymbol{S}$ 方向的夹角为 θ，柱体两底面的极化电荷面密度分别为 $+\sigma'$ 和 $-\sigma'$，则柱体内分子电偶极矩矢量和大小为

$$\sum \boldsymbol{P} = \sigma' \mathrm{d}S \cdot \boldsymbol{l}$$

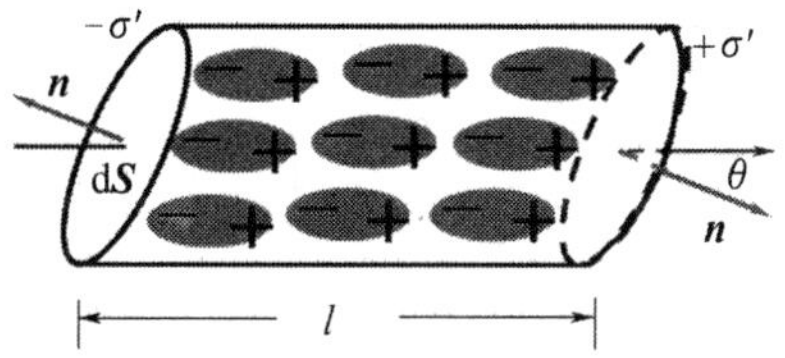

图 10-13 电极化强度与极化电荷面密度的关系

因为斜柱体的体积 $\mathrm{d}V = \mathrm{d}S \cdot \cos\theta \cdot l$，因此电极化强度的大小为

$$P = \frac{|\sum \boldsymbol{P}|}{\mathrm{d}V} = \frac{\sigma' \mathrm{d}S \cdot l}{\mathrm{d}S \cdot \cos\theta \cdot l} = \frac{\sigma'}{\cos\theta}$$

由此得到电极化电荷面密度与极化强度的关系为

$$\sigma' = P\cos\theta = P_n \tag{10-4}$$

式(10-4)表明，均匀电介质表面上产生的极化电荷面密度，在数值上等于该处电极化强度 $\boldsymbol{P}$ 在表面法向上的分量。

10.2.4 介质中的静电场

如图 10-14 所示，在两个无限大平行平板之间，放入均匀电介质，两板上自由电荷面密度分别为 $+\sigma_0$ 和 $-\sigma_0$。在放入电介质以前，自由电荷在两板间激发的电场强度大小 $E_0 = \dfrac{\sigma_0}{\varepsilon_0}$。当两板间充满介质后，如果自由电荷面密度不变，则介质由于极化，就在垂直于场强 $\boldsymbol{E}_0$ 的表面上分别出现正、负极化电荷，设其极化电荷面密度分别为 $+\sigma'$ 和 $-\sigma'$。极化电荷建立的电场强度大小为 $E' = \dfrac{\sigma'}{\varepsilon_0}$。从图 10-14 中可以看出，电介质中的电场强度为

$$\boldsymbol{E} = \boldsymbol{E}_0 + \boldsymbol{E}'$$

由于在电介质中，自由电荷的电场与极化电荷的电场方向总是相反，在电介质中的和电场强度 $\boldsymbol{E}$ 会小于原有的电场 $\boldsymbol{E}_0$。极板间电介质中的合电场强度大小为

$$E = E_0 - E' = \frac{\sigma_0}{\varepsilon_0} - \frac{\sigma'}{\varepsilon_0} \tag{10-5}$$

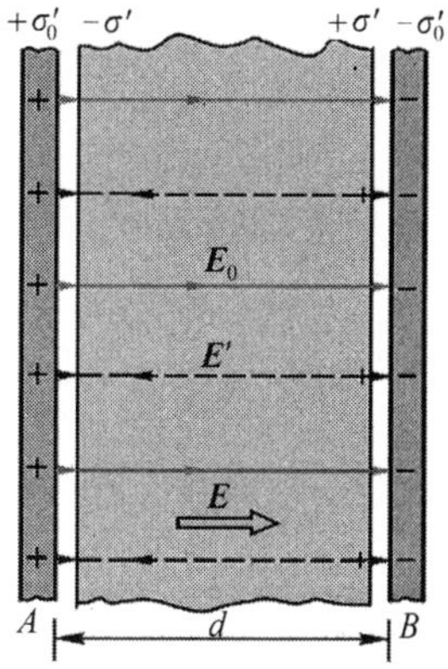

图 10-14 电介质中的电场强度

式中：极化电荷面密度为 $\sigma' = P_n$。

对于大多数常见的电介质，实验指出，电极化强度 $\boldsymbol{P}$ 与作用于介质内部的合电场强度 $\boldsymbol{E}$ 成正比，并且两者方向相同，可表示为

$$\boldsymbol{P} = \chi_e \varepsilon_0 \boldsymbol{E} \tag{10-6}$$

式中：χ_e 称为电介质的**电极化率**(Polarizability)，它与电场强度 $\boldsymbol{E}$ 无关，只与电介质的种类有关，用来表征介质材料的一种属性。对于各项同性的均匀电介质，χ_e 是一个常量。

根据 $\sigma' = P_n$，将式(10-6)代入到式(10-5)，可得

$$E = E_0 - \frac{P}{\varepsilon_0} = E_0 - \chi_e E$$

$$E = \frac{E_0}{1+\chi_e} = \frac{E_0}{\varepsilon_r} \tag{10-7}$$

式中：$\varepsilon_r = 1+\chi_e$，ε_r 称为电介质的**相对介电常数**（Relative Dielectric Constant）；又令 $\varepsilon = \varepsilon_r\varepsilon_0$，$\varepsilon$ 称为电介质的**介电常数**。

10.3 有介质的高斯定理

当静电场中有电介质时，由于电介质的极化将引起周围电场的重新分布，这时，空间任意一点处的电场将由自由电荷和极化电荷共同产生，因此高斯定理中封闭曲面所包围的电荷，不仅仅是自由电荷，还应该有极化电荷，即

$$\oint_S \boldsymbol{E} \cdot \mathrm{d}\boldsymbol{S} = \frac{1}{\varepsilon_0}\left(\sum q_0 + \sum q'\right) \tag{10-8}$$

式中：$\sum q_0$ 和 $\sum q'$ 分别为封闭曲面 S 所包围的自由电荷和极化电荷的代数和。电场强度 $\boldsymbol{E}$ 则是空间所有电荷激发的场强矢量和。

因介质中的极化电荷难于测定，因此即使满足对称性要求，仍很难由式(10-8)求解出电场强度 $\boldsymbol{E}$。我们仍以平行带电平板间充满均匀介质为例进行讨论。两板上自由电荷面密度分别为 $+\sigma_0$ 和 $-\sigma_0$，如图 10-15 所示，其极化电荷面密度分别为 $+\sigma'$ 和 $-\sigma'$。取一闭合的圆柱面作为高斯面，圆柱面的上下底面与板平行，上底面 S_1 在导体板内，下底面 S_2 紧邻电介质的上表面。

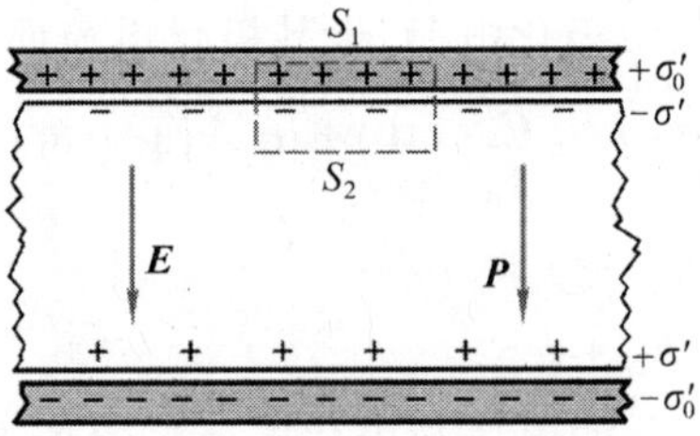

图 10-15 有介质的高斯定理

由高斯定理可得

$$\oint_S \boldsymbol{E} \cdot \mathrm{d}\boldsymbol{S} = \frac{1}{\varepsilon_0}(\sigma_0 S_1 - \sigma' S_2) \tag{10-9}$$

因 $\sigma' = P_n$，而极化强度 P 对整个高斯面的积分为

$$\oint_S \boldsymbol{P} \cdot \mathrm{d}\boldsymbol{S} = \int_{S_2} \boldsymbol{P} \cdot \mathrm{d}\boldsymbol{S} = PS_2 = \sigma' S_2$$

代入式(10-9)中可得

$$\oint_S \boldsymbol{E} \cdot \mathrm{d}\boldsymbol{S} = \frac{1}{\varepsilon_0}\left(\sigma_0 S_1 - \oint_S \boldsymbol{P} \cdot \mathrm{d}\boldsymbol{S}\right)$$

用 $q_0 = \sigma S_1$ 表示高斯面内的自由电荷，则上式可化为

$$\oint_S (\varepsilon_0 \boldsymbol{E} + \boldsymbol{P}) \cdot \mathrm{d}\boldsymbol{S} = q_0$$

令 $\boldsymbol{D} = \varepsilon_0 \boldsymbol{E} + \boldsymbol{P}$，$\boldsymbol{D}$ 称为**电位移**(Electric Displacement)。代入上式可得

$$\boxed{\oint_S \boldsymbol{D} \cdot \mathrm{d}\boldsymbol{S} = q_0} \qquad (10-10)$$

式(10-10)虽然是从特例中推出的结果，但它是普遍适用的。即为有电介质时的高斯定理表达式，它可表述为：通过任意封闭曲面的电位移通量等于该封闭曲面内所包围的自由电荷的代数和。

对于各项同性的均匀电介质，因 $\boldsymbol{P} = \chi_e \varepsilon_0 \boldsymbol{E}$，所以有

$$\boldsymbol{D} = \varepsilon_0 \boldsymbol{E} + \boldsymbol{P} = (1 + \chi_e)\varepsilon_0 \boldsymbol{E} = \varepsilon_r \varepsilon_0 \boldsymbol{E} = \varepsilon \boldsymbol{E} \qquad (10-11)$$

式(10-11)说明了电位移矢量 $\boldsymbol{D}$ 与电场强度 $\boldsymbol{E}$ 的简单关系。

例 10-2 一半径为 R 的导体球带有电荷 Q，其周围充满无限大的均匀电介质，介质的相对电容率为 ε_r。求导体球外任一点 P 处的电场强度。

解 导体球的电荷所激发的电场是球对称性的，电介质又以球体球心为中心对称分布，由此可知，电场分布必仍具有球对称性，所以可以用有介质的高斯定理来计算球外 P 点的电场强度。图 10-16 所示为过 P 点以 r 为半径并与金属球同心的闭合球面 S，由有介质的高斯定理可知

$$\oint_S \boldsymbol{D} \cdot \mathrm{d}\boldsymbol{S} = D 4\pi r^2 = Q$$

因此，有

$$D = \frac{Q}{4\pi r^2}$$

由式(10-11)可得

$$E = \frac{D}{\varepsilon_0 \varepsilon_r} = \frac{Q}{4\varepsilon_0 \varepsilon_r \pi r^2}$$

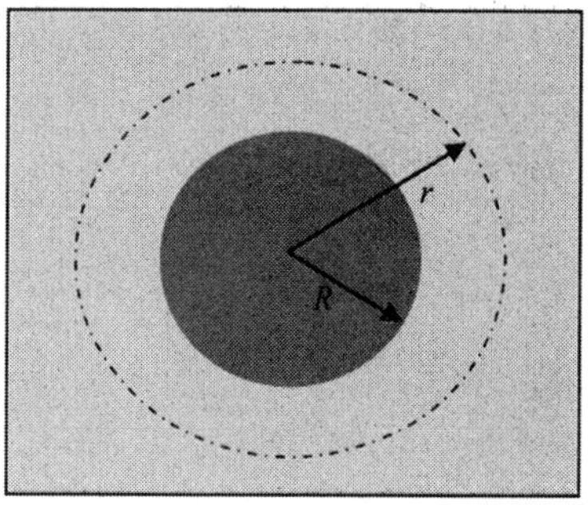

图 10-16　例 10-2 用图

电场强度的方向沿着径向向外。带电导体球周围充满均匀无限大电介质后，其电场强度减弱到真空时的 $1/\varepsilon_r$。

10.4　电容　电容器

10.4.1　孤立导体的电容

真空中，带有电荷 Q 的孤立导体静电平衡时，其电势大小正比于电荷量 Q 的大小。当导体电荷增加时，其电势也会增加。从理论和实验可知，一个孤立导体的电势 V 与它所带的电荷量 q 呈线性关系。因此，导体的电势 V 与它所带的电荷量 q 间的关系可以写成

$$C = \frac{q}{V} \qquad (10-12)$$

式中：C 称为孤立导体的**电容**(Capacity)。在国际单位制中，电容的单位为库仑每伏特，称

为法拉，用符号 F 表示。在实际应用中，法拉单位太大，常用微法（μF）、皮法（pF）等作为电容的单位，它们之间的关系为

$$1\text{F} = 10^6\mu\text{F} = 10^{12}\text{pF}$$

例如，在真空中有一半径为 R 的孤立导体球面，当其带有电量 q 时，电势 $V=\dfrac{q}{4\pi\varepsilon_0 R}$，因此它的电容大小为

$$C = \frac{q}{V} = 4\pi\varepsilon_0 R$$

可以看出，孤立导体球面的电容取决于导体的几何形状和大小，与导体是否带电无关。电容是表征导体储电能力的物理量。

10.4.2 电容器

孤立导体是很难实现的一种理想情况。实际上，在一个带电导体附近，总会有其他的物体存在，此时，导体的电势不但与自身所带的电荷有关，还取决于周围带电体的情况。因此，对于非孤立导体其电荷量与其电势之比，不再是线性关系。为了消除其他导体的影响，可采用静电屏蔽的原理，用两个靠得很近的导体 A、B 构成**电容器**（Capacitor）。两个导体分别为电容器的两个极板，一般总使两个极板带等量异种的电荷。电容器的电容定义为电容器一个极板所带电荷 q（正极板的电量）与两极板之间的电势差 V_{AB} 之比，即为

$$C = \frac{q}{V_{AB}} \tag{10-13}$$

因电容器两个极板靠得很近，虽然它们各自的电势 V_A 和 V_B 与外界的导体有关，但是它们的电势差却不受外界影响，且正比于极板所带的电荷量 q，因此电容器的电容不受外界影响。电容器的电容大小只取决于两极板的大小、形状、相对位置以及极板间的电介质，与极板上所带有的电荷量大小无关。当电容器充电后，极板间就有一定的电场强度，电压越大，电场强度也越大。当电场强度增大到某一最大值 E_b 时，极板间的电介质中分子发生电离，从而使得电介质失去绝缘性，这时，我们就说电介质被击穿了。电介质能承受的最大电场强度 E_b 称为电介质的**击穿场强**，此时，两极板的电压称为击穿电压 U_b。

电容器是现代电工技术中的重要元件，其种类繁多，大小不一。按板间所充的电介质分类，有空气电容器、云母电容器、陶瓷电容器等。按电容量的分类，有固定电容器、可变电容器和微调电容器。不同电容器的用途各不相同，但是它们的结构都是基本相同的。

计算电容器的电容时，我们一般先假定极板带电，然后求出两带电极板间的电场强度，再由电场强度与电势差的关系求出两极板的电势差，最后由式（10－13）求出电容大小。

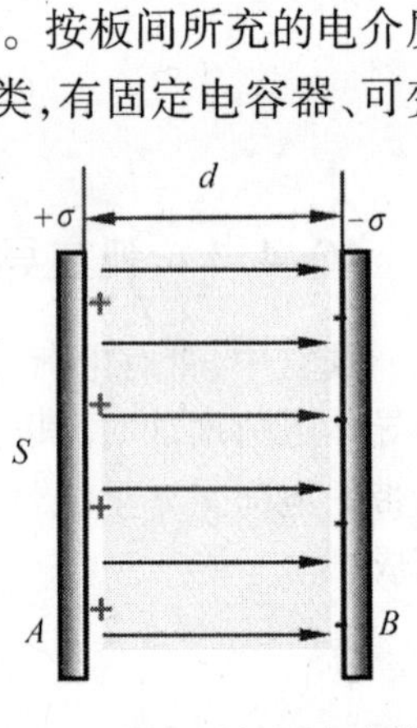

图 10－17　平行板电容器

例 10－3　如图 10－17 所示，平行板电容器是由两个彼此靠得很近的平行极板 A、B 所组成的，设两极板面积均为 S，极板间距离为 d，充满了相对电容率为 ε_r 的电介质，求其电容大小。

解　设两极板分别带等量异种电荷，电荷面密度分别为 $+\sigma$ 和 $-\sigma$，两板间为均匀场，由电介质中的高斯定理可得极板

间的电位移和电场强度为

$$D = \sigma$$

$$E = \frac{D}{\varepsilon_0 \varepsilon_r} = \frac{\sigma}{\varepsilon_0 \varepsilon_r}$$

两板间的电势差为

$$V_{AB} = Ed = \frac{\sigma}{\varepsilon_0 \varepsilon_r} d$$

因 $\sigma = \frac{q}{S}$，所以电容为

$$C = \frac{q}{V_{AB}} = \frac{\varepsilon_0 \varepsilon_r S}{\mathrm{d}}$$

从上式可见，平行板电容器与极板的面积成正比，与极板间的距离成反比。电容 C 的大小与电容器是否带电无关，只与电容器本身的结构形状有关。

10.4.3 电容器的串联和并联

在实际应用中，常会遇到已有电容器的电容不能满足电路使用中的要求，这时，常把若干个电容器适当地连接起来构成一个电容器组。电容器的基本连接方式有串联和并联两种。下面分别来讨论这两种连接方法的等效电容计算。

1. 电容器的串联

如图 10 - 18 所示，设它们的电容值分别为 $C_1, C_2, \cdots, C_n$，组合的等效电容值为 C。当充电后，由于静电感应，每对电容器的两个极板上都带有等量异号的电荷 $+q$ 和 $-q$。这时，每对电容器两级板间的电势差 $U_1, U_2, \cdots, U_n$ 分别为

$$U_1 = \frac{q}{C_1}, U_2 = \frac{q}{C_2}, \cdots, U_n = \frac{q}{C_n}$$

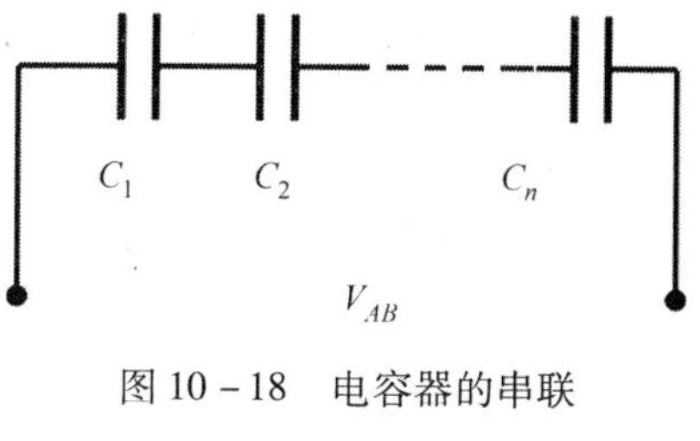

图 10 - 18 电容器的串联

组合电容器的总电势差为

$$U = U_1 + U_2 + \cdots + U_n = q\left(\frac{1}{C_1} + \frac{1}{C_2} + \cdots + \frac{1}{C_n}\right)$$

因此，组合电容器的电容为

$$\frac{1}{C} = \frac{U}{q} = \frac{1}{C_1} + \frac{1}{C_2} + \cdots + \frac{1}{C_n} = \sum_i \frac{1}{C_i} \qquad (10-14)$$

即串联电容器等效电容的倒数等于每个电容器电容的倒数之和。

2. 并联电容器

如图 10-19 所示，当 n 个电容器并联时，充电后，每对电容器极板间的电势差相等。设电容器 $C_1, C_2, \cdots, C_n$ 极板上的电荷量分别为 $q_1, q_2, \cdots q_n$，则

$$q_1 = C_1U_1, q_2 = C_2U_2, \cdots, q_n = C_nU_n$$

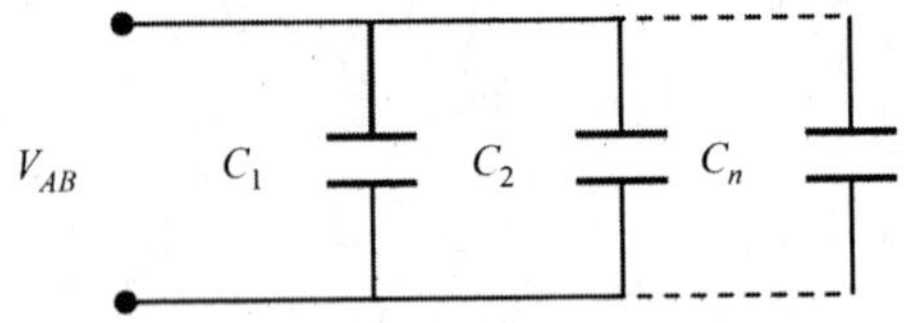

图 10-19 电容器的并联

组合电容器的总电荷量为

$$q = q_1 + q_2 + \cdots + q_n = (C_1 + C_2 + \cdots + C_n)U$$

由此可以得出并联电容器的等效电阻为

$$C = \frac{q}{U} = C_1 + C_2 + \cdots + C_n \tag{10-15}$$

即并联电容器的等效电容等于各个电容器的电容之和。

由上述的讨论可以看出，几个电容器并联可获得较大的电容值，但每个电容器极板间所承受的电势差和单独使用时一样；几个电容器串联时电容值较小，但每个电容器极板间所承受的电势差小于总电势差。在实际应用中，可根据电路的需要采取并联、串联或它们的组合。

10.5 静电场的能量 能量密度

在静电场中因电荷受到电场力的作用，在没有外力的情况下，电荷也会在电场中加速运动，能量逐渐增加，电荷的能量是由电场力做功所致的。因此，电场具有一定的能量。电容器放电时，常常伴随着光、热、声等现象的产生，这就是电容器的电场能转换为其他形式能量的结果。下面以电容器的充电过程来讨论静电场的能量和能量密度。

10.5.1 电容器的电能

如图 10-20 所示，有一电容为 C 的平行板电容器正处于充电过程中，设在某一时刻两极板上的电荷量为 $+q$ 和 $-q$，两极板间的电势差为 V，此时，若再把电荷 $+\mathrm{d}q$ 从负极板 B 移动到正极板 A 上时，外力需克服静电力而做的功为

$$\mathrm{d}W = V\mathrm{d}q = \frac{q}{C}\mathrm{d}q$$

因此，电容器从不带电到带有电荷量 Q 的过程中，外力所做的总功为

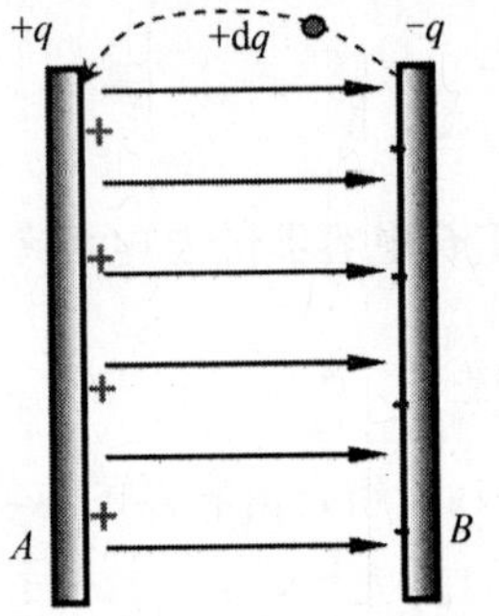

图 10-20 电容的充电过程

$$W = \int \mathrm{d}W = \int_0^Q \frac{q}{C}\mathrm{d}q = \frac{Q^2}{2C}$$

根据功能原理,这个功应等于电容器的静电能。利用 $Q = CU$,电容器所带的静电能可化为

$$W_e = \frac{Q^2}{2C} = \frac{1}{2}CU^2 = \frac{1}{2}QU \tag{10-16}$$

上述结论是从平行板电容器得出的。不管电容器的结构如何,这一结果对任何电容器都是正确的。电容器充电的过程就是外力不断克服静电力作功的过程,把非静电能转换为电容器的电能。

10.5.2 静电场的能量 能量密度

上面说明了电容器带电过程中如何从外界获取能量。那么,这些能量是如何分布的呢?当用手机接听电话时,由电磁波带来的能量从天线输入,经过电子线路的放大,再转化为话筒发出的声能,这说明能量是分布在电磁场中的,因此,电磁场是能量的携带者。

现在仍以上述的平行板电容器来进行讨论,设平行板电容器的极板面积为 S,两极板间的距离为 d,极板间充满电容率为 ε 的电介质,若不计边缘效应,则电场所占据的空间体积为 Sd,于是,电容器内的电场能量也可以写为

$$W_e = \frac{1}{2}CU^2 = \frac{1}{2}\frac{\varepsilon S}{d}(Ed)^2 = \frac{1}{2}\varepsilon E^2 Sd = \frac{1}{2}\varepsilon E^2 V \tag{10-17}$$

式中:$V = Sd$。由此可见,静电能可以用电场强度 E 来表征。平行板电容器内部的电场是均匀分布的,因此两极板间所存储的静电能也是均匀分布的。电场中单位体积内的能量称为**能量密度**(Energy Density),用符号 w_e 来表示。由式(10-17)可得平行板电容器间的电场能量密度为

$$\boxed{w_e = \frac{W_e}{V} = \frac{1}{2}\varepsilon E^2 = \frac{1}{2}DE} \tag{10-18}$$

能量密度的单位为 $\mathrm{J/m^2}$。式(10-18)表明,电场的能量密度与电场强度的2次方成正比,电场强度越大的区域,电场的能量密度也越大。上述电场能量密度的结果是从平行板电容器均匀电场的特例中导出的,在一般情况下,可以证明它也是适用的。

例 10-4 现有一带电导体球面,半径为 R,带电量为 Q,放在真空中,求导体球面在空间所激发的电场的总能量。

解 均匀带电球壳周围的电场具有球对称性,可以用高斯定理求得球内外的电场强度分别为

$$E = \frac{Q}{4\pi\varepsilon_0 r^2}, \quad r > R$$

$$E = 0, \quad r < R$$

因此,电场只分布在球面的外部,并具有球对称性。取半径为 $r(r > R)$、厚为 $\mathrm{d}r$ 的球壳,其体积元的大小为 $\mathrm{d}V = 4\pi r^2\mathrm{d}r$,如图 10-21 所示,球壳内的能量密度为

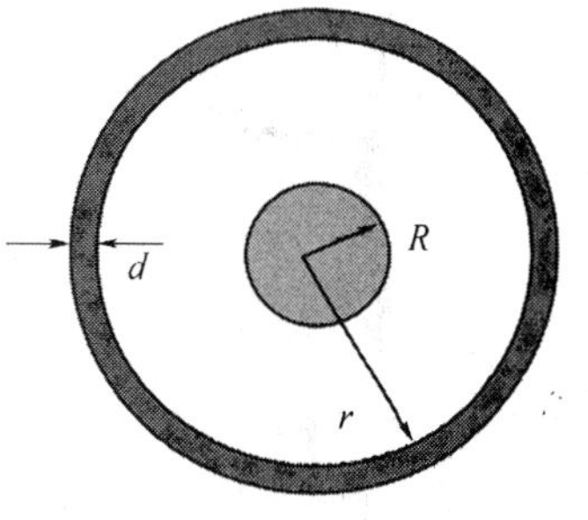

图 10-21 例 10-4 用图

$$w_e = \frac{1}{2}\varepsilon_0\left(\frac{Q}{4\pi\varepsilon_0 r^2}\right)^2$$

因此,带电球面外的总电场能量为

$$W_e = \int_V w_e \mathrm{d}V = \int_R^\infty \frac{1}{2}\varepsilon_0\left(\frac{Q}{4\pi\varepsilon_0 r^2}\right)^2 4\pi r^2 \mathrm{d}r$$

$$= \frac{Q^2}{8\pi\varepsilon_0}\int_R^\infty \frac{1}{r^2}\mathrm{d}r = \frac{Q^2}{8\pi\varepsilon_0 R}$$

习 题

10-1 有一个绝缘的金属筒,上面开一个小孔,通过小孔放入一用细线悬挂的带正电的小球。试讨论下列各种情形下,金属筒外壁带何种电荷?

(1)小球跟筒的内壁不接触;(2)小球跟筒的内壁接触;(3)小球不跟筒接触,但人用手接触一下筒的外壁,松开手后再把小球移出筒外。

10-2 将一个带电小金属球与一个不带电的大金属球相接触,小球上的电荷会全部转移到大球上去吗?为什么?

10-3 为什么高压电器设备上金属部件的表面要尽可能不带棱角?

10-4 在高压电器设备周围,通常围上一个接地的金属栅网,以保证栅网外的人身安全,试说明其道理。

10-5 如图所示,点电荷 q 处在导体球壳的中心,壳的内外半径分别为 R_1 和 R_2。求电场强度和电势的分布,并画出 $E-r$ 和 $V-r$ 曲线。

10-6 如图所示,半径为 R_1 的导体球,带有电荷 q,球外有一个内、外半径分别为 R_2、R_3 的同心导体球壳,壳上带有电荷 Q,求:(1)导体球和球壳的电势 V_1 和 V_2;(2)用导线把两球连接在一起后,V_1 和 V_2 分别是多少?(3)若外球接地,V_1 和 V_2 为多少?

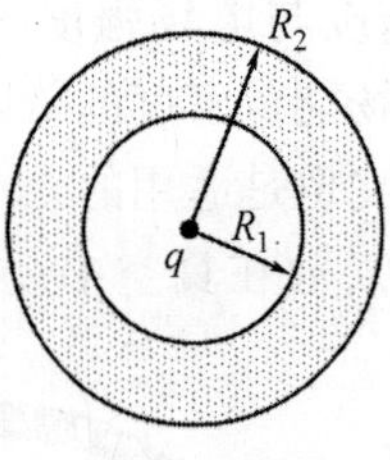

习题 10-5 图

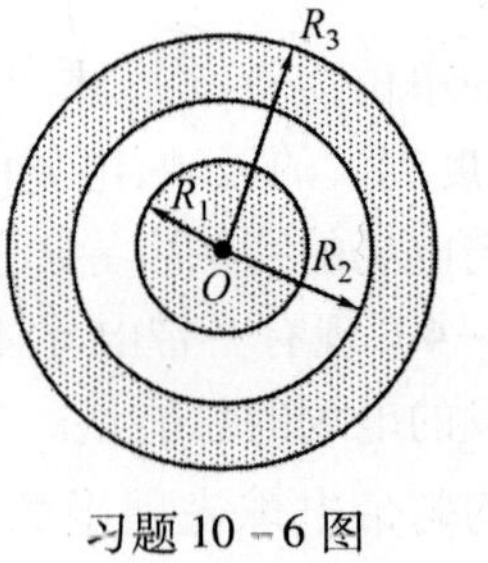

习题 10-6 图

10-7 半径为 R_1 的导体球 A 带有电荷 Q,把一个原来不带电的,半径为 $R_2(R_2>R_1)$ 的薄金属球壳 B 同心地罩在 A 球外面,然后把 A 和 B 用金属线连接起来,求区域 $R_1<r<R_2$ 中的电势大小。

10-8 如图所示,三块平行的金属板 A、B、C 面积均为 $200\mathrm{cm}^2$,A、B 间相距 4.0mm,A、C 间相距 2.0mm,B 和 C 两板都接地。如果使 A 板带正电 $3.0\times10^{-7}\mathrm{C}$,求:(1)$B$、$C$ 板上的感应电荷;(2)A 板的电势。

10－9　如图所示，半径为 R 的导体球带有电荷 Q，导体外有一层厚度为 d 的均匀电介质，相对电容率为 ε_r。求：(1)电位移和电场强度分布；(2)电势分布。

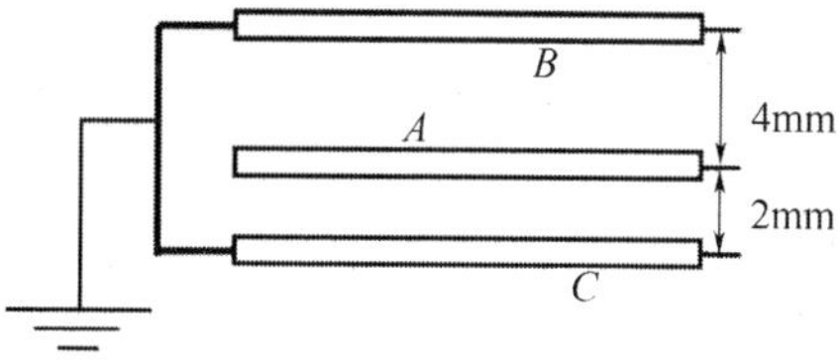

习题 10－8 图

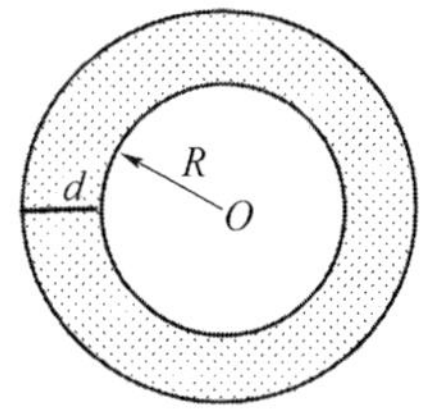

习题 10－9 图

10－10　电容式键盘的每一个键下面连接一小块金属片，金属片与底板上的另一块金属片间保持一定空气间隙，构成一小电容器。当按下按键时电容发生变化，通过与之相连的电子线路向计算机发出该键对应的代码信号。设金属片面积为 50.0mm^2，两金属片之间的距离是 0.60mm。(1)求电容器的电容；(2)如电路能检测出的最小电容变化量是 0.25pF，问按键需要按下多大距离才能给出必要的信号？

10－11　如图所示，$C_1=10\mu\text{F}$，$C_2=5\mu\text{F}$，$C_3=5\mu\text{F}$。(1)求 A、B 间的电容；(2)在 A、B 间加上 100V 的电压，求 C_2 上的电荷量和电压。

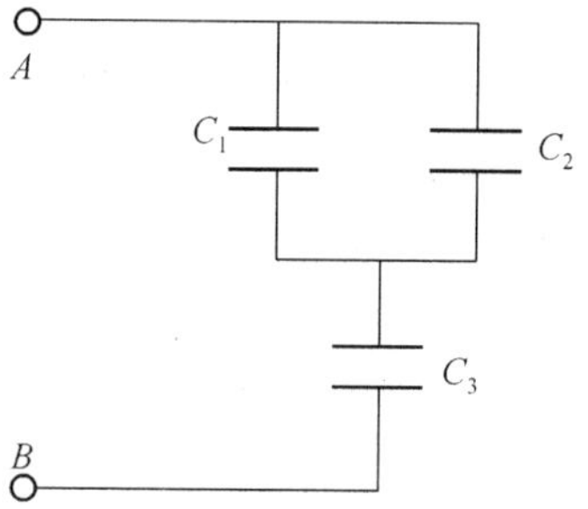

习题 10－11 图

10－12　平行板电容器极板间的距离为 d，保持极板上的电荷不变，把相对介电常数为 ε_r、厚度为 $\delta(<d)$ 的玻璃板插入极板间，求无玻璃板时和插入玻璃板后极板间电势差之比。

10－13　一个平行板电容器，两极板面积为 S，相距为 d，今将一个厚度为 t 的铜板平行地插入电容器，计算此时电容器的电容，铜板与极板之间的距离对这一结果有无影响？

10－14　一平行板电容器有两层介质，介电常数 $\varepsilon_{r1}=4$，$\varepsilon_{r2}=2$，厚度 $d_1=2.0\text{mm}$，$d_2=3.0\text{mm}$，极板面积 $S=40\text{cm}^2$，加上 200V 电压时，求：(1)每层介质中的电场能量密度；(2)每层介质中的总电场能；(3)电容器的总电能。

10－15　半径为 2.0cm 的导体球，外套同心的导体球壳，球壳的内外半径分别为 4.0cm 和 5.0cm，球与球壳之间是空气，当内球的电荷量为 $3.0\times10^{-8}\text{C}$ 时，求：(1)这个系统储存了多少电能？(2)如果用导线把壳与球连在一起，系统又储存了多少电能？

第 11 章　恒 定 磁 场

磁现象在生活当中随处可见,如用来存储数据的计算机硬盘、加热食物的微波炉、用手机接收的无线电信息等。人们对磁现象的认识比电现象要早很多,如最早的吸铁石。在奥斯特发现电流的磁效应之前,电现象和磁现象的研究一直是分开的,没有联系起来。实际上,一切磁现象从本质上讲,都与运动电荷有关。本章将详细介绍磁现象的规律和性质。主要内容有:恒定电流的电流密度,电源电动势;描述磁场的物理量磁感应强度 B;计算电流激发的磁感应强度的毕奥—萨伐尔定律;磁场的高斯定理和安培环路定理;磁场对电荷和电流的作用力——洛伦兹力、安培力;磁场中的介质等。

11.1　恒定电流　电动势

11.1.1　电流　电流密度

我们知道,当导体处于静电平衡时,导体上的电荷将重新分布,使其内部的场强处处为零,不能驱使电荷继续运动。但是,如果在导体两端加上电势差(即电压)后,就可以使导体内出现电场,导体内部就会形成大量电荷的定向移动,我们把大量电荷的定向运动称为**电流**(Electric Current)。因此,要形成电流需要两个条件:导体内有大量可以自由移动的电荷;导体中要维持一定的电场。一般说来,电荷的携带者可以是自由电子、质子、正负离子,这些带电粒子亦称为载流子(Carrier)。由载流子定向运动而形成的电流称为**传导电流**(Conduction Current);带电物体做机械运动时形成的电流叫做**运流电流**(Convection Current)。

在金属导体内,载流子是自由电子,它作定向移动的方向是由低电势到高电势。习惯上将正电荷从高电势向低电势移动的方向规定为电流的方向。电流的方向与负电荷移动的方向恰好相反。

电流用符号 I 表示,电流的大小定义为单位时间内通过导体任一横截面的电荷量。如图 11－1 所示,在截面积为 S 的一段导体中,有正电荷从左向右运动,若在时间间隔 $\mathrm{d}t$ 内,通过截面 S 的电荷为 $\mathrm{d}q$,则在导体中的电流 I 的大小为

$$I = \frac{\mathrm{d}q}{\mathrm{d}t} \qquad (11-1)$$

电流的单位名称为**安**,用符号 A 表示。$1\mathrm{A} = 1\mathrm{C}\cdot\mathrm{S}^{-1}$,常用的电流单位还有毫安(mA)和微安(μA),即

$$1\mu\mathrm{A} = 10^{-3}\mathrm{mA} = 10^{-6}\mathrm{A}$$

如果导体中的电流不随时间变化,这种电流叫做**恒定电流**(Direct Current)。

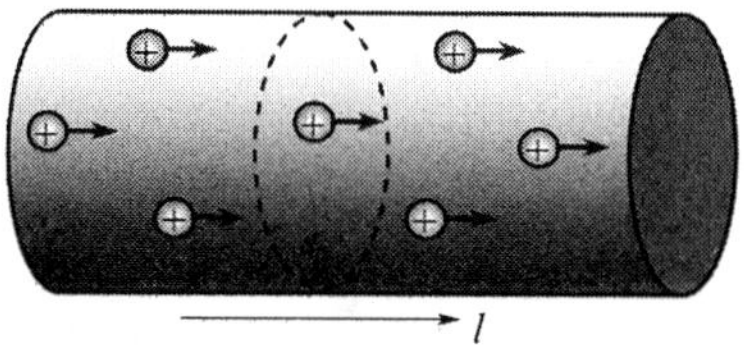

图 11－1　导体中的电流

值得注意的是，电流是标量，不是矢量。所谓电流的方向是指正电荷在导体中的流动方向。这是延袭了历史上的规定。

当电流在不均匀的大块导体中运动时，导体内各点的电流分布是不均匀的。这时，仅有电流的概念是不够的，电流大小不能充分反映导体内部电荷的分布情况，必须引入新的物理量——电流密度（Current Density）。电流密度是矢量，电流密度的方向和大小规定如下：导体中任意一点电流密度 $\boldsymbol{j}$ 的方向为该点正电荷的运动方向；$\boldsymbol{j}$ 的大小等于在单位时间内，通过该点附近垂直于正电荷运动方向的单位面积的电荷。

如图 11－2 所示，设想在导体中点 P 处取一面积元 $\mathrm{d}\boldsymbol{S}$，该面积元的法线方向与正电荷的运动方向（即电流密度 $\boldsymbol{j}$ 的方向）间成 θ 角。若在 $\mathrm{d}t$ 时间内有正电荷 $\mathrm{d}q$ 通过面积元 $\mathrm{d}\boldsymbol{S}$，那么，按上述定义可得到点 P 处电流密度的大小为

$$j = \frac{\mathrm{d}q}{\mathrm{d}t\mathrm{d}S\cos\theta} = \frac{\mathrm{d}I}{\mathrm{d}S\cos\theta} \tag{11-2}$$

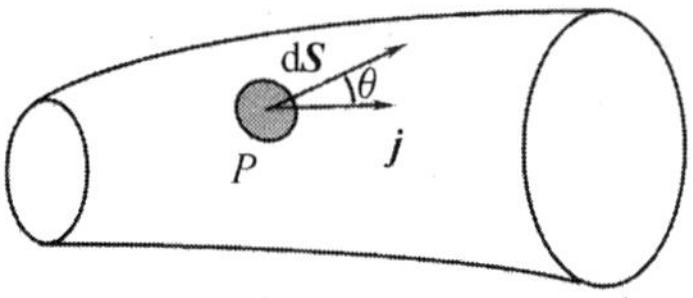

图 11－2　电流密度

式中：$\mathrm{d}S\cos\theta$ 为面积元 $\mathrm{d}\boldsymbol{S}$ 在垂直于电流密度方向上的投影。式(11－2)可写成

$$\mathrm{d}I = \boldsymbol{j} \cdot \mathrm{d}\boldsymbol{S}$$

因此，对通过导体任一有限截面 S 的电流为

$$I = \int_S \mathrm{d}I = \int_S \boldsymbol{j} \cdot \mathrm{d}\boldsymbol{S} \tag{11-3}$$

式(11－3)说明，通过某一面积 S 的电流就是通过该面积电流密度的通量。

11.1.2　电源　电动势

前面已经讨论过，在导体内部要形成一个恒定的电流必须要有一个电场。若在导体两端维持恒定的电势差，那么，导体中就会有恒定电场。怎么才能维持恒定的电势差呢？

在如图11－3所示的回路中，如开始时极板A、B分别带有正、负电荷。A、B之间有电势差，这时在导线中有电场。在电场力的作用下，正电荷从极板A通过导线移到极板B，并与极板B上的负电荷中和，直至两级板间的电势差消失。

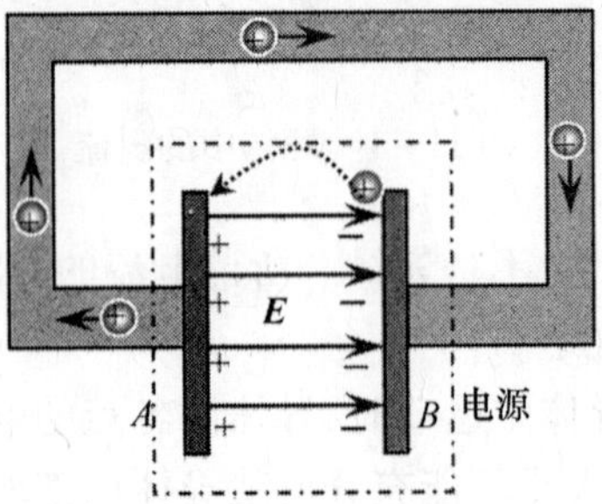

图11－3　电源内的非静电力把正电荷从负极移到正极

但是如果把正电荷从负极板B移到正极板A上，并使两端维持正、负电荷不变，这样两极板间就有恒定的电势差，导线中也就有恒定的电流通过。显然，要把正电荷从极板B移到极板A上，必须有非静电力$\boldsymbol{F}_k$作用才可以。这种能提供非静电力而把其他形式的能量转换为电能的装置称为**电源**(Power Source)。电源的种类有很多，如干电池、蓄电池、太阳能电池和发电机等就是常用电源。

在电源内部，依靠非静电力$\boldsymbol{F}_k$克服静电力$\boldsymbol{F}$对正电荷作功，将正电荷从负极板搬到正极板，从而将其他形式的能量转变为电能。为了表述不同电源转化能量的能力，我们引入电动势这一物理量。电动势的大小定义为把单位正电荷绕闭合回路一周时，非静电力所作的功。如以$\boldsymbol{E}_k$表示非静电场电场强度，W为非静电力所做的功，ε表示电源电动势，那么，由上述电动势的定义，有

$$\varepsilon = \frac{W}{q} = \oint \boldsymbol{E}_k \cdot \mathrm{d}\boldsymbol{l} \tag{11-4}$$

考虑到大部分情况下非静电电场强度只存在于电源内部，外电路中$\boldsymbol{E}_k = 0$，因此式(11－4)又可以改写成

$$\varepsilon = \oint \boldsymbol{E}_k \cdot \mathrm{d}\boldsymbol{l} = \int_{内} \boldsymbol{E}_k \cdot \mathrm{d}\boldsymbol{l} \tag{11-5}$$

式(11－5)表示电源电动势的大小等于把单位正电荷从电源负极经电源内部移至正极时非静电力所作的功。

电动势是标量，但为了便于判断在电流流通时非静电力作正功还是作负功，通常把电源内部电势升高的方向，即从负极经电源内部到正极的方向，规定为电动势的方向。电动势的单位和电势的单位相同，但它们是完全不同的物理量。电源电动势的大小反映电源中非静电力作功的本领，只取决于电源本身的性质，与外电路的性质无关。

11.2 磁场 磁感应强度

11.2.1 基本的磁现象

人类发现磁现象比发现电现象要早很多。根据史料记载，我国早在春秋战国时期就陆续在《山海经》《吕氏春秋》等古籍中，有关于磁石的描述和记载。东汉的王充在《论衡》中所描述的“司南勺”是公认的最早的磁性指南工具，如图 11 -4 所示。到了 12 世纪初，我国已有关于指南针用于航海事业的记录，指南针传入欧洲则是 12 世纪末（1190 年）了。

最初，人们认识磁现象是从天然磁铁（Fe_3O_4）的相互作用中观察到的。这种磁铁称为永久磁铁（Permanent Magnet）。磁铁具有吸引铁、钴、镍等物质的性质，这种性质称为磁性（Magnetism）。磁铁总是存在两个磁性很强的区域，称为**磁极**（Magnetic Pole）。如果将条形磁铁水平悬挂起来，磁铁将自动转向地球的南北方向，指向北方的磁级称为**磁北极**（N Pole），指向南方的磁极称为**磁南极**（S Pole）。磁极之间的相互作用称为磁力（Magnetic Force），同种磁极相排斥，异种磁极相吸引。与电荷不同，两种不同性质的磁极总是成对出现。尽管许多科学家从理论上预言存在磁单极（Magnetic Monopole），但是，迄今为止，人们在实验中还没有令人信服地证实磁单极能够独立存在。无论将磁铁怎样分割，分割后的每一小块磁铁总是具有 N、S 两个不同的磁极。

地球本身就是一个巨大的永久磁铁。地磁两极在地面上的位置不是固定的，随着时间的推移会有些变化。目前，地磁北极（N 极）在地理南极附近，地磁南极（S 极）在地理北极附近。地磁场的两级方向与地理上的南北极方向之间存在一个夹角叫做**磁偏角**（Magnetic Declination），目前为 11.5°，如图 11 -5 所示。

图 11 -4 司南勺

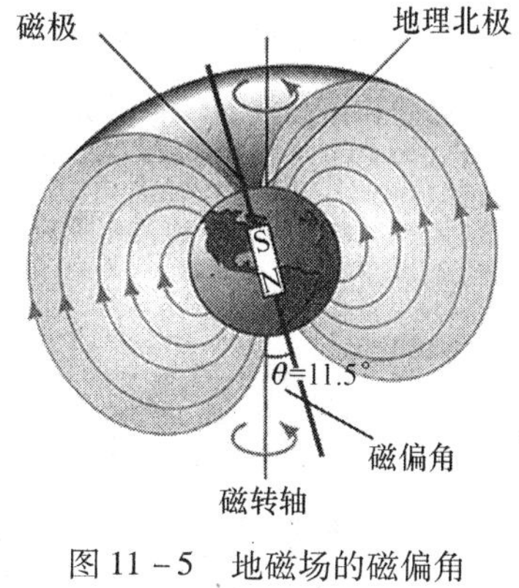

图 11 -5 地磁场的磁偏角

在相当长一段历史时期内，人们把磁和电看成是完全不同的两种现象，因此对它们的研究是沿着两个独立的方向发展的，进展极其缓慢。直到 1820 年 4 月，丹麦物理学家奥斯特（H. C. Oersted，1777—1851）在一次实验中，发现在通电直导线附近的小磁针有偏转。紧接着，经过 3 个月的研究，奥斯特于 1820 年 7 月 21 日发表了题为“关于磁针与电流碰撞的实验”的论文，在欧洲物理学界引起了极大的关注。同年 9 月，法国物理学家安培

(A. M. Ampère,1775—1844)得知奥斯特的实验后,重复了奥斯特的实验并作了进一步研究。他发现圆电流与磁针有相似的作用,紧接着又报告了磁铁对载流导线以及两平行通电直导线间和两圆形电流间也都存在相互作用,如图 11 -6 所示;安培还发现了直电流附近的小磁针取向的右手定则,所有这些工作都是在一周内完成的。

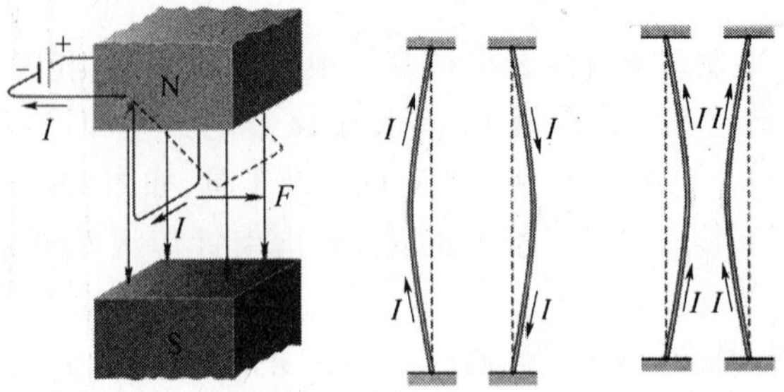

图 11 -6　安培的实验

汉斯·奥斯特(HansØrsted,1777—1851),丹麦物理学家、化学家。在物理学领域,他首先发现载流导线的电流会产生作用力于磁针,使磁针改变方向。在化学领域,铝元素是他最先发现的。他也是第一位明确地描述思想实验的现代思想家,创建了思想实验(Gedanken Experiment)这一名词。

根据磁铁和载流导线的相互作用以及载流导线间的相互作用实验,安培总结出电流间的作用力和磁铁间的作用力同属于磁作用力;这时,人们才知道磁现象与电荷的运动是密切相关的,一切磁现象的根源是电流。1822 年,安培由此提出了有关物质磁性本质的假说,他认为,一切磁现象的根源都是电流。磁性物质中的分子存在**分子电流**(Molecular Current),分子电流相当于一个基本磁元,物质对外显示的磁性,就是分子电流在外界作用下趋向于沿同一方向排列的结果,如图 11 -7 所示。

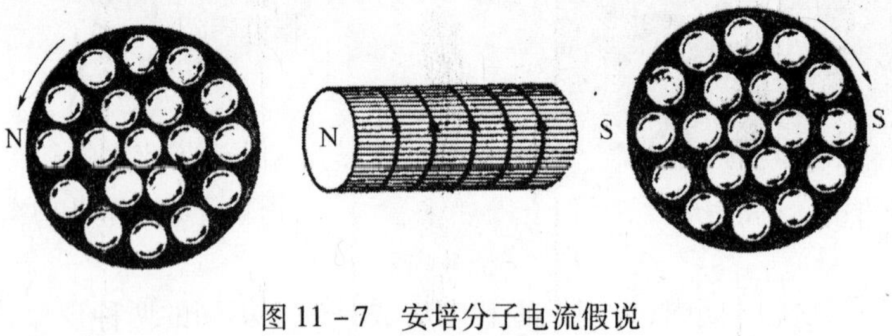

图 11 -7　安培分子电流假说

安培的假说与现代对物质磁性的理解是相符合的。近代理论表明,原子核外电子绕核的运动和电子自旋等运动就构成了等效的分子电流,一切磁现象起源于电荷的运动。电荷不论静止或运动都会在其周围空间激发电场,而运动的电荷在周围空间还要激发磁场。这里所说的运动和静止都是相对观察者而言的,同一客观存在的场,它在某一参考系中表现为电场,而在另一参考系系中却可能表现为电场和磁场。

安德烈·玛丽·安培(André - Marie Ampère,1775—1836),法国物理学家、化学家、数学家。1821—1825 年,安培做了关于电流相互作用的四个精巧的实验,并根据这四个实验导出两个电流元之间的相互作用力公式。1827 年,安培将他的电磁现象的研究综合在《电动力学现象的数学理论》一书中,这是电磁学史上一部重要的经典论著,对以后电磁学的发展起了深远的影响。为了纪念安培在电学上的杰出贡献,电流的单位安培是以他的姓氏命名的。

11.2.2 磁感应强度

从静电场的研究中可知,在静止电荷周围的空间存在着电场,静止电荷间的相互作用是通过电场来传递的。电流间、磁体与磁体间、磁体与电流间的相互作用也是通过场来传递的,这种场称为**磁场**(Magnetic Field)。从根本上讲,磁场是运动电荷激发的。恒定电流周围激发的磁场不会随时间变化,因此称为恒定磁场。本章所要讨论的就是恒定磁场的基本性质和规律。

磁场对外的重要表现是:对引入磁场中的运动试探电荷、载流导线或永久磁铁有磁场力(Magnetic Field Force)的作用。因此,可用磁场对运动试探电荷的作用来描述磁场,并由此引入**磁感应强度** $\boldsymbol{B}$(Magnetic Induction)作为定量描述磁场中各点特性的基本物理量,其作用和地位与电场中的电场强度 $\boldsymbol{E}$ 相当。$\boldsymbol{B}$ 矢量本应称为"磁场强度",但由于历史上的原因,这个名称已用于 $\boldsymbol{H}$ 矢量,我们将在讨论磁介质的时候介绍。

实验表明:

(1) 当运动试探电荷 q 以同一速率 v 沿不同方向通过磁场中的某点 P 时,电荷所受到的磁场力是不同的,但磁场力的方向却总是与电荷运动方向 v 垂直。

(2) 在磁场中 P 点存在一个特定方向,当试探电荷沿着这个特定方向(或其反向)运动时,所受到的磁场力为零,显然,这个特定方向与运动的试探电荷无关,它反映出磁场本身的一个性质。于是,我们定义:P 点磁场的方向是沿着运动试探电荷通过该点时不受力的方向(至于磁场的指向具体是沿着两个彼此相反的哪一方,将在下面另行讨论)。

(3) 当运动的试探电荷 q 以某一速度 v 沿垂直于上述磁场方向运动时,所受到的磁场力最大,这个最大磁场力 F_m 正比于运动试探电荷的电荷量 q,也正比于电荷的运动速率 v,但比值 F_m/qv 却在该点具有确定的量值而与运动的试探电荷的 q、v 值的大小均无关。由此可见,比值 F_m/qv 反映了该点的磁场强弱的性质,可以定义为该点的磁感应强度的大小,即

$$B = \frac{F_m}{qv} \tag{11-6}$$

实验同时发现,磁场力 $\boldsymbol{F}$ 的方向总是垂直于 $\boldsymbol{B}$ 和 $\boldsymbol{v}$ 所组成的平面,即磁感应强度 $\boldsymbol{B}$ 满足下式关系,即

$$\boldsymbol{F} = q\boldsymbol{v} \times \boldsymbol{B} \tag{11-7}$$

这样就可以根据最大磁场力 $\boldsymbol{F}_m$ 和 $\boldsymbol{v}$ 的方向,由矢积 $\boldsymbol{F}_m \times \boldsymbol{v}$ 的方向判断出磁感应强度 $\boldsymbol{B}$ 的方向,如图 11-8 所示。式(11-7)就是运动电荷在磁场中受的磁场力,称为洛伦兹力(Lorentz Force)。

磁感应强度 B 是描述磁场性质的基本物理量。在国际单位制中磁感应强度 $\boldsymbol{B}$ 的单位为特斯拉(T),根据式(11-6)可以看出

$$1\ \mathrm{T} = 1\ \mathrm{N \cdot s \cdot C^{-1} \cdot m^{-1}} = 1\ \mathrm{N \cdot A^{-1} \cdot m^{-1}}$$

历史上磁感应强度还用高斯(Gs)作单位,它与特斯拉的换算关系为 $1\ \mathrm{T} = 10^4\mathrm{Gs}$。

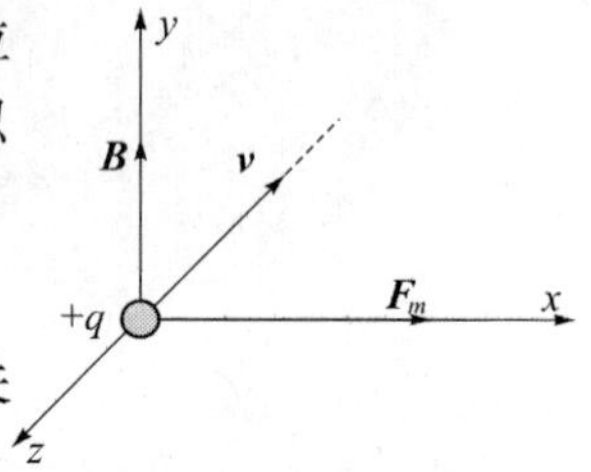

图 11-8 磁感应强度 $\boldsymbol{B}$ 方向的判定

地球磁场大约为 $5 \times 10^{-5}\mathrm{T}$,大型的电磁铁能激发的磁感应强度大约 2T,某些原子核附近的磁场可达 $10^4\mathrm{T}$,人体内部的生物电流也可以激发出微弱的磁场,如心电激发的磁场大约为 3×10^{-10},测量身体内的磁场分布已经称为医学中的高级诊断技术。

11.2.3 磁感应线

在静电场中我们曾引入电场线描述电场的分布,这里为了形象地描绘磁场中磁感应强度的分布我们引入**磁感应线**(Magnetic Induction Line)。磁感应线是磁场中所描绘的一簇有向曲线,通常规定:磁感应线上任一点的切线方向都与该点的磁感应强度 $\boldsymbol{B}$ 的方向一致,而通过垂直于磁感应强度 $\boldsymbol{B}$ 的单位面积上的磁感应线的数目则等于该处的 $\boldsymbol{B}$ 的大小。可以看出,磁场中磁感应线的疏密程度也能反映该处磁场的强弱,与电场线类似。

图 11-9 是几种典型的电流所激发的磁场的磁感应线的分布图。从中可以看出,磁感应线的回转方向与电流方向成右手螺旋关系;磁感应线永不相交;每条磁感应线都是无头无尾的闭合曲线,这与静电场线是完全不同的。

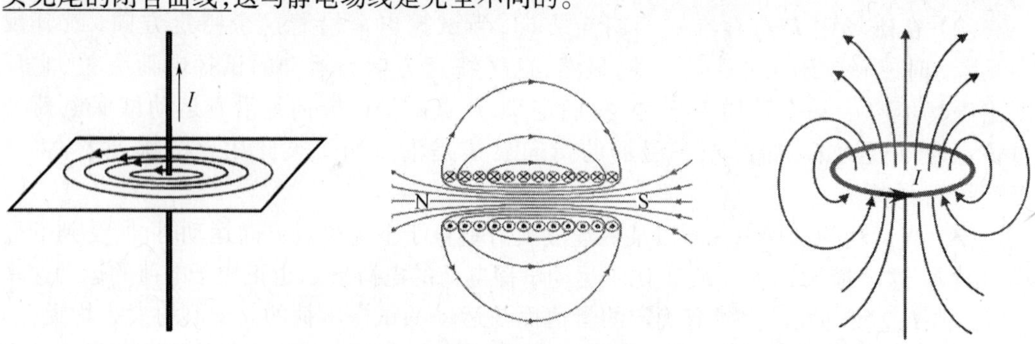

图 11-9 几种不同形状电流磁场的磁感应线

11.3 毕奥—萨伐尔定律

本节我们将介绍恒定电流激发磁场的规律。恒定电流的磁场亦称为恒定磁场。在恒定磁场中，任意一点的磁感应强度 B 仅是空间坐标的函数，而与时间无关。

11.3.1 毕奥—萨伐尔定律

在静电场中计算任意带电体的电场强度时，把带电体看成由无数个电荷元组成，根据点电荷的电场强度的矢量叠加原理计算出该带电体在空间任一点的电场强度。现在对于载流导线来说，可以仿照同样的思路，把电流看成是无穷多小段电流的集合，各小段电流称为电流元，并用矢量 $I\mathrm{d}\boldsymbol{l}$ 来表示，其中 $\mathrm{d}\boldsymbol{l}$ 表示在载流导线上(沿电流方向)所取的线元，I 为导线中的电流，电流元的方向规定为电流沿线元 $\mathrm{d}\boldsymbol{l}$ 的流向。任意形状的线电流所激发的磁场等于各段电流元所激发磁场的矢量和。

1820 年，法国物理学家毕奥(J. B. Biot，1774—1862)和萨伐尔(F. Savart，1791—1841)通过大量的实验发现，载流直导线周围场点的磁感应强度 B 的大小与电流 I 成正比，与场点到直电流的距离 r 成反比。后来法国数学家兼物理学家拉普拉斯(P. S. M. Laplace，1749—1827)分析了毕奥和萨伐的实验资料，运用物理学的思想方法，从数学上给出了电流元 $I\mathrm{d}\boldsymbol{l}$ 产生磁场的磁感应强度的数学表达式为

$$\mathrm{d}B = k\frac{I\mathrm{d}l\sin\theta}{r^2} \tag{11-8}$$

式中：r 是从电流元所在点到 P 点的位矢 $\boldsymbol{r}$ 的大小；θ 为电流元 $I\mathrm{d}\boldsymbol{l}$ 与位矢 $\boldsymbol{r}$ 之间小于 180° 的夹角。

$\mathrm{d}\boldsymbol{B}$ 的方向垂直于电流元 $I\mathrm{d}\boldsymbol{l}$ 与位矢 $\boldsymbol{r}$ 之间所组成的平面，指向为由电流元 $I\mathrm{d}\boldsymbol{l}$ 经角 θ 转向位矢 $\boldsymbol{r}$ 时右螺旋前进的方向，如图 11－10 所示。在国际单位制中，式中 $k=\frac{\mu_0}{4\pi}=10^{-7}\mathrm{T\cdot m/A}$；其中 $\mu_0=4\pi\times10^{-7}\mathrm{T\cdot m/A}$，称为**真空的磁导率**(Permeability of Vacuum)。把式(11－8)写成矢量形式为

$$\boxed{\mathrm{d}\boldsymbol{B}=\frac{\mu_0}{4\pi}\frac{I\mathrm{d}\boldsymbol{l}\times\boldsymbol{e}_r}{r^2}} \tag{11-9}$$

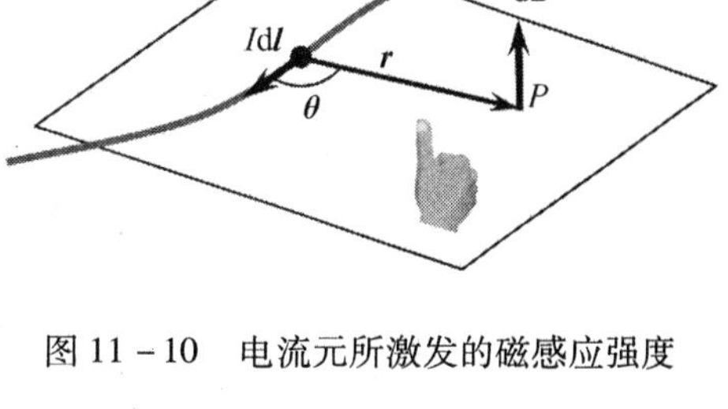

图 11－10 电流元所激发的磁感应强度

式中：$\boldsymbol{e}_r=\frac{\boldsymbol{r}}{r}$ 是从电流元所在位置指向场点 P 的单位矢量。

式(11－9)称为**毕奥—萨伐尔定律**(Biot－Savart Law)，是计算载流导线所激发的磁感应强度 $\boldsymbol{B}$ 的基本公式。对于任意形状的线电流所激发的总磁感应强度为

$$\boldsymbol{B}=\int_L\mathrm{d}\boldsymbol{B}=\int_L\frac{\mu_0}{4\pi}\frac{I\mathrm{d}\boldsymbol{l}\times\boldsymbol{e}_r}{r^2} \tag{11-10}$$

式(11－10)体现了磁感应强度的叠加原理。毕奥—萨伐尔定律是拉普拉斯从数学上给

出的结果,不能直接由实验证明,但是由这个定律出发得出的结果都很好地和实验相符合。

11.3.2 运动电荷的磁场

按照经典电子理论,导体中的电流是由大量的载流子作定向运动而形成的。因此,电流激发的磁场从本质上讲是由运动电荷所激发的,磁现象的本质就是运动的电荷激发磁场。下面我们从毕奥—萨伐尔定律出发求出运动电荷所激发的磁感应强度的大小。

如图 11-11 所示,设在导体的单位体积内有 n 个可以自由运动的带电粒子,每个粒子带有的电荷量为 q(为了简单起见,这里讨论的带电粒子设为正电荷),以速度 v 沿电流元 $I\mathrm{d}\boldsymbol{l}$ 的方向做定向运动。设电流元的截面积为 S,那么,单位时间内通过截面积 S 的电荷量即电流大小为

$$I = qnvS$$

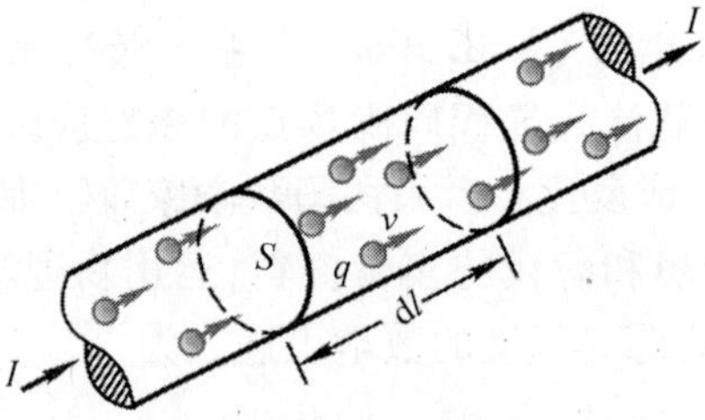

图 11-11 电流元中的运动电荷

由于图 11-11 所示电流元 $I\mathrm{d}\boldsymbol{l}$ 与速度 $\boldsymbol{v}$ 方向相同,在电流元 $I\mathrm{d}\boldsymbol{l}$ 内有 $\mathrm{d}N = nS\mathrm{d}l$ 个带电粒子以速度 $\boldsymbol{v}$ 运动着,所以电流元 $I\mathrm{d}\boldsymbol{l}$ 所激发的磁场 $\mathrm{d}\boldsymbol{B}$ 就是这 $\mathrm{d}N$ 个粒子所激发的合磁场。将电流 I 代入毕奥—萨伐尔定律并用 $\mathrm{d}\boldsymbol{B}$ 除以 $\mathrm{d}N$ 就可以得到每个载流子所激发的磁感应强度 $\boldsymbol{B}_q$,具体为

$$\boldsymbol{B}_q = \frac{\mathrm{d}\boldsymbol{B}}{\mathrm{d}N} = \frac{\mu_0}{4\pi}\frac{qnvS\mathrm{d}\boldsymbol{l} \times \boldsymbol{e}_r}{nS\mathrm{d}lr^2} = \frac{\mu_0}{4\pi}\frac{q\boldsymbol{v} \times \boldsymbol{e}_r}{r^2} \tag{11-11}$$

式中:$\boldsymbol{e}_r$ 是运动电荷所在点指向场点 P 的单位矢量;$\boldsymbol{B}_q$ 的方向垂直于粒子速度 $\boldsymbol{v}$ 和单位矢量 $\boldsymbol{e}_r$ 所组成的平面,其指向由右手螺旋法则判定,如果带电粒子的电荷量为负,则 $\boldsymbol{B}_q$ 的方向与正电荷刚好相反,如图 11-12 所示。

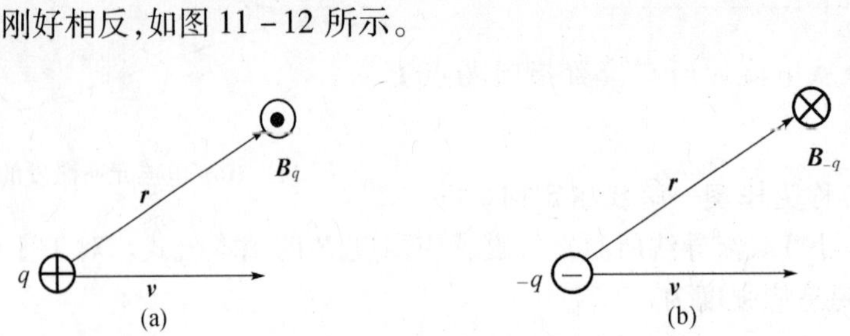

图 11-12 运动电荷的磁场方向

(a) $\boldsymbol{B}$ 垂直于纸面向外;(b) $\boldsymbol{B}$ 垂直于纸面向内。

11.3.3 毕奥—萨伐尔定律的应用

根据前面的讨论,可以看出,应用毕奥—萨伐尔定律计算载流导线的磁感应强度时,首先要将载流导体分割成许多个电流元 $I\mathrm{d}\boldsymbol{l}$,根据式(11-9)计算出任意一电流元在空间某点 P 激发的磁感应强度 $\mathrm{d}\boldsymbol{B}$,再由式(11-10)积分计算出所有电流元在 P 点激发的磁感应强度的矢量和。在积分过程中,各个电流元激发的磁感应强度 $\mathrm{d}\boldsymbol{B}$ 的方向可能不同,所以必须先把矢量 $\mathrm{d}\boldsymbol{B}$ 按所建立的坐标系进行分解,如在直角坐标系系中可将 $\mathrm{d}\boldsymbol{B}$ 分解成

$$\mathrm{d}\boldsymbol{B} = \mathrm{d}B_x\boldsymbol{i} + \mathrm{d}B_y\boldsymbol{j} + \mathrm{d}B_z\boldsymbol{k}$$

再对各个分量进行积分,即

$$B_x = \int \mathrm{d}B_x, B_y = \int \mathrm{d}B_y, B_z = \int \mathrm{d}B_z$$

最后便可以得出 P 点的合磁感应强度为

$$\boldsymbol{B} = B_x\boldsymbol{i} + B_y\boldsymbol{j} + B_z\boldsymbol{k}$$

下面应用毕奥—萨伐尔定律来讨论几种载流导线所激发的磁场。

例 11-1 载流长直导线的磁场。设真空中有一长为 L 的直导线,通有电流 I。计算距离直导线为 a 的 P 点处磁感应强度。

解 在直导线上任取一电流元 $I\mathrm{d}l$,如图 11-13 所示,按毕奥—萨伐尔定律,此电流元在给定点 P 处的磁感应强度 $\mathrm{d}\boldsymbol{B}$ 的大小为

$$\mathrm{d}B = \frac{\mu_0}{4\pi}\frac{I\mathrm{d}l\sin\theta}{r^2}$$

式中:θ 为电流元 $I\mathrm{d}\boldsymbol{l}$ 与矢量 $\boldsymbol{r}$ 之间的夹角。$\mathrm{d}\boldsymbol{B}$ 的方向由 $I\mathrm{d}\boldsymbol{l}\times\boldsymbol{r}$ 来确定,由右手螺旋法则可知其方向垂直纸面向内,在图中用⊗表示。

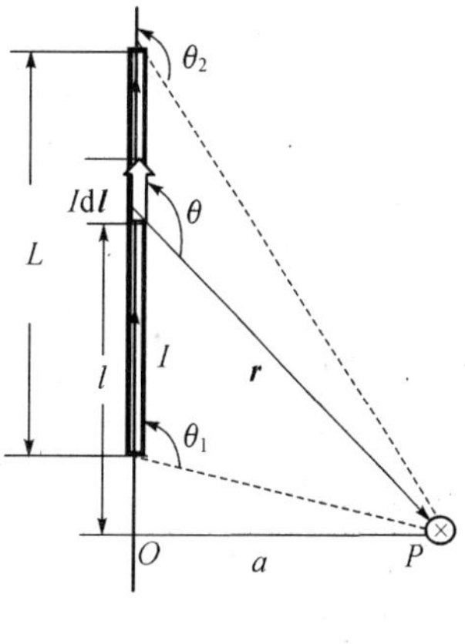

图 11-13 载流直导线的磁场

由于长直导线 L 上每一个电流元在 P 点的磁感应强度 $\mathrm{d}\boldsymbol{B}$ 的方向都是一致的,均垂直纸面向内,所以 P 点的磁感应强度为各电流元激发的磁感应强度 $\mathrm{d}B$ 大小之和,即

$$B = \int_L \mathrm{d}B = \frac{\mu_0}{4\pi}\int_L \frac{I\mathrm{d}l\sin\theta}{r^2}$$

式中:l、r、θ 都是变量,需要统一积分变量,由图 11-13 可以看出它们有如下关系,即

$$r = a\csc\theta, l = -a\cot\theta, \mathrm{d}l = a\csc^2\theta\mathrm{d}\theta$$

把它们代入上式的积分可得

$$B = \int_{\theta_1}^{\theta_2}\frac{\mu_0 I}{4\pi a}\sin\theta\mathrm{d}\theta = \frac{\mu_0 I}{4\pi a}\int_{\theta_1}^{\theta_2}\sin\theta\mathrm{d}\theta$$

积分后可得

$$B = \frac{\mu_0 I}{4\pi a}(\cos\theta_1 - \cos\theta_2) \qquad (11-12)$$

式中：θ_1、θ_2 分别是直电流的起始点和终点处电流流向与该处到 P 点的矢量 $\boldsymbol{r}$ 间的夹角。

对于"无限长"载流直导线，则取 $\theta_1=0$ 和 $\theta_2=\pi$，则由式(11－12)可得

$$B=\frac{\mu_0 I}{2\pi a} \tag{11-13}$$

此结论与毕奥—萨伐尔早期的实验结果是一致的。

例 11－2 如图 11－14 所示，半径为 R 的圆形线圈，通过电流 I，计算垂直线圈平面轴线上 P 点的磁感应强度。

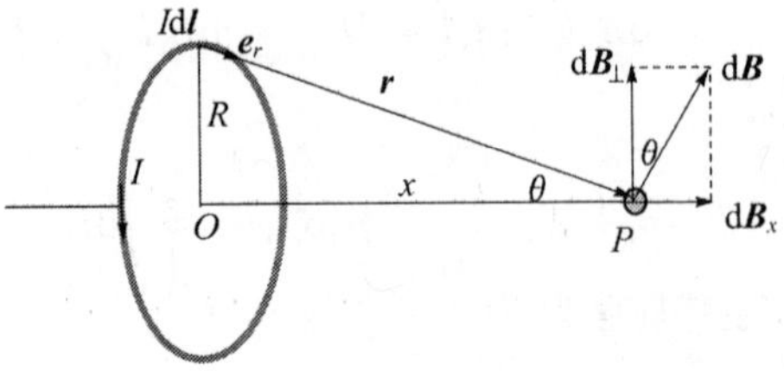

图 11－14 圆电流轴线上磁场的计算

解 以圆环中心轴为 x 轴，在圆环上选取电流元 $I\mathrm{d}\boldsymbol{l}$，如图 11－14 所示，设电流元到 P 点的位矢为 $\boldsymbol{r}$，它在 P 点所激起的磁感应强度为

$$\mathrm{d}\boldsymbol{B}=\frac{\mu_0}{4\pi}\frac{I\mathrm{d}\boldsymbol{l}\times\boldsymbol{e}_r}{r^2}$$

由于 $I\mathrm{d}\boldsymbol{l}$ 与 $\boldsymbol{r}$ 的单位矢量 $\boldsymbol{e}_r$ 垂直，所以 $\mathrm{d}\boldsymbol{B}$ 的大小为

$$\mathrm{d}B=\frac{\mu_0}{4\pi}\frac{I\mathrm{d}l}{r^2}$$

而 $\mathrm{d}\boldsymbol{B}$ 的方向垂直于电流元 $I\mathrm{d}\boldsymbol{l}$ 与 $\boldsymbol{r}$ 所组成的平面，且与垂直于 x 轴方向的夹角为 θ。由对称性分析可知，各电流元在 P 点的磁感应强度 $\mathrm{d}\boldsymbol{B}$ 的大小都相等，而方向各不相同。但各电流元所激发 $\mathrm{d}\boldsymbol{B}$ 的方向与轴线成一相等的夹角。我们把 $\mathrm{d}\boldsymbol{B}$ 分解成沿着 x 轴方向的分量 $\mathrm{d}\boldsymbol{B}_x$ 和垂直于 x 轴方向的分量 $\mathrm{d}\boldsymbol{B}_\perp$。由对称关系，圆环任意直径两端的电流元在 P 点的磁感应强度分量 $\mathrm{d}\boldsymbol{B}_\perp$ 大小相等方向相反，因此相互抵消；$\mathrm{d}\boldsymbol{B}_x$ 分量相互加强。所以 P 点磁感应强度为各电流元激发的磁感应强度 $\mathrm{d}\boldsymbol{B}$ 沿 x 方向分量 $\mathrm{d}\boldsymbol{B}_x$ 的代数和，即

$$B=\int_L \mathrm{d}B_x=\int_L \mathrm{d}B\sin\theta$$

式中：θ 为 $\boldsymbol{r}$ 与 x 轴之间的夹角。将 $\mathrm{d}B$ 的大小代入上式，积分可得

$$B=\frac{\mu_0}{4\pi}\int_L\frac{I\mathrm{d}l\sin\theta}{r^2}=\frac{\mu_0 I\sin\theta}{4\pi r^2}\int_0^{2\pi R}\mathrm{d}l=\frac{2\pi R\mu_0 I\sin\theta}{4\pi r^2}$$

由图 11－14 可知，$r^2=R^2+x^2$，$\sin\theta=\dfrac{R}{r}=\dfrac{R}{\sqrt{R^2+x^2}}$，所以有

$$B=\frac{R^2\mu_0 I}{2r^3}=\frac{R^2\mu_0 I}{2\left(R^2+x^2\right)^{3/2}} \tag{11-14}$$

$\boldsymbol{B}$ 的方向在轴线上与圆环的电流方向满足右手螺旋关系。由上式我们来讨论两种特殊情况

(1) 场点 P 在圆心 O 处，$x=0$ 时，该处磁感应强度大小为

$$B = \frac{\mu_0 I}{2R} \tag{11-15}$$

(2) 场点 P 远离圆电流($x \gg R$)时，P 点的磁感应强度大小为

$$B \approx \frac{R^2\mu_0 I}{2x^3} = \frac{\pi R^2\mu_0 I}{\pi 2x^3} = \frac{S\mu_0 I}{2\pi x^3} \tag{11-16}$$

式中：$S=\pi R^2$ 为圆电流的面积。

根据安培的假说，分子圆电流相当于基元磁体。为了描述圆电流的磁性质，引入**磁矩**(Magnetic Moment)，用符号 $\boldsymbol{m}$ 表示，则

$$\boldsymbol{m} = IS\boldsymbol{e}_n \tag{11-17}$$

磁矩 $\boldsymbol{m}$ 的大小等于圆电流的电流强度 I 与圆电流所包围的面积 S 的乘积，方向与线圈平面的法向(法向由线圈中的电流按右手螺旋法则确定)相同，式中 $\boldsymbol{e}_n$ 表示法线方向的单位矢量。如果线圈有 N 匝，则磁场加强 N 倍，这时，线圈磁矩要定义为

$$\boldsymbol{m} = NIS\boldsymbol{e}_n$$

引入磁矩后，载流线圈轴线上的磁场式(11-16)考虑方向后可表示为

$$\boldsymbol{B} = \frac{S\mu_0 I}{2\pi x^3}\boldsymbol{e}_n = \frac{\mu_0\boldsymbol{m}}{2\pi x^3}$$

例 11-3 直螺线管是指均匀地密绕在直圆柱面上的螺旋形线圈，如图 11-15 所示，设螺线管的半径为 R，电流为 I，每单位长度有 n 匝线圈。计算螺线管内轴线上 P 点的磁感应强度。

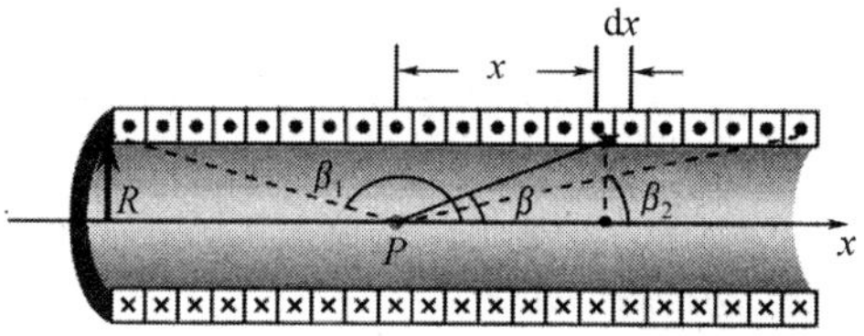

图 11-15 螺线管内的磁场

解 建立如图 11-15 所示的坐标轴，原点为 P 点所处位置。在螺线管上距场点 P 水平距离为 x 处选取一小段线元 dx，则该线元所包含的匝数为 ndx，由于螺线管上的线圈绕得很紧密，可以将它看作电流值为 $dI=Indx$ 的圆电流。由式(11-14)得出该圆电流在轴线上 P 点处所激发的磁感应强度 $d\boldsymbol{B}$ 的大小为

$$dB = \frac{R^2\mu_0 I}{2r^3} = \frac{R^2\mu_0 nIdx}{2(R^2+x^2)^{3/2}}$$

$d\boldsymbol{B}$ 的方向沿着 x 轴正向。因为螺线管上所有圆环在 P 点产生的磁感应强度的方向都相同，所以整个螺线管在 P 点处所产生的磁感应强度的大小为

$$B = \int dB = \int \frac{R^2\mu_0 nIdx}{2(R^2+x^2)^{3/2}}$$

为了便于积分,引入变量 β 角,从图 11-15 可以看出对应的几何关系为

$$x = R\cot\beta$$

两边微分可得

$$dx = -R\csc^2\beta d\beta$$

又有

$$R^2 + x^2 = R^2\csc^2\beta$$

将以上关系式及积分变量代入上式的积分可得

$$B = \int_{\beta_1}^{\beta_2} -\frac{\mu_0}{2}nI\sin\beta d\beta = \frac{\mu_0}{2}nI(\cos\beta_2 - \cos\beta_1)$$

如果螺线管为“无限长”,亦即螺线管的长度较其直径大得多时,此时,有 $\beta_1 = \pi$,$\beta_2 = 0$,则由上式可得

$$B = \mu_0 nI \tag{11-18}$$

这一结果说明,任何绕得很紧密的长螺线管内部轴线上的磁感应强度和点的位置无关。如果 P 点在螺线管轴线上的两个端点处,则有 $\beta_1 = \pi$,$\beta_2 = \pi/2$,或者 $\beta_1 = \pi/2$,$\beta_2 = 0$,这两处的磁感应强度的大小为

$$B = \frac{\mu_0 nI}{2}$$

此结果恰好是内部磁感应强度的 1/2。长直螺线管所激发的磁感应强度的方向沿着螺线管轴线,其指向可以由右手螺旋法则确定,右手四指环绕方向为电流流向,大拇指指向为磁场方向。

11.4 稳恒磁场的高斯定理与安培环路定理

11.4.1 磁通量 磁场的高斯定理

类似于静电场中引入 E 通量的概念,现在将引入磁通量的概念来描述磁场的性质。

磁场中通过某一曲面的磁感应线的条数称为该曲面的**磁通量**(Magnetic Flux),用符号 Φ 表示。

如图 11-16 所示,在磁感应强度为 B 的非均匀磁场中,在曲面 S 上任意选取一面积元 dS,dS 的法线方向与该点处磁感应强度 B 方向之间的夹角为 θ,根据磁通量的定义,以及关于磁感应强度 B 与磁感应线密度的规定,则通过该面积元 dS 的磁通量为

$$d\Phi = B\cos\theta dS$$

通过整个曲面 S 的总磁通量为

$$\Phi = \int_S d\Phi = \int_S B\cos\theta dS = \int_S \boldsymbol{B}\cdot d\boldsymbol{S} \tag{11-19}$$

磁通量的单位为韦伯(Wb),$1Wb = 1T\cdot m^2$。

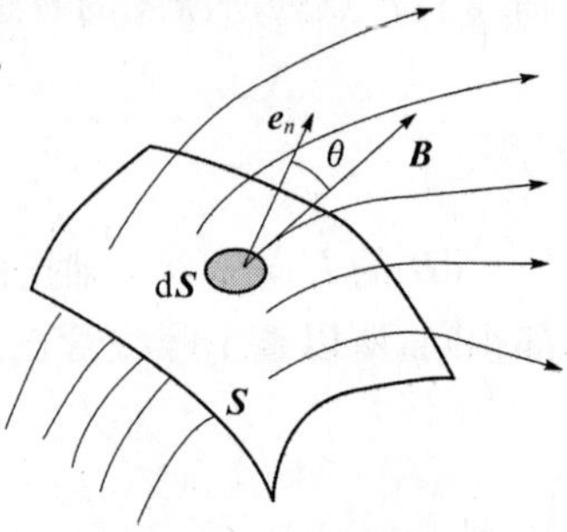

图 11-16 磁通量

对于闭合曲面来说，人们规定其正单位法线矢量 $\boldsymbol{e}_n$ 的方向垂直于曲面向外。按照这个规定，当磁感应线从曲面内部穿出时$\left(\theta<\frac{\pi}{2}\right)$的 B 通量为正，穿入时$\left(\theta>\frac{\pi}{2}\right)$为负。由于磁感应线是一组闭合曲线，因此，对于任何闭合曲面来说，有多少条磁感应线穿入闭合曲面，就有多少条磁感应线穿出该闭合曲面，所以通过任一闭合曲面的总磁通量总是零，亦即

$$\oint_S \boldsymbol{B}\cdot \mathrm{d}\boldsymbol{S}=0 \tag{11-20}$$

式(11-20)称为**稳恒磁场的高斯定理**(Gauss Theorem for Magnetism)，是电磁场理论的基本方程之一，它与静电学中的高斯定理$\oint_S \boldsymbol{E}\cdot \mathrm{d}\boldsymbol{S}=\frac{\sum_i q_i}{\varepsilon_0}$相对应。但磁场的高斯定理与电场的高斯定理在形式上明显不对称，这反映了磁场和静电场是两类不同特性的场，激发静电场的场源电荷是电场线的源头或尾闾，所以静电场是属于发散式的场，可称作**有源场**；磁场的磁感应线无头无尾，是闭合的，所以磁场可称作**无源场**。

磁场的高斯定理与静电场的高斯定理不同，其根本原因是自然界存在自由的正负电荷，而不存在单个磁极即磁单极子。1913 年，英国物理学家狄拉克(P. B. M. Dirac)曾从理论上预言可能存在磁单极子，并指出磁单极子的磁荷也是量子化的。因磁单极子是否存在与基本粒子的构造、相互作用的“统一理论”以及宇宙化的问题都有密切关系，所以近几十年来物理学家一直希望在实验中找到磁单极子。然而，到目前为止，人们一直都没有找到自由存在的磁单极子。

11.4.2 安培环路定理

在静电场中，电场强度 $\boldsymbol{E}$ 沿任意闭合路径的环路积分为零$\oint_L \boldsymbol{E}\cdot \mathrm{d}\boldsymbol{l}=0$，说明静电场是保守力场。磁场磁感应强度 $\boldsymbol{B}$ 沿着闭合路径的环路积分为多少呢?我们把磁感应强度 B 沿着任一闭合曲线的积分$\oint_L \boldsymbol{B}\cdot \mathrm{d}\boldsymbol{l}$称作 $\boldsymbol{B}$ 矢量的**环流**(Circulation of Magnetic Field)。

现在通过长直载流导线激发的磁场为例来具体计算 $\boldsymbol{B}$ 沿任一闭合路径的线积分，并通过此结果引入磁场的环路定理。已知长直载流导线周围的磁感应线是一组以导线为中心的同心圆，如图 11-9 所示，其绕向与电流方向成右手螺旋关系。若在垂直于长直载流导线的平面上作任意闭合路径 L，则磁感应强度 $\boldsymbol{B}$ 沿该闭合路径 L 的环路积分为

$$\oint_L \boldsymbol{B}\cdot \mathrm{d}\boldsymbol{l}=\oint_L B\cos\theta \mathrm{d}l$$

由图 11-17(a)可知，$\mathrm{d}l\cos\theta=r\mathrm{d}\alpha$，其中 r 为线元 $\mathrm{d}\boldsymbol{l}$ 至长直载流导线的距离，P 点处的磁感应强度大小为 $B=\frac{\mu_0 I}{2\pi r}$，代入上式可得

$$\oint_L \boldsymbol{B}\cdot \mathrm{d}\boldsymbol{l}=\int_0^{2\pi}\frac{\mu_0 I}{2\pi r}r\mathrm{d}\alpha=\mu_0 I$$

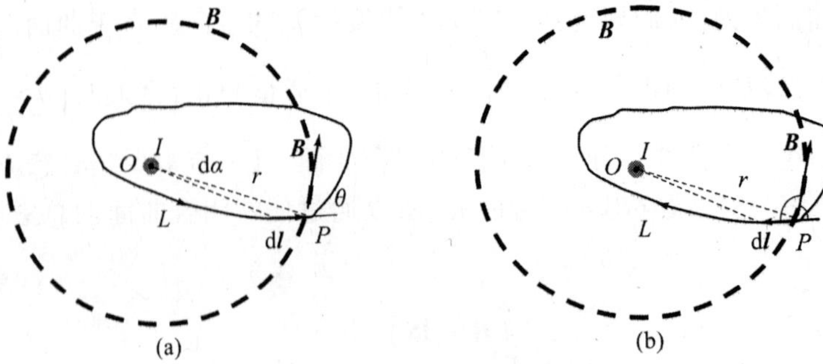

图 11－17　安培环路定理

如果曲线 L 不在垂直于导线的平面内，则可将 L 上每一段线元 $\mathrm{d}\boldsymbol{l}$ 分解为垂直于导线平面内的分量 $\mathrm{d}\boldsymbol{l}_1$ 与平行于导线的分量 $\mathrm{d}\boldsymbol{l}_2$，此时，有

$$\oint_L \boldsymbol{B}\cdot\mathrm{d}\boldsymbol{l} = \oint_L \boldsymbol{B}\cdot(\mathrm{d}\boldsymbol{l}_1 + \mathrm{d}\boldsymbol{l}_2)$$

$$= \oint_L B\cos\theta\mathrm{d}l_1 + \oint_L B\cos 90^\circ\mathrm{d}l_2$$

$$= 0 + \oint_L Br\mathrm{d}\alpha = \int_0^{2\pi}\frac{\mu_0 I}{2\pi r}r\mathrm{d}\alpha = \mu_0 I$$

积分结果与前面相同。

如果沿同一曲线但改变积分的绕行方向如图 11－7(b)所示，则有

$$\oint_L \boldsymbol{B}\cdot\mathrm{d}\boldsymbol{l} = \oint_L B\cos(\pi-\theta)\mathrm{d}l$$

$$= -\oint_L B\cos\theta\mathrm{d}l$$

$$= -\int_0^{2\pi}\frac{\mu_0 I}{2\pi r}r\mathrm{d}\alpha = -\mu_0 I$$

积分结果为负值。如果把式中的负号看成电流为负，即 $-\mu_0 I=\mu_0(-I)$，如果电流流向和积分绕向不满足右手螺旋法则时，可以把电流取负值。

以上结果表明，$\boldsymbol{B}$ 矢量的环流与闭合曲线的形状无关，它只与闭合曲线内所包围的电流有关。

再来考虑一种情况，当所选闭合曲线中没有包围电流，如图 11－18 所示，此时，可从长直导线出发，引与闭合路径 L 相切的两条切线。切点把闭合路径 L 分为 L_1 和 L_2 两部分，则

$$\oint_L \boldsymbol{B}\cdot\mathrm{d}\boldsymbol{l} = \int_{L_1}\boldsymbol{B}\cdot\mathrm{d}\boldsymbol{l} + \int_{L_2}\boldsymbol{B}\cdot\mathrm{d}\boldsymbol{l}$$

$$= \frac{\mu_0 I}{2\pi}\left(\int_{L_1}\mathrm{d}\alpha - \int_{L_2}\mathrm{d}\alpha\right)$$

$$= \frac{\mu_0 I}{2\pi}(\alpha-\alpha) = 0$$

即闭合曲线不包围电流时，$\boldsymbol{B}$ 矢量的环流为零。

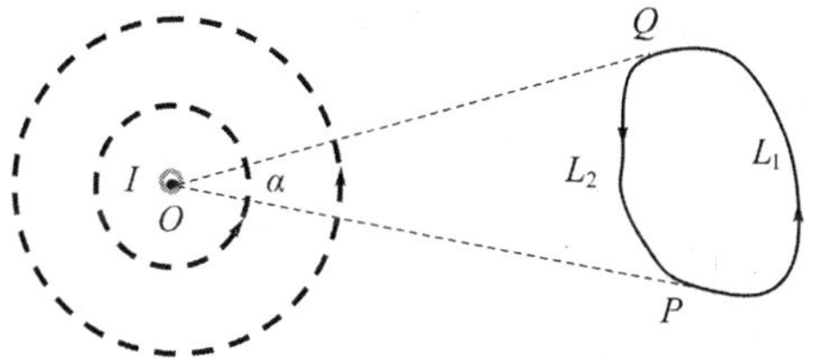

图 11－18　闭合路径不包围载流导线

以上结果虽然是从长直载流导线的磁场的特例导出的，但其结论具有普遍性，对任意形状的通电导线的磁场都是适用的，而且当闭合曲线包围多根载流导线时也同样适用，即

$$\boxed{\oint_L \boldsymbol{B} \cdot \mathrm{d}\boldsymbol{l} = \mu_0 \sum I} \qquad (11-21)$$

这就是真空中磁场的安培环路定理，也称**安培环路定理**（Ampere's Circulation Theorem）。它是电流与它所激发磁场之间的普遍规律，可表述如下：在磁场中，沿任何闭合曲线 $\boldsymbol{B}$ 矢量的线积分（$\boldsymbol{B}$ 矢量的环流），等于真空的磁导率乘以穿过以该闭合曲线为边界所张任意曲面的各恒定电流的代数和。

在式（11－21）中，若电流流向与积分回路呈右手螺旋关系，电流取正值；反之，则取负值。

这里应注意的是，安培环路定理中的 I 只是穿过环路中的电流，即 $\boldsymbol{B}$ 矢量的环流 $\oint_L \boldsymbol{B} \cdot \mathrm{d}\boldsymbol{l}$ 只和穿过环路的电流有关，而与未穿过环路的电流无关，但是环路上任一点的磁感应强度 $\boldsymbol{B}$ 却是所有电流（无论是否穿过环路）所激发的场在该点叠加后的总磁感应强度。

由安培环路定理可以看出，磁感应强度 $\boldsymbol{B}$ 矢量的环流 $\oint_L \boldsymbol{B} \cdot \mathrm{d}\boldsymbol{l}$ 积分不一定为零，所以恒定磁场的基本性质与电场是不同的。静电场是保守力场，因 $\boldsymbol{E}$ 矢量的环流恒等于零，所以把静电场叫做**无旋场**；由于 $\boldsymbol{B}$ 矢量的环流并不恒等于零，通常把磁场叫做**有旋场**（Curl Field）。

11.4.3　安培环路定理的应用

在静电场中，可以用高斯定理来求得电荷对称分布时的电场强度，同样，也可利用安培环路定理，很方便地计算具有一定对称性分布的载流导线周围的磁场分布。在应用安培环路定理求解磁感应强度时，与应用高斯定理求解电场的步骤类似，首先应对电流和磁场的分布有一个定性的分析，根据磁感应强度的分布选择适当的积分回路，使该回路上各点的磁感应强度都相等，或者磁感应强度 $\boldsymbol{B}$ 矢量和环路积分回路上的线元矢量 $\mathrm{d}\boldsymbol{l}$ 夹角恒定，确保环流积分和磁感应强度 $\boldsymbol{B}$ 的关系能够通过积分建立起来，如果满足这些条件后，通过所选环路内部包围的电流就能很方便地计算出磁感应强度 $\boldsymbol{B}$ 的大小。下面通过几个例子来说明。

例 11－4　无限长载流圆柱体的磁场。设真空中有一无限长载流圆柱形导体，圆柱半径为 R，圆柱截面积上均匀地通有电流 I 沿轴线流动。求载流圆柱导体周围空间磁场的分布。

解 无限长圆柱形电流其周围的磁场具有轴对称性,磁感应线是在垂直于轴线平面内以轴线为中心的同心圆,如图 11 - 19 所示。设点 P 离轴线的垂直距离为 $r(r>R)$,过点 P 作圆形积分回路 L,在积分回路 L 上各点的磁感应强度 B 的大小都相等,B 方向沿圆周的切线方向,根据安培环路定理,有

$$\oint_L \boldsymbol{B}\cdot \mathrm{d}\boldsymbol{l} = B2\pi r = \mu_0 I$$

因此,有

$$B = \frac{\mu_0 I}{2\pi r},\quad r > R \qquad (11-22)$$

可见,长直圆柱形载流导线外的磁场与长直载流导线激发的磁场相同。

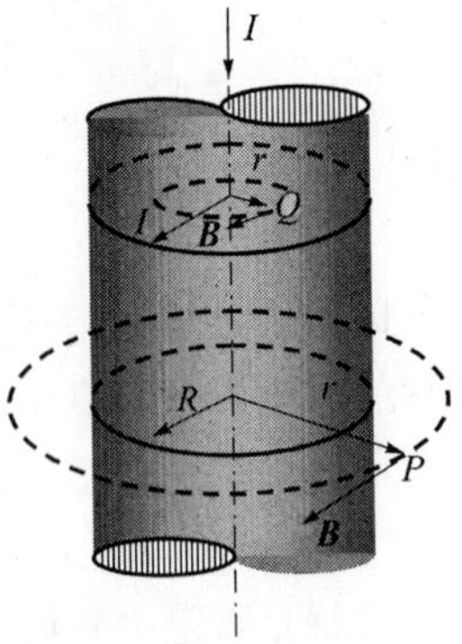

图 11 - 19 圆柱形电流的磁场计算

如果 $r<R$,即在圆柱形导线内部(如图中点 Q),过点 Q 作半径为 r 的圆形回路 L,同样,在回路 L 上各点的磁感应强度 B 大小均相等,方向沿着积分回路 L 的切线方向,此时,回路包围的电流应是 $I'=\frac{\pi r^2}{\pi R^2}I$,根据安培环路定理,有

$$\oint_L \boldsymbol{B}\cdot \mathrm{d}\boldsymbol{l} = B2\pi r = \mu_0 \frac{\pi r^2}{\pi R^2}I$$

因此,可以计算出

$$B = \frac{\mu_0 r}{2\pi R^2}I,\quad r < R \qquad (11-23)$$

可见,在圆柱形导线内部,磁感应强度和离开轴线的距离 r 成正比。

例 11 - 5 求载流长直螺线管内的磁场。设真空中有一密绕载流长直螺线管,线圈中通有电流 I,单位长度上密绕 n 匝线圈。求载流长直螺线管内部的磁感应强度。

解 根据电流分布的对称性,长直螺线管内部的磁感应线是一系列与轴线平行的直线,并且在同一条磁感应线上各点的 B 大小相同,在管的外侧,磁场很弱,可以忽略不计。

过管内的一点 P 作如图 11 - 20 所示的矩形回路 $abcd$,在线段 cd 上以及 bc、ad 位于管外的部分,因为管外侧的磁场非常弱,所以 $B=0$;在 bc、ad 位于管内部分,虽然 $B\neq 0$,但是 $\mathrm{d}\boldsymbol{l}$ 与 $\boldsymbol{B}$ 矢量垂直,即 $\boldsymbol{B}\cdot\mathrm{d}\boldsymbol{l}=0$;线段 ab 上各点磁感应强度 B 大小相等,方向都与积分路径 $\mathrm{d}\boldsymbol{l}$ 一致,即从 a 到 b。所以 $\boldsymbol{B}$ 矢量沿闭合回路 $abcd$ 的线积分为

$$\oint_L \boldsymbol{B}\cdot\mathrm{d}\boldsymbol{l} = \int_{ab}\boldsymbol{B}\cdot\mathrm{d}\boldsymbol{l} + \int_{bc}\boldsymbol{B}\cdot\mathrm{d}\boldsymbol{l} + \int_{cd}\boldsymbol{B}\cdot\mathrm{d}\boldsymbol{l} + \int_{da}\boldsymbol{B}\cdot\mathrm{d}\boldsymbol{l}$$

$$= \int_{ab}\boldsymbol{B}\cdot\mathrm{d}\boldsymbol{l} = B\,\overline{ab}$$

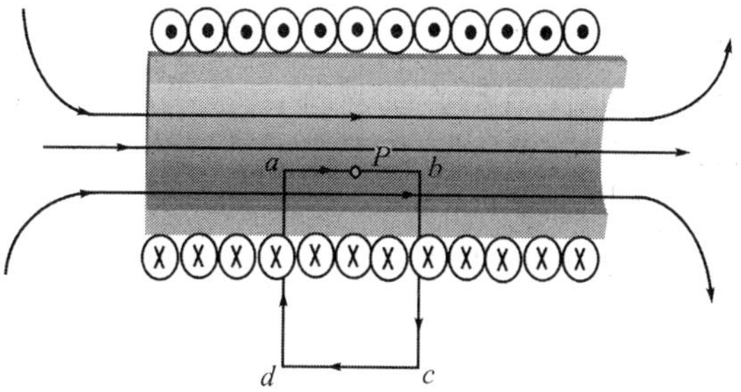

图 11-20 长螺线管内磁场的计算

回路 $abcd$ 所包围的电流总数为$\overline{ab}nI$,并且电流流向和回路积分方向满足右手螺旋法则,因此电流取正,根据安培环路定理,有

$$\oint_L \boldsymbol{B}\cdot \mathrm{d}\boldsymbol{l} = B\,\overline{ab} = \overline{ab}nI\cdot\mu_0$$

因此,可得

$$B = \mu_0 nI \qquad (11-24)$$

由于矩形回路是任取的,不论 ab 段在管内任何位置,式(11-24)都成立。因此,无限长螺线管内任一点的 B 值均相同,方向平行于轴线,即无限长螺线管内中间部分的磁场是一个均匀磁场。式(11-24)结果与毕奥—萨伐尔定律计算出的结果相同。

11.5 带电粒子在电场和磁场中的运动

在引入磁感应强度的感念时我们讨论过,运动的带电粒子在外磁场中将受到磁场力的作用。若一个带电荷量为 q 的粒子,以速度 v 在磁感应强度为 B 的磁场中运动时,磁场对运动电荷作用的磁场力为

$$\boldsymbol{F} = q\boldsymbol{v}\times\boldsymbol{B} \qquad (11-25)$$

式中:磁场力 $\boldsymbol{F}$ 叫做**洛仑兹力**(Lorentz Force)。洛仑兹力的方向由 $\boldsymbol{v}$ 和 $\boldsymbol{B}$ 的矢积确定,即洛仑兹力 $\boldsymbol{F}$ 的方向垂直于运动电荷的速度 $\boldsymbol{v}$ 和磁感应强度 $\boldsymbol{B}$ 所组成的平面,且符合右手螺旋定则:以右手四指由 $\boldsymbol{v}$ 经小于 180°的角弯向 $\boldsymbol{B}$,大拇指的指向就是正电荷所受洛仑兹力的方向。当电荷为正电荷时,F 的方向与 $\boldsymbol{v}\times\boldsymbol{B}$ 的方向同向,对于负电荷,则受力的方向为 $-\boldsymbol{v}\times\boldsymbol{B}$ 的方向。洛仑兹力的大小可表示为

$$F = qvB\sin\theta$$

式中:θ 为 $\boldsymbol{v}$ 和 $\boldsymbol{B}$ 的矢量的夹角。

因为洛仑兹力的方向总是和带电粒子运动速度方向垂直,因此磁场力只能改变运动带电粒子的运动方向,而不能改变粒子的速率和动能,即洛仑兹力不做功,这是洛仑兹力的一个重要特征。下面分两种情况讨论带电粒子在磁场中的运动规律。

1. 带电粒子在均匀磁场中的运动

设有一均匀磁场,磁感应强度为 $\boldsymbol{B}$,一电荷量为 q、质量为 m 的粒子,以初速 $\boldsymbol{v}_0$ 进入磁场中。如果 $\boldsymbol{v}_0$ 方向与 $\boldsymbol{B}$ 相互平行,由式(11-25)则作用于带电粒子的洛仑兹力为零,带

电粒子不受磁场的影响，作匀速直线运动。如果 $\boldsymbol{v}_0$ 方向与 $\boldsymbol{B}$ 相互垂直，这时粒子将受到与运动方向垂直的洛仑兹力 $\boldsymbol{F}$，如图 11－21 所示，$\boldsymbol{F}$ 大小为 qv_0B，因为洛仑兹力始终与粒子的运动方向垂直，所以带电粒子将在垂直于磁场的平面内作半径为 R 的匀速率圆周运动，洛仑兹力起着向心力的作用，因此，有

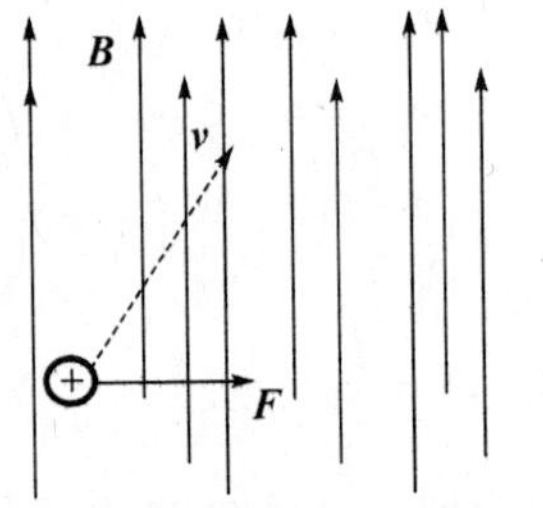

图 11－21　运动电荷在磁场中所受磁场力的方向

$$qv_0B = m\frac{v_0^2}{R}$$

由上式可得带电粒子相应的轨道半径为

$$R = m\frac{v_0}{qB} \tag{11-26}$$

带电粒子绕圆形轨道一周所需要的时间，即周期 T 为

$$T = \frac{2\pi R}{v_0} = 2\pi\frac{m}{qB} \tag{11-27}$$

由上式可以看出，带电粒子运动的周期与运动的速度 $\boldsymbol{v}_0$ 无关，这一特点是后面将介绍的磁聚焦和回旋加速器的理论基础，由此可得带电粒子做匀速圆周运动的角频率为

$$\omega = \frac{2\pi}{T} = \frac{qB}{m} \tag{11-28}$$

角频率的大小也与速度 $\boldsymbol{v}_0$ 大小无关。

如果带电粒子的速度 $\boldsymbol{v}_0$ 方向与 $\boldsymbol{B}$ 方向成一夹角 θ，如图 11－22 所示，可以把速度 $\boldsymbol{v}_0$ 分解成平行于 $\boldsymbol{B}$ 的分量 $v_{\parallel}$ 和垂直于 $\boldsymbol{B}$ 的分量 $v_{\perp}$，有

$$v_{\parallel} = v_0\cos\theta$$
$$v_{\perp} = v_0\sin\theta$$

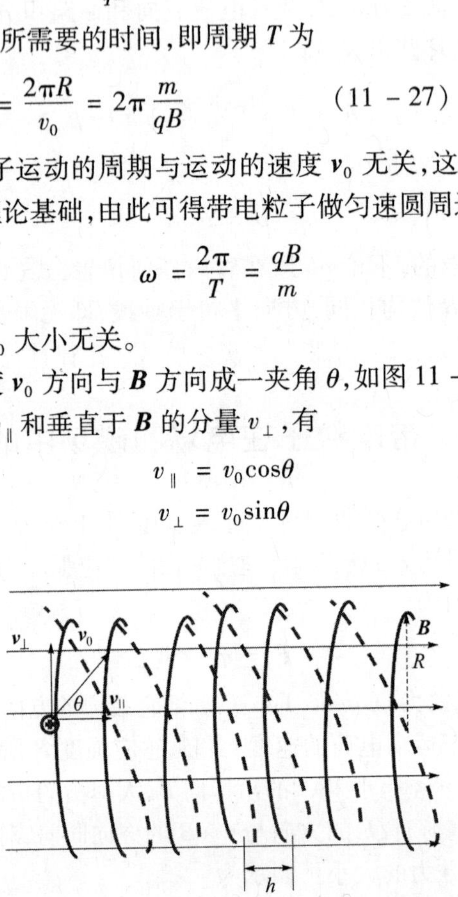

图 11－22　运动电荷在磁场中作螺旋运动

由于磁场的作用，带电粒子在垂直于磁场的平面内以 $v_{\perp}$ 做匀速圆周运动，但由于同时有平行于 $\boldsymbol{B}$ 的速度分量 $v_{\parallel}$ 不受磁场的影响，所以带电粒子合运动的轨道是一螺旋线，螺旋线的半径为

$$R = m\frac{v_{\perp}}{qB} = m\frac{v_0\sin\theta}{qB}$$

螺距为

$$h = v_{\parallel} T = v_{\parallel} \frac{2\pi R}{v_{\perp}} = \frac{2\pi m v_0 \cos\theta}{qB} \tag{11-29}$$

式中:T 为旋转一周的时间,上式表明,螺距 h 只和平行于磁场的速度分量 $v_{\parallel}$ 无关。

上述结果可用于磁聚焦。如图 11－23 所示,在均匀磁场中某点 A 发射一束初速相差不大的带电粒子,它们的 $\boldsymbol{v}_0$ 与 $\boldsymbol{B}$ 方向的夹角不尽相同,但都很小,于是,这些粒子的速度分量 $v_{\perp}$ 略有差异,而速度分量 $v_{\parallel}$ 却近似相等。这样,这些带电粒子沿半径不同的螺旋线运动,但它们的螺距却是近似相等的,即经距离 h 后都相交于屏上同一点 P。这个现象与光束通过光学透镜聚焦的现象很相似,故称为**磁聚焦现象**(Magnetic Focusing)。磁聚焦在电子光学中有着广泛的应用。

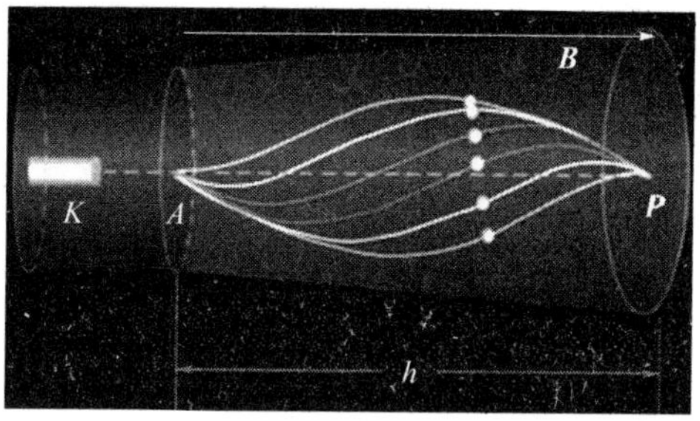

图 11－23　磁聚焦的原理

2. 带电粒子在非均匀磁场中运动

当带电粒子在非均匀磁场中并由弱磁场向强磁场运动时,螺旋线半径将随着磁感应强度的增加而减少。如图 11－24 所示,同时,此带电粒子在非均匀磁场中受到的洛仑兹力总有一个指向磁场较弱的方向的分力,此分力阻止带电粒子向磁场较强的方向运动。这样有可能使粒子沿磁场方向的速度减少到零,从而迫使粒子做反向运动,就像光线射到镜面上反射回来一样。通常把这种磁感应强度逐渐增强的会聚磁场装置称为**磁镜**(Magnetic Mirror)。这样,两个线圈就好像两面"镜子",称为**磁瓶**(Magnetic Bottle),如图 11－25所示。在一定速度范围内的带电粒子进入这个区域后,就会被这样一个磁场所俘获而无法逃脱。地球也可算是一个天然的磁约束捕集器,地球周围的非均匀磁场能够俘获来自宇宙射线和"太阳风"的带电粒子,使它们在地球两磁极之间来回振荡,形成范艾仑(J. A. Van Allen)辐射带,如图 11－26 所示。另外,在高纬地区所见到的极光是因为太阳黑子活动使宇宙中高能粒子剧增,这些高能粒子在地磁感应的引导下,在地球北极附近进入大气层时使大气激发,然后辐射发光,从而出现了美丽的北极光。

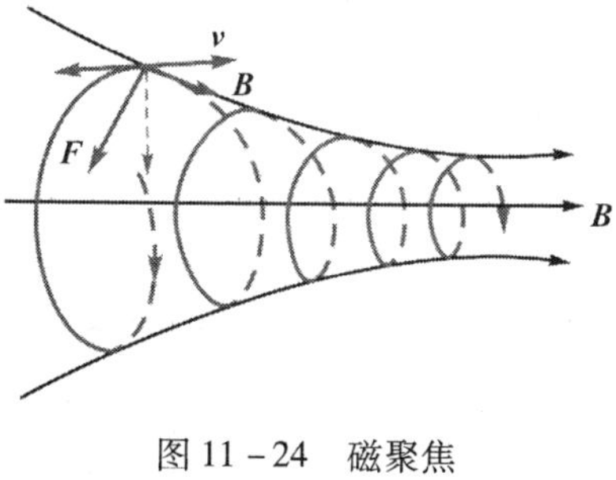

图 11－24　磁聚焦

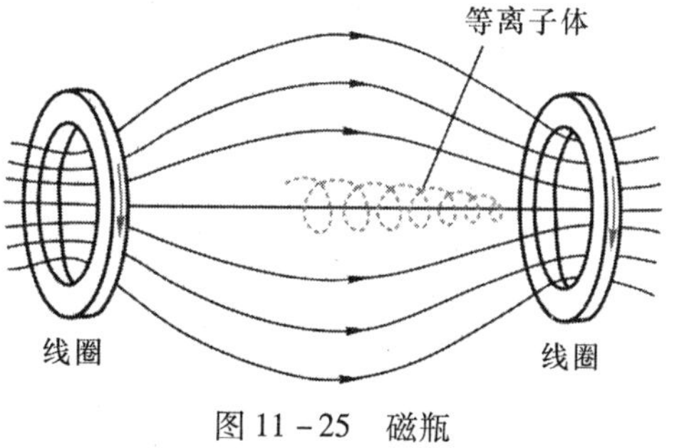

图 11－25　磁瓶

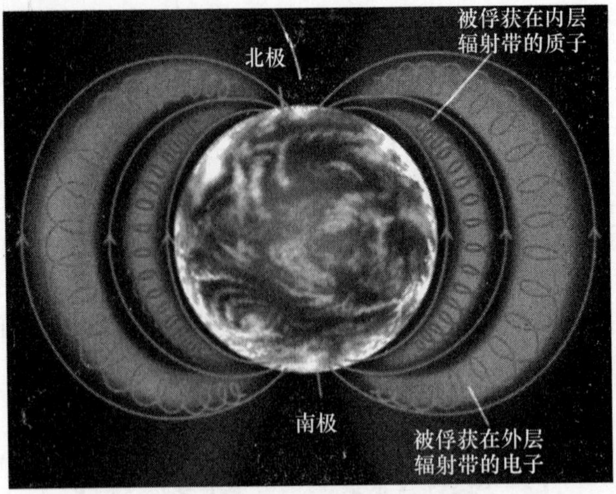

图 11-26　范艾仑辐射带

11.6　磁场对载流导线的作用

11.6.1　安培定律

载流导线在磁场中将受到磁场力的作用。安培在研究电流与电流之间的相互作用时，仿照电荷之间相互作用的库仑定律，把载流导线分割成电流元，得到了电流元之间的相互作用规律，并于 1820 年总结出了电流元受力的安培定律。从本质上讲，磁场对载流导线的作用，是由磁场对载流导体中的运动电荷作用引起的。如图 11-27 所示，设导线截面积为 S，通过的电流为 I，导线单位体积中的载流子数为 n，平均漂移速度为 v，每个载流子所带的电荷量为 q。在磁场 B 的作用下，每个载流子都将受到洛仑兹力 $\boldsymbol{F}=q\boldsymbol{v}\times\boldsymbol{B}$ 的作用。设想在导线上截取一电流元 $I\mathrm{d}\boldsymbol{l}$，该电流元中的载流子数为 $\mathrm{d}N=nS\mathrm{d}l$，因为作用在每个载流子上的力的大小、方向都相同，所以整个电流元受到的磁场力为

$$\mathrm{d}\boldsymbol{F}=nS\mathrm{d}lq\boldsymbol{v}\times\boldsymbol{B}$$

因为导线内的电流 $I=nSqv$，流量流向就是电流元的方向，故上式可以写成

$$\mathrm{d}\boldsymbol{F}=I\mathrm{d}\boldsymbol{l}\times\boldsymbol{B} \tag{11-30}$$

上式称为**安培定律**(Ampere's Law)。安培力的方向由 $\mathrm{d}\boldsymbol{l}\times\boldsymbol{B}$ 的方向确定。

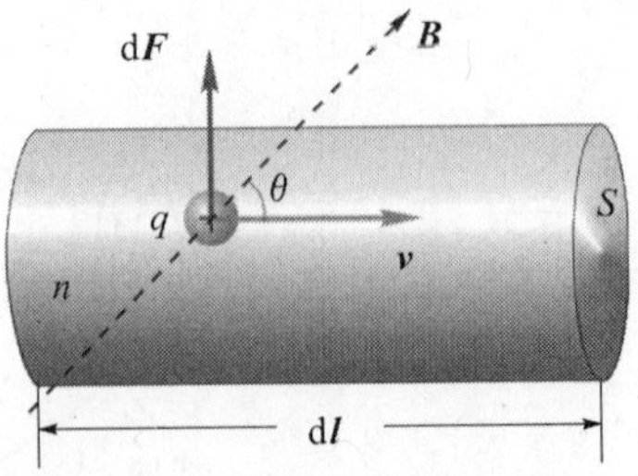

图 11-27　磁场对电流元的作用力

对于任意形状的载流导线 L 在磁场中所受的安培力 $\boldsymbol{F}$，等于各电流元所受安培力的矢量叠加，即

$$\boldsymbol{F} = \int_L \mathrm{d}\boldsymbol{F} = \int_L I\mathrm{d}\boldsymbol{l} \times \boldsymbol{B} \qquad (11-31)$$

安培力是作用在整个载流导线上，而不是集中作用于一点上的。

例 11-6 如图 11-28 所示，设真空中有两根平行的长直载流导线 a 和 b，相距为 d，它们分别通有同向的电流 I_1 和 I_2。试求两导线上单位长度所受到的安培力分别为多少？

解 在导线 b 上任取一电流元 $I_2\mathrm{d}\boldsymbol{l}_2$。根据安培定律，该电流元所受的磁场力 $\mathrm{d}\boldsymbol{F}_{21}$ 的大小为

$$\mathrm{d}F_{21} = B_1 I_2 \mathrm{d}l_2$$

式中：B_1 是导线 a 在电流元 $I_2\mathrm{d}\boldsymbol{l}_2$ 处的磁感应强度的大小，其值为

$$B_1 = \frac{\mu_0 I_1}{2\pi \mathrm{d}}$$

因此，有

$$\mathrm{d}F_{21} = \frac{\mu_0 I_1}{2\pi \mathrm{d}} I_2 \mathrm{d}l_2$$

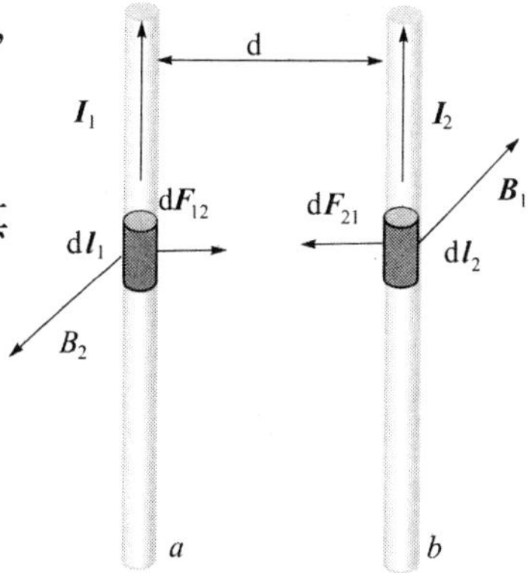

图 11-28 平行长直导线之间的作用力

$\mathrm{d}\boldsymbol{F}_{21}$ 的方向由右手螺旋定则可判断出在两平行导线的平面内由 b 指向 a 导线。因此，单位长度导线所受磁场力的大小为

$$\frac{\mathrm{d}F_{21}}{\mathrm{d}l_2} = \frac{\mu_0 I_1 I_2}{2\pi \mathrm{d}} \qquad (11-32)$$

同理，可以求得载流导线 a 上单位长度所受磁场力的大小也为

$$\frac{\mathrm{d}F_{12}}{\mathrm{d}l_1} = \frac{\mu_0 I_1 I_2}{2\pi \mathrm{d}}$$

方向由导线 a 指向导线 b，由此可见，两个同向电流的长直导线，通过磁场的作用，互相吸引；两个反向电流的长直导线，通过磁场的作用，互相排斥。

在国际单位制中，电流的单位——安培就是由式(11-32)来定义的：真空中相距为 1m 的两根平行长直导线通有相同的电流，当导线每米长度上所受的作用力恰好为 2×10^{-7}N 时，则定义每根导线中通有的电流为 1A。根据上述规定，还可以由式(11-32)导出真空磁导率为 $\mu_0 = 4\pi\times10^{7}\mathrm{N}\cdot\mathrm{A}^{-2}$。

例 11-7 如图 11-29 所示，在 xy 平面内有一段不规则形状的载流导线，通有电流 I，ab 两点间的距离为 L，载流导线放在磁感应强度为 $\boldsymbol{B}$ 的均匀磁场中，求它所受的磁场力。

解 建立如图 11-29 所示的坐标系，在载流导线上任取电流元 $I\mathrm{d}\boldsymbol{l}$，根据安培定律，电流元所受的安培力为

$$\mathrm{d}\boldsymbol{F} = I\mathrm{d}\boldsymbol{l} \times \boldsymbol{B}$$

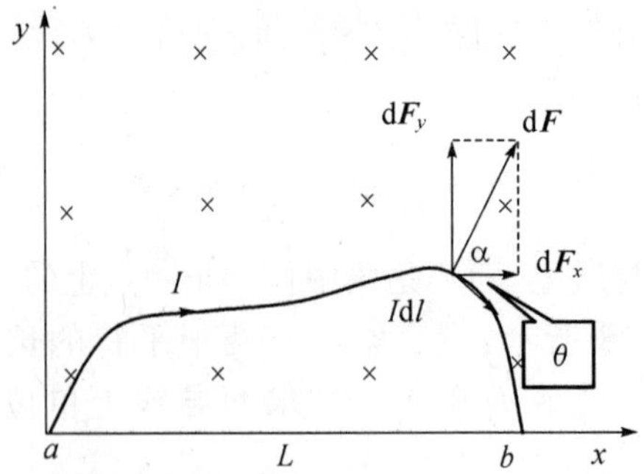

图 11－29　例 11－7 用图

磁力沿着 x 轴和 y 轴的分量分别为

$$\mathrm{d}F_x = \mathrm{d}F\cos\alpha = \mathrm{d}F\sin\theta$$
$$= IB\mathrm{d}l\sin\theta = IB\mathrm{d}y$$
$$\mathrm{d}F_y = \mathrm{d}F\sin\alpha = IB\mathrm{d}x$$

因此，载流导线所受到的安培力沿着各方向的分力分别为

$$F_x = \int_l \mathrm{d}F_x = IB\int_{y_a}^{y_b}\mathrm{d}y = 0$$

$$F_y = \int_l \mathrm{d}F_y = IB\int_{x_a}^{x_b}\mathrm{d}x = IBL$$

于是，载流导线所受的磁场力为

$$\boldsymbol{F} = IBL\boldsymbol{j}$$

由上述结果可以看出，在均匀磁场中，任意形状的平面载流导线所受的磁场力，与其始点和终点相同的载流直导线所受的磁场力是相等的。另外，在垂直于磁感应强度方向的平面内，若导线的始点与终点重合在一起，即构成闭合回路，此时，闭合回路所受的磁场力为零。

11.6.2　磁场作用于载流线圈的磁力矩

在讨论了载流导线在磁场中的受力规律后，我们将进一步研究载流线圈在磁场中的受力规律。如图 11－30 所示，在磁感应强度为 $\boldsymbol{B}$ 的均匀磁场中，有一个矩形平面载流线圈 $abcd$，其边长分别为 l_1 和 l_2，电流为 I，设线圈平面法向的单位矢量 $\boldsymbol{e}_n$ 的方向与磁感应强度 $\boldsymbol{B}$ 方向之间的夹角为 θ，根据安培定律，导线 bc 和 da 所受的磁场力大小分别为

$$F_{da} = IBl_1\sin\left(\frac{\pi}{2} + \theta\right)$$

$$F_{bc} = IBl_1\sin\left(\frac{\pi}{2} - \theta\right)$$

这两个力在同一直线上，大小相等而方向相反，相互抵消。

导线 ab、cd 所受的磁场力大小为

$$F_{ab} = F_{cd} = IBl_2$$

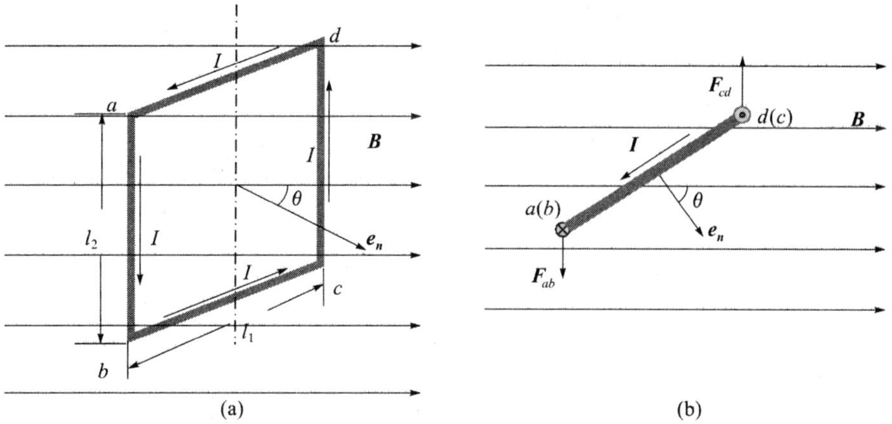

图 11－30　平面载流线圈在均匀磁场中的受力

方向相反,但不在同一直线上,因此形成一力偶,力 F_{ab} 以及力 F_{cd} 对应的力臂均为 $\frac{1}{2}l_1\sin\theta$,因此线圈所受到的力矩大小为

$$M = \frac{1}{2}l_1\sin\theta F_{ab} + \frac{1}{2}l_1\sin\theta F_{cd} = IBl_2l_1\sin\theta$$

式中:$S = l_1l_2$ 为线圈面积。所以上式可以写为

$$M = IBS\sin\theta$$

如果线圈有 N 匝,那么,线圈所受的力偶矩为

$$M = NISB\sin\theta = mB\sin\theta \tag{11-33}$$

式(11－33)中的 $m = NIS$ 是线圈的磁矩,它的方向是载流线圈平面法线的正方向,用矢量表示为 $\boldsymbol{m} = NIS\boldsymbol{e}_n$。磁力矩的方向为 $\boldsymbol{m}\times\boldsymbol{B}$ 的方向。所以式(11－33)也可写成矢量式

$$\boxed{\boldsymbol{M} = \boldsymbol{m}\times\boldsymbol{B}} \tag{11-34}$$

式(11－34)的结果虽然是从均匀磁场中的矩形载流线圈推出的,但是,对于均匀磁场中任意形状的平面线圈也同样成立。甚至对带电粒子沿闭合回路的运动以及带电粒子的自旋,也都可以用上述公式计算在磁场中所受的磁力矩。

由式(11－33)可知,当 $\theta = \frac{\pi}{2}$,亦即线圈平面与磁场方向相互平行时,线圈所受到的磁场力矩为最大。当 $\theta = 0$,亦即线圈平面与磁场方向垂直时,线圈磁矩 $\boldsymbol{m} = NIS\boldsymbol{e}_n$ 的方向与磁场同向,线圈所受到的磁力矩为零,这是线圈稳定平衡的位置。

平面载流线圈在均匀磁场中任意位置上所受的合力均为零,仅受力矩的作用。因此,在均匀磁场中的平面载流线圈只发生转动,不会发生整个线圈的平动。如果平面载流线圈处在非均匀磁场中,各个电流元所受到的作用力的大小和方向一般也都不可能相同。因此,合力和合力矩一般都不为零,所以线圈除转动外还有平动。

磁场对载流线圈作用力矩的规律是制成各种电动机、电流计等机电设备和仪表的基本原理。

11.7 磁 介 质

11.7.1 磁介质

之前讨论电流激发的磁场时，都是假定载流导线周围是真空状态。然而，在实际应用中，磁场周围总是有介质或磁性材料存在。这些介质与磁场是会互相影响的。处在磁场中的物质要被磁化。一切能磁化的物质称为**磁介质**（Magnetic Material）。磁化的磁介质也会激发附加磁场，对原有的磁场产生影响。

磁介质对磁场的影响比电介质对电场的影响要复杂得多。不同的磁介质在磁场中的表现是很不同的。设某一载流导线在真空中激发的磁感应强度为 $\boldsymbol{B}_0$，当磁场中放入某种磁介质时，磁介质会被磁化激发附加磁场 $\boldsymbol{B}'$，这时，磁场中任一点的磁感应强度 $\boldsymbol{B}$ 等于 $\boldsymbol{B}_0$ 和 $\boldsymbol{B}'$ 的矢量和，即

$$\boldsymbol{B} = \boldsymbol{B}_0 + \boldsymbol{B}'$$

由于磁介质的磁化特性不同，可以把磁介质分成不同的种类。类磁介质磁化后使磁介质中的磁感应强度 $\boldsymbol{B}$ 稍大于 $\boldsymbol{B}_0$，即 $\boldsymbol{B} > \boldsymbol{B}_0$，这类磁介质称为**顺磁质**（Paramagnetic Material），如锰、铬、铂、氮等都属于顺磁性物质；另一类磁介质磁化后使得磁介质中的磁感应强度 $\boldsymbol{B}$ 稍小于 $\boldsymbol{B}_0$，即 $\boldsymbol{B} < \boldsymbol{B}_0$，这类磁介质称为**抗磁质**（Diamagnetic Material），如水银、铜、铋硫、氯、银、金等都是抗磁性物质。一切抗磁质以及大多数顺磁质有一个共同点，即它们所激发的附加磁场及其微弱，$\boldsymbol{B}$ 和 $\boldsymbol{B}_0$ 相差极小。此外，还有另一类磁介质，它们磁化后所激发的附加磁场 $\boldsymbol{B}'$ 远大于 $\boldsymbol{B}_0$，使得 $\boldsymbol{B} \gg \boldsymbol{B}_0$，这类能显著地增强磁场的物质，称为**铁磁质**（Ferromagnetic Material），如铁、钴、镍以及这些金属的合金。除此之外，还有一种磁介质磁化后，内部的磁场等于零，这种磁介质称为完全抗磁体，如超导体等。

根据物质的电结构，所有物质都是由分子或原子组成的，每个原子中都有若干的电子绕着原子核作轨道运动；除此之外，电子自身还有自旋。无论是电子的轨道运动还是自旋，都会形成磁矩，对外产生磁效应。我们把分子或原子中的所有电子对外界产生的磁效应总和，用一个等效圆电流来代替，这个等效圆电流就是分子电流。分子电流形成的磁矩，称为**分子磁矩**（Molecular Magnetic Moment），用 $\boldsymbol{m}$ 表示。在没有外磁场的情况下，分子所具有的磁矩 $\boldsymbol{m}$ 称为固有磁矩。分子电流与导体中导电的传导电流是有区别的，构成分子电流的电子只做绕核运动，它们不是自由电子。

在顺磁性物质中，虽然每个分子都具有磁矩 $\boldsymbol{m}$，在没有外磁场时，各分子磁矩 $\boldsymbol{m}$ 的取向是无规则的，因而，在顺磁质中任一宏观小体积内，所有分子磁矩的矢量和为零，致使顺磁质对外不显现磁性，处于未被磁化的状态。当顺磁性物质处在外磁场中时，各个分子磁矩都要受到磁力矩的作用，就如同通电线圈放在磁场中会受到力矩作用一样，在磁力矩的作用下，各分子磁矩的取向都是具有转到与外磁场方向相同的趋势，这样，顺磁质就被磁化了。显然，顺磁质磁化后产生的附加磁场 $\boldsymbol{B}'$ 与原有磁场 $\boldsymbol{B}_0$ 同向，原有磁场增大了。

对抗磁质来说，在没有外磁场作用时，虽然分子中每个电子的轨道磁矩与自旋磁矩都不等于零，但分子中全部电子的轨道磁矩与自旋磁矩的矢量和却等于零，所以没有外磁场时，抗磁质也不显现磁性。但在外磁场作用下，分子中每个电子的轨道运动和自旋运动都

将发生变化，从而引起附加磁矩 $\Delta\boldsymbol{m}$，并且附加磁矩 $\Delta\boldsymbol{m}$ 的方向与外磁场 $\boldsymbol{B}_0$ 的方向相反。

11.7.2 磁化强度

由上面的讨论可知，无论是顺磁质还是抗磁质，在未加外磁场时，磁介质宏观上的任一小体积内，各个分子磁矩的矢量和等于零，因此磁介质在宏观上不产生磁效应。但是当磁介质放在外磁场中时，被磁化后，磁介质中任一小体积内，各个分子磁矩的矢量和将不再为零。顺磁质中分子的固有磁矩排列得越整齐，它们的矢量和就越大；抗磁质中分子附加磁矩越大，它们的矢量和也越大。为了表征磁介质磁化的程度，此处引入一个物理量，叫做**磁化强度**（Magnetization Intensity）。它等于磁介质中单位体积内分子的磁极矢量和，用符号 $\boldsymbol{M}$ 表示。在均匀磁介质中取小体积元 ΔV，在此体积内分子磁矩的矢量和为 $\sum \boldsymbol{m}$，因此磁化强度为

$$\boldsymbol{M} = \frac{\sum \boldsymbol{m}}{\Delta V} \tag{11-35}$$

在国际单位制中，磁化强度的单位为 A/m。

11.7.3 磁介质中的安培环路定理

我们首先以无限长直螺线管来讨论磁化强度和磁化电流间的关系。如图 11－31(a) 所示，设在单位长度有 n 匝线圈的长直螺线管内充满各向同性的均匀磁介质，线圈内通有电流 I，电流 I 在螺线管内激发的磁感应强度为均匀磁场，磁介质在磁场中将被磁化，从而使得磁介质内的分子磁矩在磁场的作用下作有规则的排列，如图 11－31(b)所示。从图中可以看出，在磁介质内部各处总是有两个方向相反的分子电流通过，相互抵消，只有在边缘上形成近似环形电流，这个电流称作磁化电流。

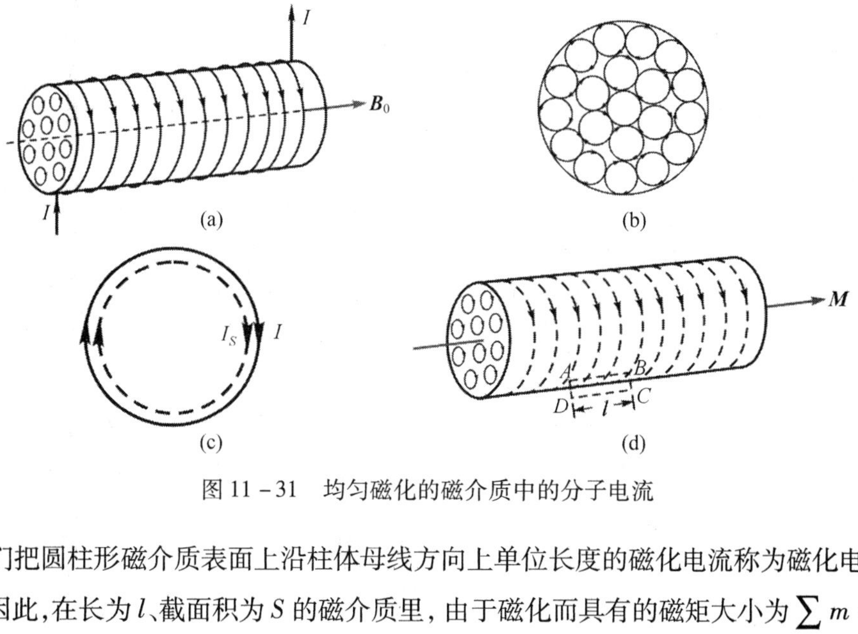

图 11－31 均匀磁化的磁介质中的分子电流

我们把圆柱形磁介质表面上沿柱体母线方向上单位长度的磁化电流称为磁化电流面密度 I_S。因此，在长为 l、截面积为 S 的磁介质里，由于磁化而具有的磁矩大小为 $\sum m = I_S LS$。

于是，由磁化强度的定义式可得磁化电流面密度和磁化强度之间的关系为

$$I_S = M \tag{11-36}$$

如图 11-31(d)所示的圆柱形磁介质的边界附近，取一个长方形闭合回路 $ABCD$，AB 边在磁介质内部，它平行于柱体轴线，长度为 l，而 BC、AD 两边则垂直于柱面。在磁介质内部各点处，$\boldsymbol{M}$ 都沿 AB 方向，大小相等，在柱外各点处 $\boldsymbol{M}=0$。所以 $\boldsymbol{M}$ 沿 BC、CD、DA 三边的积分为零，因而，$\boldsymbol{M}$ 对闭合回路 $ABCD$ 的积分等于 $\boldsymbol{M}$ 沿 AB 边的积分，即

$$\oint \boldsymbol{M} \cdot \mathrm{d}\boldsymbol{l} = \int_A^B \boldsymbol{M} \cdot \mathrm{d}\boldsymbol{l} = M\overline{AB} = Ml$$

将式(11-36)代入上式可得

$$\oint \boldsymbol{M} \cdot \mathrm{d}\boldsymbol{l} = Ml = I_S l \tag{11-37}$$

另外，对 $ABCD$ 环路由安培环路定理可有

$$\oint \boldsymbol{B} \cdot \mathrm{d}\boldsymbol{l} = \mu_0 \sum (I + I_S) = \mu_0 \sum I + \mu_0 I_S l$$

此时，要考虑环路内的传导电流 I 之和还要考虑环路内的磁化电流 I_S 之和，根据式(11-37)，上式可化为

$$\oint \boldsymbol{B} \cdot \mathrm{d}\boldsymbol{l} = \mu_0 \sum I + \mu_0 \oint \boldsymbol{M} \cdot \mathrm{d}\boldsymbol{l}$$

$$\oint \left(\frac{\boldsymbol{B}}{\mu_0} - \boldsymbol{M} \right) \cdot \mathrm{d}\boldsymbol{l} = \sum I$$

引入辅助物理量 $\boldsymbol{H}$，令

$$\boldsymbol{H} = \frac{\boldsymbol{B}}{\mu_0} - \boldsymbol{M} \tag{11-38}$$

$\boldsymbol{H}$ 称为**磁场强度**(Magnetic Intensity)，于是，可得

$$\oint \boldsymbol{H} \cdot \mathrm{d}\boldsymbol{l} = \sum I \tag{11-39}$$

式(11-39)称为有磁介质的安培环路定理，它表明 $\boldsymbol{H}$ 矢量的环流只和传导电流 I 有关，而在形式上与磁介质的磁性无关，即磁场强度沿任意闭合回路的线积分，等于该回路所包围的传导电流的代数和。

在国际单位制中，磁场强度 $\boldsymbol{H}$ 的单位是 A/m。

实验表明，在各项同性的均匀磁介质中，空间任意一点的磁化强度 $\boldsymbol{M}$ 与磁场强度 $\boldsymbol{H}$ 成正比，即

$$\boldsymbol{M} = \chi_m \boldsymbol{H} \tag{11-40}$$

式中：比例系数 χ_m 称为磁介质的**磁化率**(Magnetic Susceptibility)。由于 $\boldsymbol{M}$ 与 $\boldsymbol{H}$ 的单位相同，因此 χ_m 的量纲为 1，其值只与磁介质的性质有关。将式(11-40)代入到磁场强度的定义式(11-38)可得

$$\boldsymbol{B} = \mu_0 (1 + \chi_m) \boldsymbol{H}$$

令

$$\mu_r = 1 + \chi_m \tag{11-41}$$

μ_r 称为相对磁导率(Relative Magnetic Permeability)。因此,磁介质中的磁感应强度可表示为

$$B = \mu_0\mu_r H = \mu H \tag{11-42}$$

式中:$\mu = \mu_0\mu_r$ 称为该磁介质的**磁导率**(Magnetic Permeability)。

对于真空中的磁场,因为 $M = 0$,所以真空中的 $\mu_r = 1$,$B = \mu_0 H$。顺磁质的磁化率 $\chi_m > 0$,所以 $\mu_r > 1$;抗磁质的磁化率 $\chi_m < 0$,所以 $\mu_r < 1$。

类似于静电场中引入电位移矢量后,能够很方便地根据自由电荷的分布和电场的对称性运用有介质的高斯定理求解电场强度。同样,在引入了磁场强度 $\boldsymbol{H}$ 这个辅助物理量后,在磁介质中,可以根据传导电流和磁介质的对称分布,先由磁介质的安培环路定理求出磁场强度 $\boldsymbol{H}$ 的分布,然后根据式(11-42)中 $\boldsymbol{B}$ 与 $\boldsymbol{H}$ 的关系进一步求出磁感应强度 B 的分布。

习　题

11-1　一均匀磁场沿 x 轴正方向,磁感应强度 $B = 1\text{Wb/m}^2$。求在下列情况下,穿过面积为 2m^2 的平面的磁通量:(1)平面与 $y-z$ 面平行;(2)平面与 $x-z$ 面平行;(3)平面与 y 轴平行又与 x 轴成45°角。

11-2　如图所示,几种载流导线在平面内分布,电流均为 I,写出它们在 O 点的磁感应强度的大小和方向。

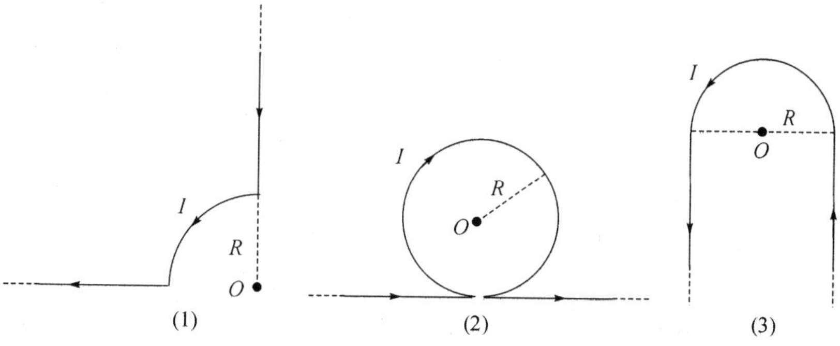

习题 11-2 图

11-3　一无限长直导线折成如图所示形状,已知 $I = 10\text{A}$,$PA = 2\text{cm}$,$\theta = 60°$,求 P 点的磁感应强度

11-4　两根无限长直导线互相平行的放置在真空中,其中通以同向的电流 $I_1 = I_2 = 10\text{A}$,已知 $PI_1 = PI_2 = 0.5\text{m}$,$PI_1$ 垂直于 PI_2,求 P 点的磁感应强度。

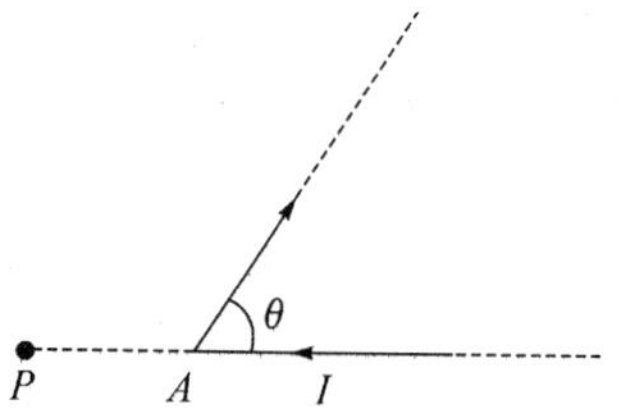

习题 11-3 图

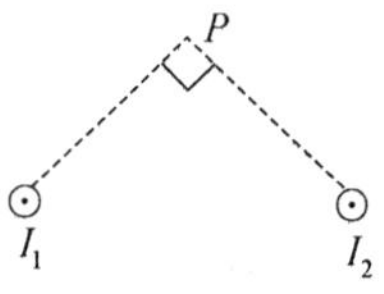

习题 11-4 图

11－5　一质点带有电荷 $q=8.0\times10^{-19}$C，以速度 $v=3.0\times10^{5}$m/s 做匀速圆周运动，轨道半径 $R=6.0\times10^{-8}$m，求：(1) 该质点在轨道圆心产生的磁感应强度大小；(2) 质点运动产生的磁矩。

11－6　如图所示，流出纸面的电流强度为 $2I$，流进纸面的电流强度为 I，则电流产生的磁感应强度沿着 3 个闭合环路的线积分：$\oint_1 \boldsymbol{B}\cdot d\boldsymbol{l}=$ ________，$\oint_2 \boldsymbol{B}\cdot d\boldsymbol{l}=$ ________，$\oint_3 \boldsymbol{B}\cdot d\boldsymbol{l}=$ ________（箭头表示绕行方向）。

11－7　如图所示的无限长空心圆柱形导体内外半径分别为 R_1 和 R_2，导体内通有电流 I，电流均匀分布在导体的横截面上。求导体内部任一点（$R_1<r<R_2$）和外部任一点（$r>R_2$）的磁感应强度。

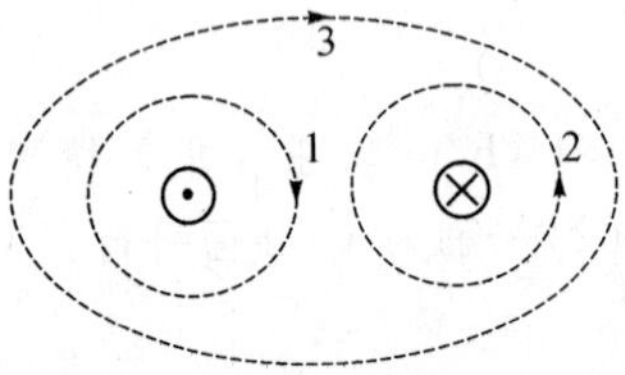

习题 11－6 图

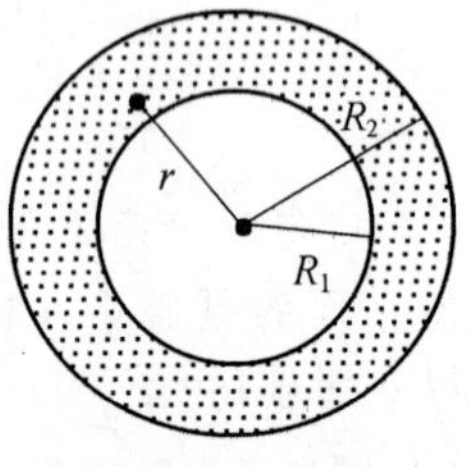

习题 11－7 图

11－8　如图所示，两根彼此平行的长直载流导线相距 $d=0.40$m，电流 $I_1=I_2=10$A（方向相反），求通过图中阴影面积的磁通量，已知 $a=0.1$m，$b=0.25$m。

11－9　如图所示的无限长两个同轴空心圆柱面，内外半径分别为 R_1 和 R_2，内圆柱面通有电流 I_1 向上，外圆柱面通以电流 I_2 向下。求导体内部任一点的磁感应强度。

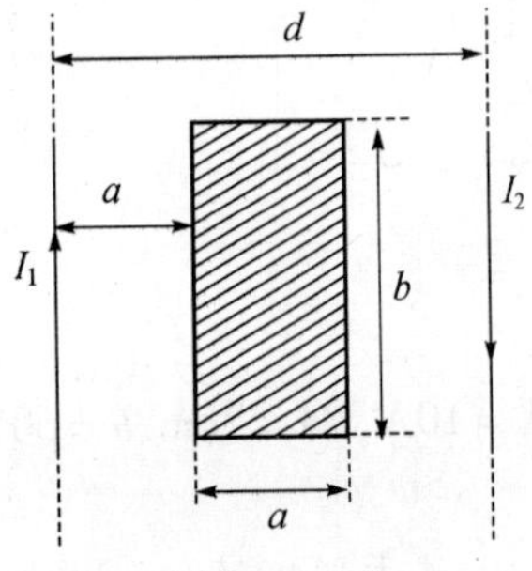

习题 11－8 图

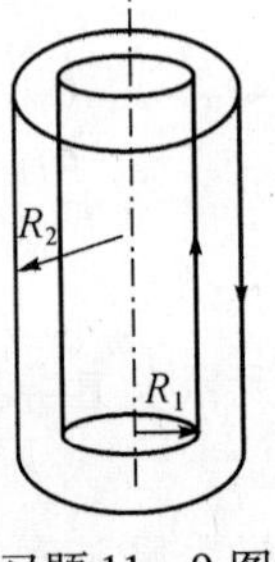

习题 11－9 图

11－10　设有两个无限大平行载流平面，它们的面电流密度均为 j，电流方向相反。求：(1) 两载流平面之间的磁感应强度；(2) 两面之外的磁感应强度。

11－11　无限长圆柱体半径为 R，沿轴向均匀流有电流 I。(1) 求圆柱体内部任一点（$r<R$）和外部任一点（$r>R$）的磁感应强度；(2) 在圆柱体内部过中心轴作一长度为 h、宽度为 R 的平面，如图所示，求通过平面的磁通量。

11－12　电流回路如图所示，弧 $\widehat{AD}$、$\widehat{BC}$ 为同心半圆环，半径分别为 R_1、R_2，电流强度

为 I,某时刻一电子以速度 $\boldsymbol{v}$ 沿水平向左的方向通过圆心 O 点,求电子在该点受到的洛仑兹力大小和方向。

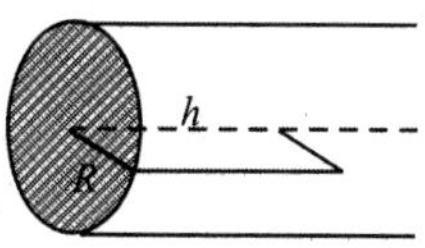

习题 11－11 图

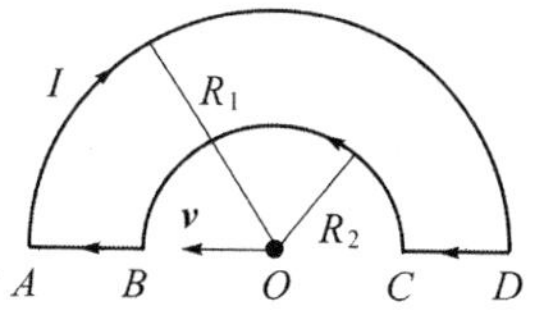

习题 11－12 图

11－13　从太阳射来的速率为 $0.8\times10^{7}\mathrm{m\cdot s^{-1}}$ 的电子进入地球赤道上空高层范艾伦辐射带中,该处磁场为 4.0×10^{-7}T,此电子回旋轨道半径为多大?若电子沿着地球磁场的磁感应线旋进到地磁北极附近,地磁北极附近的磁场为 2.0×10^{-5}T,其轨道半径又为多少?

11－14　一无限长直导线通有电流 I_1,其旁有一直角三角形线圈,通有电流 I_2,线圈与直导线在同一平面内,$ab=bc=l$,ab 边与直导线平行,求:此线圈每一条边受到 I_1 的磁场的作用力的大小和方向,以及线圈所受的合力。

11－15　如图所示的半圆弧形导线,通有电流 I,放在与匀强磁场 B 垂直的平面上,求此导线受到的安培力的大小和方向。

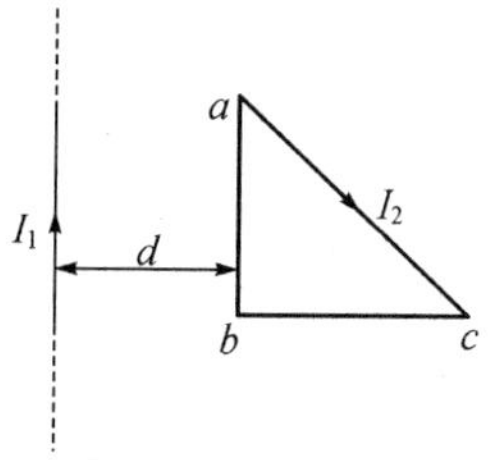

习题 11－14 图

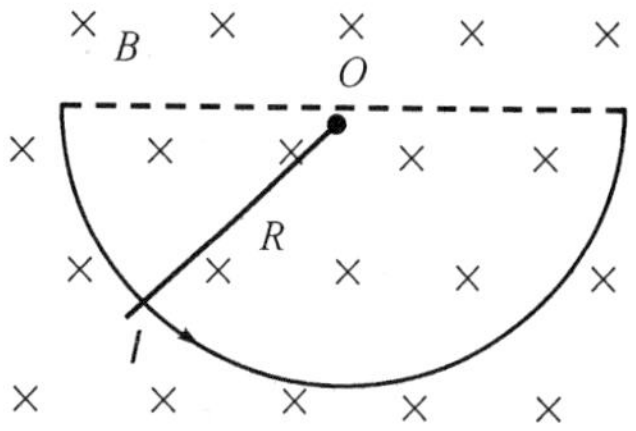

习题 11－15 图

11－16　半径为 R 的半圆形闭合线圈共有 N 匝,通有电流 I,放在磁感应强度沿水平方向分布、大小为 B 的均匀磁场中,并绕过线圈直径的竖直轴转动,某一时刻,线圈平面与磁场方向平行,如图所示。求:(1)线圈磁矩的大小和方向;(2)线圈所受磁力矩的大小和方向(以直径为转轴)。

11－17　如图所示,一边长为 6cm 的正方形线圈可绕 y 轴转动,线圈中通有电流 0.1A,放在磁感应强度大小 $B=0.5$T 的均匀磁场中,磁场方向平行于 x 轴,求线圈受到的磁力矩。

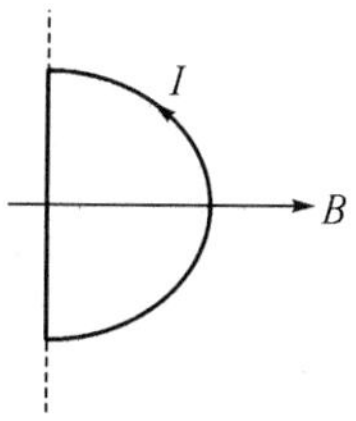

习题 11－16 图

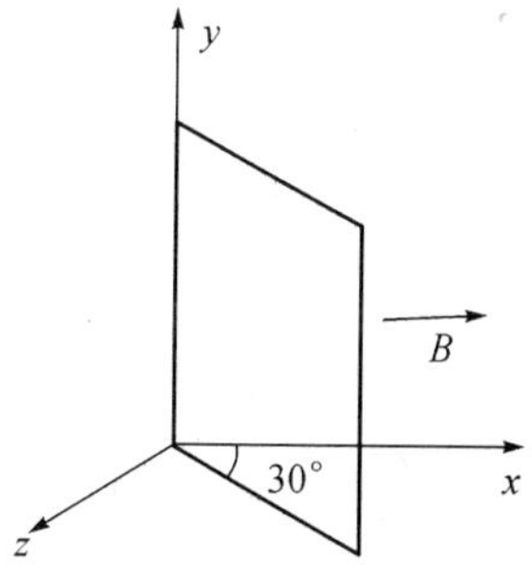

习题 11－17 图

11－18 螺环中心半径为2.9cm，环上均匀绕线圈400匝。在下述情况下，如果要在环内产生磁感应强度为0.35T的磁场，需要在导线中通有多大的电流？（1）螺线环铁心由退火的铁制成（$\mu_r=1400$）；（2）螺绕环铁心由硅钢片（$\mu_r=5200$）制成。

第 12 章　电 磁 感 应

在 1820 年奥斯特发现了电流的磁现象之后不久,英国实验物理学家法拉第即于 1821 年重复了奥斯特和安培的实验,法拉第和奥斯特一样,相信自然界中的自然力是统一的。1824 年,他提出“磁能否产生电”的想法。7 年后,法拉第发现了电磁感应现象。电磁感应定律的发现以及位移电流概念的提出,阐明了变化磁场能够激发电场,变化电场能够激发磁场,充分揭示了电场和磁场的内在联系及依存关系。在此基础上,麦克斯韦(J. C. Maxwell)以麦克斯韦方程组的形式总结了普遍而完整的电磁场理论。电磁场理论不仅成功地预言了电磁波的存在,揭示了光的电磁本质,其辉煌的成就还极大地推动了现代电工技术和无线电技术的发展,为人类广泛利用电能开辟了道路。

本章主要内容:电磁感应现象及其基本规律,动生电动势和感生电动势,自感和互感现象,磁场的能量。

12.1　电磁感应定律

12.1.1　电磁感应现象

奥斯特发现的电流的磁效应,揭示了电现象和磁现象之间的联系。既然电流可以产生磁场,从方法论中的对称性原理出发,“是否磁场也能产生电流呢?”在这种思想的指引下,法拉第开始在这方面进行系统的探索。

法拉第(Michael Faraday,1791—1867),伟大的英国物理学家和化学家。他创造性地提出场的思想,磁场这一名称是法拉第最早引入的。他是电磁理论的创始人之一,于 1831 年发现电磁感应现象,后又相继发现电解定律、物质的抗磁性和顺磁性以及光的偏振面在磁场中的旋转。

经过近 10 年的艰苦工作,在经历了一次次的失败后,法拉第终于在 1831 年从实验上证实磁场可以产生电流。下面通过几个实验来说明电磁感应现象以及产生电磁感应的条件。

(1) 如图 12 - 1 所示,一个线圈与电流计的两端接成闭合回路,当用一个条形磁铁棒的 N 极或者 S 极插入线圈时,可以观察到电流计指针发生偏转,表明线圈中有电流通过,这种电流称为**感应电流**(Indu－ced Current)。当磁铁棒与线圈相对静止时,电流指针就不动,如果把磁铁棒从线圈中抽出时,电流计指针又发生偏转,但这时电流计指针偏转的方向与磁铁棒插入线圈时相反,这表明线圈中的感应电流与磁铁棒插入线圈时的流向相反。实验表明,只有当磁铁棒与线圈间有相对运动时,线圈中才会出现感应电流,相对运动的速度越大,感应电流也越大。

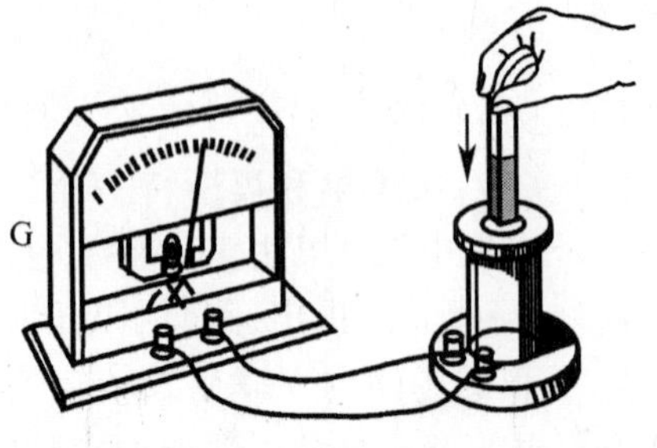

图 12－1　磁铁与线圈有相对运动时的电磁感应现象

(2) 如图 12－2 所示,两个彼此靠得很近但相对静止的线圈,线圈 1 与电流计相连接,线圈 2 与一个电源和滑动变阻器 R 相连接。当线圈 2 中的电路接通、断开的瞬间或改变变阻器值时,可以观察到电流计指针发生偏转,即在线圈 1 中产生感应电流。实验表明,只有在线圈 2 中的电流发生变化时,才能在线圈 1 中出现感应电流。如果在线圈中加入一铁心,重复上述实验过程,结果发现感应电流大大增加,说明上述现象还与介质有关。

(3) 如图 12－3 所示,将一根与电流计连成闭合回路的金属导体棒 AB 放置在磁铁的两级之间,当 AB 棒在磁极之间垂直于磁场和棒长的方向运动时,电流计的指针就会发生偏转,说明在回路中出现了感应电流。AB 棒运动得越快,回路中的感应电流也越大。

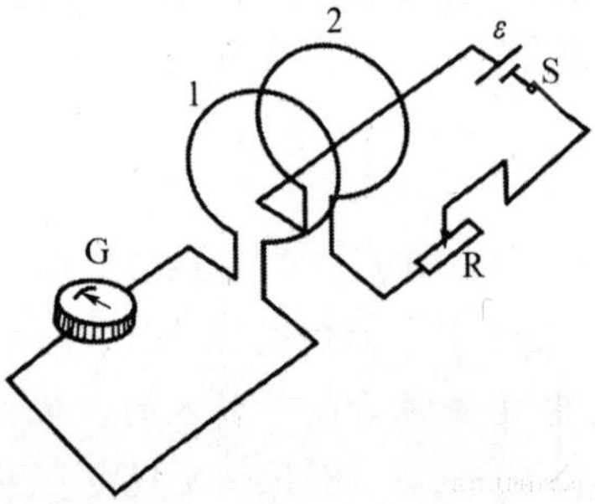

图 12－2　线圈 2 的电流改变时在线圈 1 中产生感应电流

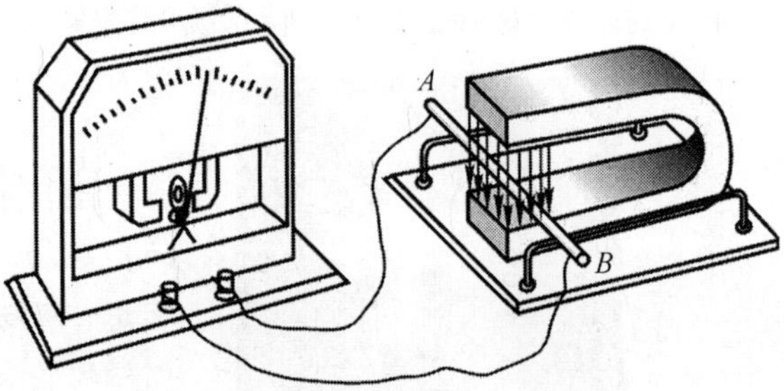

图 12－3　金属棒在磁场中运动时的电场感应现象

从上述实验可以看出,无论是使闭合回路保持不动,而使闭合回路或线圈中磁场发生变化(如上述的实验 1 和实验 2);或者是磁场保持不变,而使得闭合回路或者线圈在磁场中运动(如实验 3),都可以在闭合回路中产生感应电流,出现**电磁感应现象**。这说明,尽管在闭合回路或线圈中产生感应电流的方式有所不同,但都可归结出一个共同点,即通过闭合回路或线圈的磁通量都发生了变化。于是,我们得出如下结论:当穿过一个闭合导体回路所包围的面积内的磁通量发生变化时,不管这种变化是由什么原因引起的,在导体回路中就会产生感应电流。这种现象称为**电磁感应**(Electromagnetic Induction)现象。回路中所出现的电流称为**感应电流**。回路中有感应电流说明回路中有电动势存在,这种在回路中由于磁通量变化而引起的电动势,叫做**感应电动势**。

12.1.2 电磁感应定律

1845 年,德国物理学家纽曼(Neumann,1798—1895)对法拉第的工作从理论上作出表述,并写出了电场感应定律的定量表达式,称为**法拉第电磁感应定律**,表述为:当穿过回路所包围面积的磁通量发生变化时,回路中产生的感应电动势 ε_i 与穿过回路的磁通量对时间变化率的负值成正比。其数学形式为

$$\boxed{\varepsilon_i = -\frac{\mathrm{d}\Phi}{\mathrm{d}t}} \tag{12-1}$$

在国际单位制中,ε_i 的单位为伏特(V),Φ 的单位为韦伯(Wb),t 的单位为秒(s)。式中的负号反映了感应电动势的方向与磁通量变化之间的关系。

这里说明一下确定感应电动势方向的规则。首先,在回路上任意选定一个方向作为回路的绕行方向,再用右手螺旋法则确定此回路所包围面积的正法线单位矢量 $\boldsymbol{e}_n$ 的方向,如图 12-4 所示;然后确定通过回路面积的磁通量的正、负,凡穿过回路面积的磁感应强度 $\boldsymbol{B}$ 的方向与正法线方向相同者为正,相反者为负;最后分析磁通量 Φ 的变化,当磁铁棒插入线圈时,穿过线圈的磁通量增加,故磁通量随时间的变化率 $\mathrm{d}\Phi/\mathrm{d}t>0$ 如图 12-4(a)所示,由式(12-1)可知,$\varepsilon_i<0$,即线圈中各回路的感应电动势的方向与回路的绕行方向相反。此时,线圈中感应电流所激发的磁场与 B 的方向相反,它阻碍磁铁棒运动。

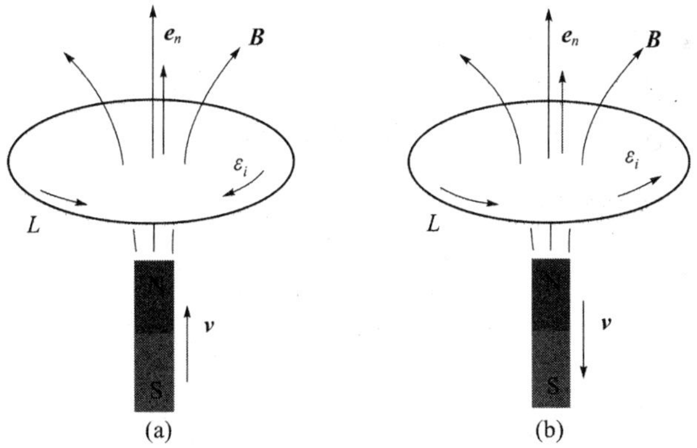

图 12-4 感应电动势方向的确定

(a) $\Phi>0,\frac{\mathrm{d}\Phi}{\mathrm{d}t}>0,\varepsilon_i<0$;(b) $\Phi>0,\frac{\mathrm{d}\Phi}{\mathrm{d}t}<0,\varepsilon_i>0$。

当磁铁棒从线圈中抽出时,如图 12-4(b)所示,穿过线圈的磁通量虽仍为正值,但因磁铁棒是从线圈中抽出,所以穿过线圈的磁通量将有所减少,故有 $\mathrm{d}\Phi/\mathrm{d}t<0$。由式(12-1)可知,感应电动势 $\varepsilon_i>0$。即 ε_i 和回路的正方向相同,感应电流所激发的磁场与 $\boldsymbol{B}$ 相同,它阻碍磁铁棒远离线圈运动。

当导体回路是由 N 匝导线构成的线圈时,整个线圈的总感应电动势就等于各匝导线回路所产生的感应电动势之和。设穿过各匝线圈的磁通量为 $\Phi_1,\Phi_2,\cdots,\Phi_N$,则线圈中

总感应电动势为

$$\varepsilon_i = -\frac{\mathrm{d}}{\mathrm{d}t}(\Phi_1 + \Phi_2 + \cdots + \Phi_N)$$

$$= -\frac{\mathrm{d}}{\mathrm{d}t}\sum_i^N \Phi_i = -\frac{\mathrm{d}\psi}{\mathrm{d}t} \tag{12-2}$$

式中：$\psi = \sum_i^N \Phi_i$ 是穿过 N 匝线圈的总磁通量，称为**全磁通**(Fluxoid)。当穿过各匝线圈的磁通量相等时，N 匝线圈的全磁通为 $\psi = N\Phi$，称为**磁链**(Flux Linkage)，此时应有

$$\varepsilon_i = -N\frac{\mathrm{d}\Phi}{\mathrm{d}t} \tag{12-3}$$

如果闭合回路的电阻为 R，根据闭合回路的欧姆定律 $\varepsilon = IR$，则通过线圈的感应电流为

$$I_i = \frac{\varepsilon_i}{R} = -\frac{1}{R}\frac{\mathrm{d}\psi}{\mathrm{d}t} \tag{12-4}$$

利用电流的定义式 $I_i = \frac{\mathrm{d}q}{\mathrm{d}t}$，可以计算出在 t_1 到 t_2 的时间间隔内，通过导线任一横截面的感应电荷为

$$q = \int_{t_1}^{t_2} I_i \mathrm{d}t = -\frac{1}{R}\int_{\Psi_1}^{\Psi_2}\mathrm{d}\Psi = -\frac{1}{R}(\Psi_2 - \Psi_1) \tag{12-5}$$

式中：Ψ_1 和 Ψ_2 分别是 t_1 和 t_2 时刻穿过线圈回路的全磁通。

式(12-5)表明，在 t_1 到 t_2 的时间段内，感应电荷量与线圈回路中全磁通的变化量成正比，而与全磁通的变化快慢无关。对于给定电阻 R 的闭合回路来说，如果从实验中测量出流过此回路的电荷量 q，那么，就可以知道此回路磁通量的变化。这就是磁强计的设计原理。在地质探测和地震监测等部门中，常用磁强计来探测磁场的变化。

12.1.3 楞次定律

1834 年，俄国物理学家楞次(Lenz，1804—1865)获悉法拉第发现电磁感应现象后，做了很多实验，通过分析实验资料给出了判断感应电流方向的法则，称为**楞次定律**(Lenz Law)。其表述为：当闭合回路的磁通量发生变化产生感应电流时，感应电流的方向总是使它自己激发的磁场穿过回路面积的磁通量去阻止引起感应电流的磁通量的变化。

如图 12-5 所示，当磁铁棒以 N 极插向线圈时，通过线圈的磁通量增加，按楞次定律，线圈中感应电流所激发的磁场方向要使通过线圈面积的磁通量反抗这个磁通量的增加，所以线圈中感应电流所产生的磁感应线的方向与磁棒的磁感应线的方向相反，如图 12-5 中的虚线方向，再根据右手螺旋法则，可确定线圈中感应电流的方向，如图 12-5 中的箭头所示。反之，如果磁铁棒的运动方向相反时，通过线圈的磁通量在减少，按楞次定律，线圈中感应电流所激发的磁场方向要去补偿线圈内磁通量的减少，因此，它所产生的磁感应线的方向与磁棒的磁感应线的方向同向，由右手螺旋法则可以判断出此时的感应电流方向与图 12-5 中的电流方向相反。

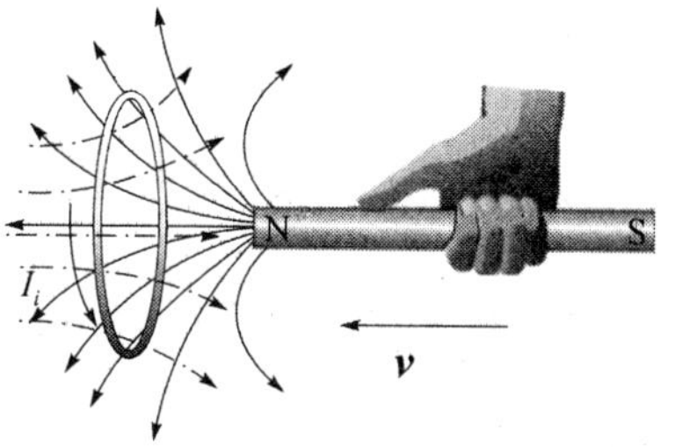

图 12-5　感应电流的方向

楞次定律实质上是能量守恒定律的一种体现。在上述实验中可以看到当磁铁棒的 N 极向线圈运动时，线圈中感应电流所激发的磁场等效于一根磁棒，它的 N 极与插入的磁棒的 N 极相互排斥，其效果是阻碍磁铁棒的运动，因此，在磁铁棒向前运动过程中，外力必须克服斥力而作功；当磁铁棒背离线圈运动时，则外力必须克服引力而做功。这时，外力做功转化为线圈中感应电流的电能，并转化为电路中的焦耳热。反之，设想如果感应电流的方向不是阻碍磁铁棒运动而是使它加速运动，那么，在上述实验中将磁铁棒插入或拔出的过程中就无需外力做功，而却能获得电能和焦耳热，这是违反了能量守恒定律的。

例 12-1　如图 12-6 所示，一长直导线中通有交变电流 $I=I_0\sin wt$，式中 I 表示瞬时电流，I_0是电流振幅，w 是角频率，I_0和 w 是常量。在长直导线旁平行放置一矩形线圈，线圈平面与直导线在同一平面内。已知线圈长为 a、宽为 b，线圈的一边距离长直导线的距离为 h。求任一瞬时线圈中的感应电动势。

解　无限长直电流任意时刻在距离导线为 x 处激发的磁感应强度大小为

$$B=\frac{\mu_0 I}{2\pi x}$$

规定顺时针方向为回路正方向，在 t 时刻通过图中阴影面积的磁通量为

$$\mathrm{d}\Phi=B\mathrm{d}S\cos0^\circ=\frac{\mu_0 I}{2\pi x}a\mathrm{d}x$$

在该时刻 t，通过整个矩形线圈的磁通量为

$$\Phi=\int\mathrm{d}\Phi=\int_h^{h+b}\frac{\mu_0 I}{2\pi x}a\mathrm{d}x$$

$$=\frac{\mu_0 a I_0\sin wt}{2\pi}\ln\frac{h+b}{h}$$

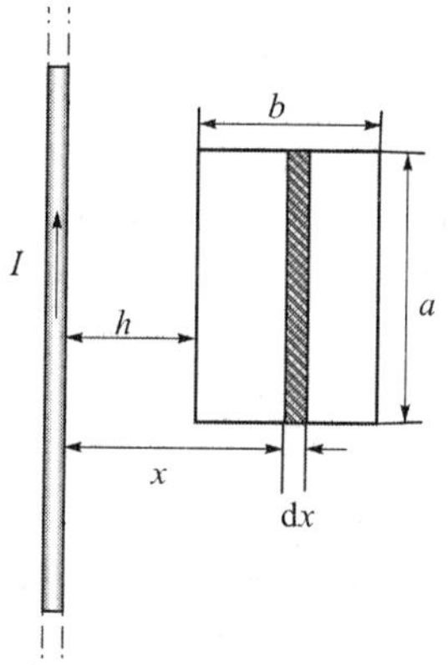

图 12-6　例 12-1 用图

因此，线圈中的感应电动势为

$$\varepsilon_i=-\frac{\mathrm{d}\Phi}{\mathrm{d}t}=-\frac{\mu_0 a I_0}{2\pi}\ln\frac{h+b}{h}\frac{\mathrm{d}}{\mathrm{d}t}(\sin wt)$$

$$=-\frac{\mu_0 a I_0 w}{2\pi}\ln\frac{h+b}{h}\cos wt$$

从上式可以看出，线圈内的感应电动势随时间按余弦规律变化，其方向也随余弦值的

正负作逆时针和顺时针转向的变化。

12.2 动生电动势 感生电动势

法拉第电磁感应定律告诉我们，只要穿过导体回路的磁通量发生变化，在回路中就会产生感应电动势和感应电流。由磁通量 $\Phi = \iint_S \boldsymbol{B} \cdot \mathrm{d}\boldsymbol{S}$ 可知，使磁通量发生变化的方法可归纳为两类：一类是磁场保持不变，导体回路或导体在磁场中运动而引起磁通量的变化，由此产生的感应电动势称为**动生电动势**(Motional Electromotive Force)；另一类是导体回路不动，磁场变化而引起磁通量的变化，由此产生的电动势称为**感生电动势**(Induced Electromotive Force)。下面分别讨论这两种电动势。

12.2.1 动生电动势

如图 12-7 所示，在磁感应强度为 $\boldsymbol{B}$ 的均匀磁场中，有一长为 l 的导体棒 ab 放置在光滑的 U 形导轨上和导轨构成一回路。整个回路放置在均匀磁场中，导体棒以速度 $\boldsymbol{v}$ 向右运动，且 $\boldsymbol{v}$ 与 $\boldsymbol{B}$ 垂直，U 形导轨不动。导体棒运动过程中，导体棒内每个自由电子都受到洛仑兹力 $\boldsymbol{F}_m$ 为

$$\boldsymbol{F}_m = -e\boldsymbol{v} \times \boldsymbol{B}$$

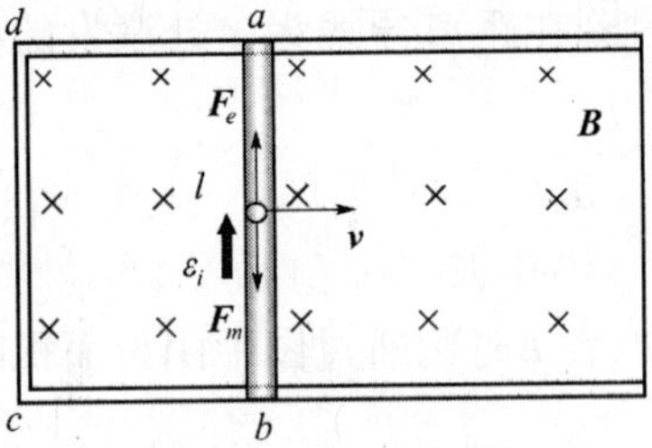

图 12-7 动生电动势

其方向由 a 指向 b。电子在洛仑兹力作用下沿导体向下运动，于是，在导体棒的 b 端出现负电荷的积累，而 a 端积累正电荷，从而在导体棒内建立静电场，这时电子还受到一个电场力 $\boldsymbol{F}_e$。随着电荷的积累，场强逐渐增加，当作用在电子上的电场力 $\boldsymbol{F}_e$ 与洛仑兹力 $\boldsymbol{F}_m$ 相平衡时，a、b 两端便形成恒定的电势差。由于洛仑兹力是非静电场力，所以，如以 $\boldsymbol{E}_k$ 表示非静电场强度，则有

$$\boldsymbol{E}_k = \frac{\boldsymbol{F}_m}{-e} = \boldsymbol{v} \times \boldsymbol{B}$$

根据电动势的定义式(11-5)可得，在磁场中运动的导体棒 ab 端所产生的动生电动势为

$$\varepsilon_i = \int_b^a \boldsymbol{E}_k \cdot \mathrm{d}\boldsymbol{l} = \int_b^a \boldsymbol{v} \times \boldsymbol{B} \cdot \mathrm{d}\boldsymbol{l} \tag{12-6}$$

对于图 12-7 的特例，可以看到 $\boldsymbol{v} \times \boldsymbol{B}$ 与 $\mathrm{d}\boldsymbol{l}$ 方向相同，由此可得

$$\varepsilon_i = Blv$$

电动势大于零，说明电动势的方向和积分方向同向，由 b 指向 a。我们还可以用法拉第电磁感应定律来求解图 12－7 中的电动势。当 ab 边距离 cd 边为 x 时，回路 $abcd$ 所包围的面积中的磁通量为 $\Phi = Blx$，由式(12－1)可得

$$\varepsilon_i = \left|\frac{\mathrm{d}\Phi}{\mathrm{d}t}\right| = Bl\frac{\mathrm{d}x}{\mathrm{d}t} = Blv$$

可以看出，由于 U 形导轨固定不动，只有 ab 棒相对磁场运动，因此 ab 棒可以看作一个电源，整个回路中的电动势就等于导体棒 ab 两端的电动势。

一般情况下，磁场可以不均匀，导线在磁场中运动时各部分的速度也可以不同，$\boldsymbol{v}$、$\boldsymbol{B}$ 和 $\mathrm{d}\boldsymbol{l}$ 也可以互不垂直，此时，$|\boldsymbol{v}\times\boldsymbol{B}| = vB\sin\theta$，$\boldsymbol{v}\times\boldsymbol{B}$ 的方向也可能与 $\mathrm{d}\boldsymbol{l}$ 不在同一方向上，计算出任意段线元 $\mathrm{d}\boldsymbol{l}$ 段产生的动生电动势为

$$\mathrm{d}\varepsilon_i = \boldsymbol{v}\times\boldsymbol{B}\cdot\mathrm{d}\boldsymbol{l}$$

运动导线内总的动生电动势用下式积分计算得

$$\boxed{\varepsilon_i = \int_L \boldsymbol{v}\times\boldsymbol{B}\cdot\mathrm{d}\boldsymbol{l}} \tag{12-7}$$

例 12－2 有一根长度为 L 的金属细棒 OA，在磁感应强度为 B 的均匀磁场中，以角速度 w 在与磁场方向垂直的平面内绕棒的一端点 O 做匀速转动，如图 12－8 所示，试求金属棒两端 OA 的感应电动势。

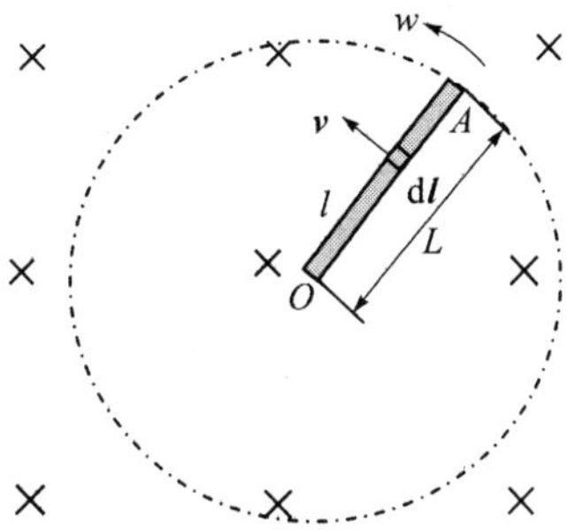

图 12－8　例 12－2 用图

解　在金属棒上距离 O 端为 l 处取一线元 $\mathrm{d}\boldsymbol{l}$，方向由 O 指向 A 端，设其速度为 $\boldsymbol{v}$，因 $\boldsymbol{v}$、$\boldsymbol{B}$、$\mathrm{d}\boldsymbol{l}$ 互相垂直并且 $\boldsymbol{v}\times\boldsymbol{B}$ 的方向与 $\mathrm{d}\boldsymbol{l}$ 方向相反，所以有

$$\mathrm{d}\varepsilon_i = \boldsymbol{v}\times\boldsymbol{B}\cdot\mathrm{d}\boldsymbol{l} = -vB\mathrm{d}l$$

其中 $v = wl$，于是可得金属棒 OA 两端的电势为

$$\varepsilon_i = \int_L \mathrm{d}\varepsilon_i = \int_0^L -wlB\mathrm{d}l = -\frac{1}{2}BwL^2$$

式中的负号说明电动势的方向与积分的路径方向相反，由 A 指向 O 点，O 端带正电，A 端带负电。

例 12－3　如图 12－9 所示，一长导线通有电流 I，在其附近有一长度为 L 的导体棒 AB，以速度 v 平行于长直导线作匀速运动。已知导体棒的 A 端距离长直导线的距离为 h，求在导体棒 AB 中的动生电动势。

解　由于长直导线附近的磁场是非均匀场，因此必须选择线元积分计算动生电动势，如图 12－9 所示，在距离长直导线为 x 处的导体棒上选取长为 $\mathrm{d}x$ 的线元，方向水平向右，因线元 $\mathrm{d}x$ 是个微分量，线元上的磁场可以看成均匀的，大小为

$$B = \frac{\mu_0 I}{2\pi x}$$

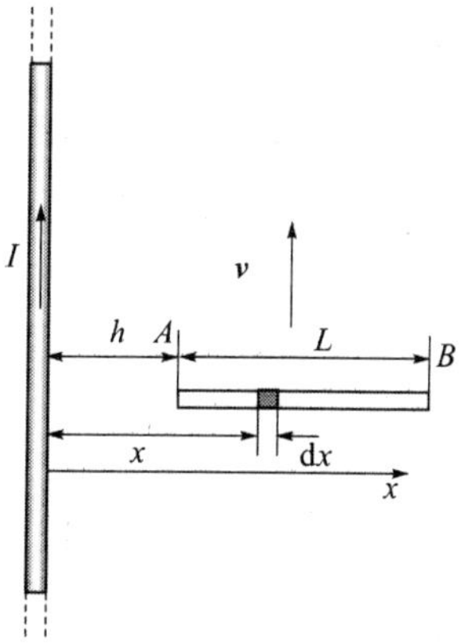

图 12－9　例 12－3 用图

则 dx 上的动生电动势为

$$d\varepsilon_i = \boldsymbol{v} \times \boldsymbol{B} \cdot dx = -vBdx = -v\frac{\mu_0 I}{2\pi x}dx$$

整个导体棒中的动生电动势为

$$\varepsilon_i = \int_L d\varepsilon_i = \int_h^{h+L} -v\frac{\mu_0 I}{2\pi x}dx = -v\frac{\mu_0 I}{2\pi}\ln\frac{h+L}{h}$$

方向与 x 轴的正向相反，由 B 指向 A，即 A 点的电势高于 B 点的电势。

12.2.2 感生电动势

在介绍电磁感应现象的时候，我们讨论了当导体回路不动，由回路中的磁场变化而引起的闭合回路磁通量的变化，从而在回路中激发感应电流。产生感生电动势的非静电场力是什么力呢？这种力是怎么产生的？我们知道，要形成电流，不仅要有可以自由移动的电荷，还要有迫使电荷做定向运动的电场。如图 12-10 所示，在一长直螺线管外套有一个闭合线圈，线圈连接一个电流计，当螺线管内的电流发生变化时，线圈内的电流计指针就会发生偏转，回路内激起感应电流。很显然，线圈回路内自由电子没有受到静电场力，因线圈一直没有运动，也不是洛仑兹力。可见，这是一种我们尚未认知的力。为此，麦克斯韦在 1861 年提出了**感生电场**(Induced Electric Field)的假设，即变化的磁场在其周围空间将激发出感生电场，用符号 $\boldsymbol{E}_k$ 表示。

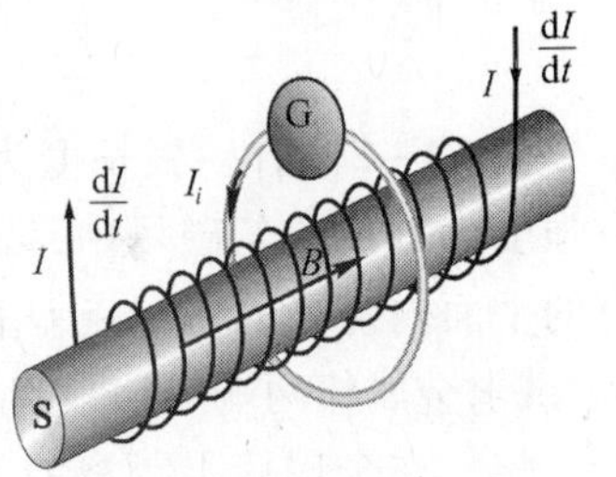

图 12-10　感生电动势

应当注意的是，对于麦克斯韦的假设，只要有变化的磁场，周围空间就会出现感生电场，不管有无导体，也不管是在真空或介质中都适用。这个假设已经被实验证实。

感生电场与静电场都对电荷有力的作用，两者的不同之处是：静电场存在于静止电荷周围的空间内，感生电场则是由变化磁场所激发，不是由电荷所激发；静电场的电场线是始于正电荷、终于负电荷的，而感生电场的电场线则是闭合的。正是由于感生电场的存在，才会在回路中形成感生电动势。由电动势的定义式(11-5)，感生电动势的大小可以由感生电场 $\boldsymbol{E}_k$ 沿着闭合回路积分求得，即

$$\varepsilon_i = \oint_l \boldsymbol{E}_k \cdot d\boldsymbol{l} = -\frac{d\Phi}{dt} \tag{12-8}$$

因磁通量为

$$\Phi = \int_S \boldsymbol{B} \cdot d\boldsymbol{S}$$

所以式(12-8)可表示为

$$\varepsilon_i = \oint_l \boldsymbol{E}_k \cdot d\boldsymbol{l} = -\frac{d}{dt}\int_S \boldsymbol{B} \cdot d\boldsymbol{S}$$

若闭合回路不动，所包围的面积 S 不随时间变化，则上式亦可变化为

$$\varepsilon_i = \oint_l \boldsymbol{E}_k \cdot d\boldsymbol{l} = -\int_S \frac{\partial \boldsymbol{B}}{\partial t} \cdot d\boldsymbol{S} \tag{12-9}$$

式中：S 表示以 l 为边界所包围的面积。式(12－9)表明，感生电场沿回路 l 的线积分等于穿过回路所包围面积的磁通量变化率的负值。当选定了积分回路的绕行方向后，面积的法线方向与绕行方向满足右手螺旋关系。磁感应强度 $\boldsymbol{B}$ 的方向若与回路面积的法线方向一致时，其磁通量 Φ 为正。式中的负号表示 $\boldsymbol{E}_k$ 的方向与磁通量的增量方向或与磁感应强度 $\boldsymbol{B}$ 的变化率 $\mathrm{d}\boldsymbol{B}/\mathrm{d}t$ 呈左手螺旋关系。式(12－9)是电磁场的基本方程之一。

例 12－4 如图 12－11 所示，在半径 $R=1\text{m}$ 的无限长直螺线管内部有一垂直纸面向内的磁场以 $\frac{\mathrm{d}B}{\mathrm{d}t}=0.5\text{Wb/m}^2$ 的速率增加。求在距离螺线管中心分别为 $r_1=0.5\text{m}$ 和 $r_2=1.5\text{m}$ 处的感生电场。

解 由磁场的轴对称分布可知，变化的磁场在周围空间所激发的感生电场也是轴对称的，感生电场线是一系列关于轴对称的同心圆周，感生电场 $\boldsymbol{E}_k$ 在同一圆周上的大小相等，方向沿着圆周的切向。

如图 12－11 所示，在管内以 $r_1=0.5\text{m}$ 为半径作圆形回路 L，设回路所围面积的正法线方向垂直纸面向内，由式(12－9)可得距离螺线管中心为 $r_1=0.5\text{m}$ 的感生电场的大小为

$$\oint_l \boldsymbol{E}_k \cdot \mathrm{d}\boldsymbol{l} = -\int_S \frac{\partial \boldsymbol{B}}{\partial t}\cdot \mathrm{d}\boldsymbol{S}$$

$$2\pi r_1 E_k = -\pi r_1^2 \frac{\mathrm{d}B}{\mathrm{d}t}$$

因此，有

$$E_k = -\frac{r_1}{2}\frac{\mathrm{d}B}{\mathrm{d}t} = -0.125\text{N}\cdot\text{C}^{-1}$$

$\boldsymbol{E}_k$ 的方向由左手定则可以判断出为逆时针方向。

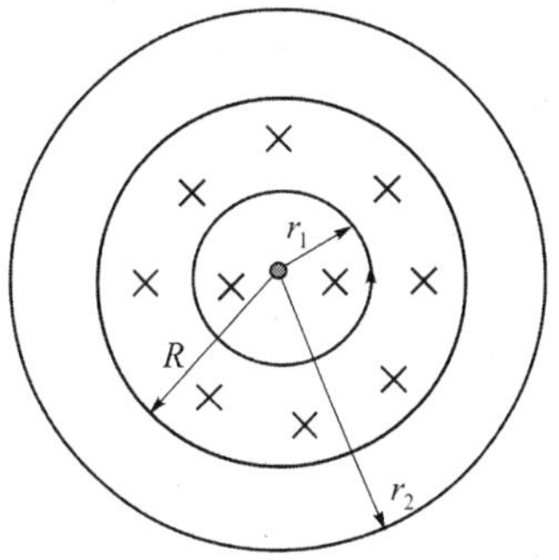

图 12－11 螺线管内外的感生电场

同样，在管外以 $r_2=1.5\text{m}$ 为半径作圆形回路，则

$$\oint_l \boldsymbol{E}_k \cdot \mathrm{d}\boldsymbol{l} = -\int_S \frac{\partial \boldsymbol{B}}{\partial t}\cdot \mathrm{d}\boldsymbol{S}$$

$$2\pi r_2 E_k = -\pi R^2 \frac{\mathrm{d}B}{\mathrm{d}t}$$

可得管外距离螺线管中心为 $r_2=1.5\text{m}$ 处的感生电场的大小为

$$E_k = -\frac{R^2}{2r_2}\frac{\mathrm{d}B}{\mathrm{d}t} = -0.167\text{N}\cdot\text{C}^{-1}$$

由左手定则可判断出在管外，感生电场的方向同样沿逆时针方向。

12.3.3 涡电流

感应电流不仅能够在导电回路中出现，而且当大块导体与磁场有相对运动或处在变化的磁场中时，在导体中也会激起感应电流。这种在大块导体内流动的感应电流，叫做**涡电流**(Eddy Current)。涡电流在工程技术中有广泛的应用。

家用电磁灶就是利用涡电流的热效应来加热和烹饪食物的，如图 12－12 所示，电磁

灶的核心是一个高频载流线圈，高频电流产生高频变化的磁场，于是，在铁锅中产生涡电流，通过电流的热效应来加热被煮的实物。同样，在钢铁厂用电磁感应炉进行冶炼。感应炉中的铁矿石或废铁本身就是导体，大功率高频交流电产生高频强变化磁场，从而在铁矿石中形成强涡电流，利用涡电流热效应促进金属融化。

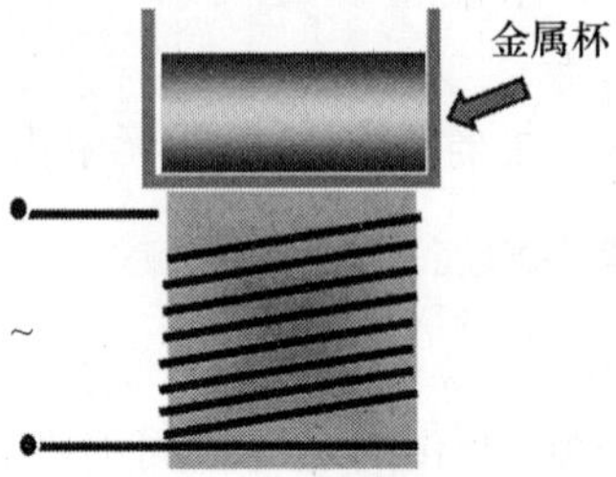

图 12－12　电磁灶加热原理

涡电流产生的热效应虽然有着广泛的应用，但是在有些情况下也是有很大的危害的。例如，变压器或其他电机的铁心常常因涡流产生无用的热量，如图 12－13(a)所示，这不仅消耗了部分电能，降低了电机的效率，而且会因铁心严重发热而不能正常工作。为了减少涡流损耗，一般变压器、电机及其他交流仪器的铁心不采用整块材料，而是用互相绝缘的薄片(如硅钢片)或细条叠合而成，使涡流受绝缘的限制，只能在薄片范围内流动，于是增大了电阻，减小了涡电流，使损耗降低，如图 12－13(b)所示。

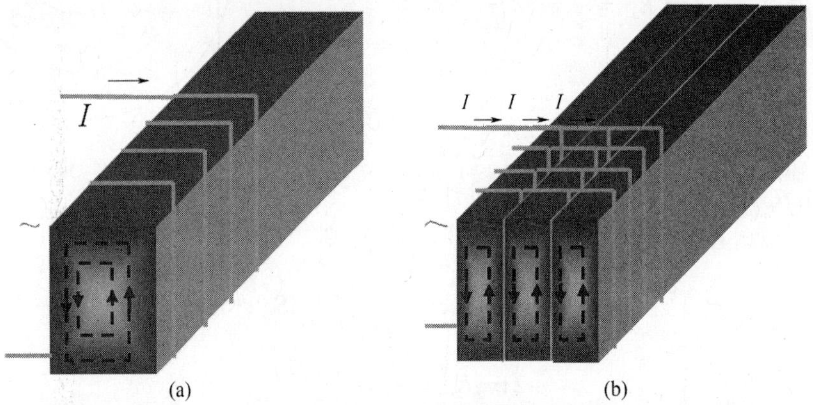

图 12－13　变压器铁心中的涡电流

12.3　自感和互感

自感和互感作为法拉第电磁感应现象的两个特例在工程技术中有着广泛的用途。这一节我们详细介绍。

12.3.1　自感

根据法拉第电磁感应定律，我们知道不论以什么方式只要能使穿过闭合回路的磁通量发生变化，此闭合回路内就一定有感应电动势出现。当闭合回路自身的电流变化时，则变化的电流产生的变化的磁场也将使穿过闭合回路自身的磁通量发生变化,从而在自身回路中产生感应电动势和感应电流,如图 12-14 所示。我们把这种由于回路本身电流的变化,而在自身回路中引起的感应电动势的现象,称为**自感**(Self-Induction),相应的电动势称为自感电动势。

设有一无铁心的长直螺线管,长为 l,截面半径为 R,管上绕有 N 匝线圈,通有电流 I,根据上一章我们利用安培环路定理计算的结果可知,此时线圈内为均匀磁场,磁感应强度大小为

$$B = \frac{\mu_0 NI}{l}$$

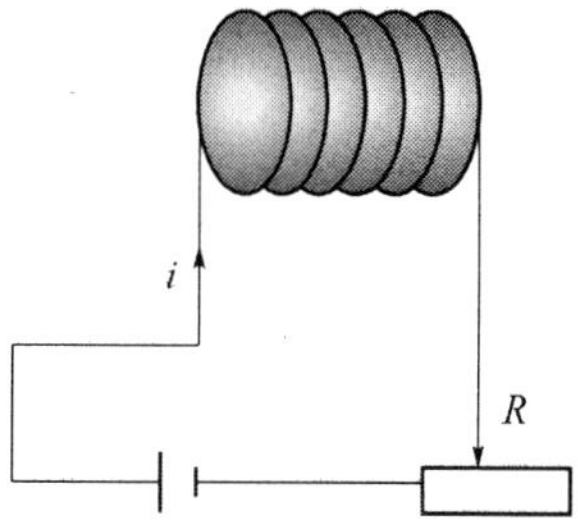

图 12-14　自感

则穿过每匝线圈的磁通量为

$$\Phi = BS = \frac{\mu_0 NI}{l}\pi R^2$$

穿过 N 匝线圈的磁链为 $\Psi = N\Phi = \frac{\mu_0 N^2 I}{l}\pi R^2$,当线圈中的电流 I 发生变化时,根据式(12-3)在 N 匝线圈中产生的感应电动势为

$$\varepsilon_L = -N\frac{\mathrm{d}\Phi}{\mathrm{d}t} = -\frac{\mu_0 N^2 \pi R^2}{l}\frac{\mathrm{d}I}{\mathrm{d}t}$$

将上式改写成下列形式,即

$$\varepsilon_L = -L\frac{\mathrm{d}I}{\mathrm{d}t} \tag{12-10}$$

式中:$L = \frac{\mu_0 N^2 \pi R^2}{l}$,它体现了回路产生自感电动势反抗电流变化的能力,称为该回路的自感系数(Self-Inductance),简称**自感**。自感 L 的大小与回路的几何性质、匝数、大小等因素有关,由回路自身的特征决定电路参数。通常自感由实验测定,只是在某些简单的情况下才可以由其定义计算出来。

现在考虑一般的情况,对于一个任意形状的回路,回路中由于电流变化引起通过回路中本身磁链的变化而出现的感应电动势为

$$\varepsilon_L = -\frac{\mathrm{d}\Psi}{\mathrm{d}t} = -\frac{\mathrm{d}\Psi}{\mathrm{d}I}\frac{\mathrm{d}I}{\mathrm{d}t} = -L\frac{\mathrm{d}I}{\mathrm{d}t} \tag{12-11}$$

其中

$$L = \frac{\mathrm{d}\Psi}{\mathrm{d}I}$$

定义为回路的**自感**,单位是亨利,用符号 H 表示。它在数值上等于回路中的电流随时间的变化为一个单位时,在回路中所引起的自感电动势的绝对值。

式(12-11)中的负号,是楞次定律的数学表示。它指出,自感电动势将反抗回路中电流的改变。当回路中的电流增加时,自感电动势激发的感应电流与原来电流的方向相反;电流减小时,自感电动势与原来电流的方向相同。必须指出的是,自感电动势只是反抗电流的变化,而不是电流本身。

在工程技术和日常生活中,自感现象的应用是非常广泛的,如日光灯上的镇流器就是

利用线圈自感现象的一个例子。无线电设备中常用自感线圈和电容器来构成谐振电路和滤波器等。在有些情况下,自感现象是非常有害的。例如,在有较大自感的电网中,当电路突然断开时,由于自感而产生很大的自感电动势,在电网的电闸开关间形成一较高的电压,常常大到使空气“击穿”而导电,产生电弧,对电网有损坏作用。为了减小这种危险,大电流电力系统中的开关,都附加有“灭弧”的装置。

12.3.2 互感

设有两个邻近的回路线圈 1 和 2,如图 12-15 所示,当一个线圈中的电流发生变化时,在其周围会激发变化的磁场,从而在另一个线圈中产生感生电动势,这种现象称为**互感现象**(Mutual Indu-tion),产生的电动势称为互感电动势。

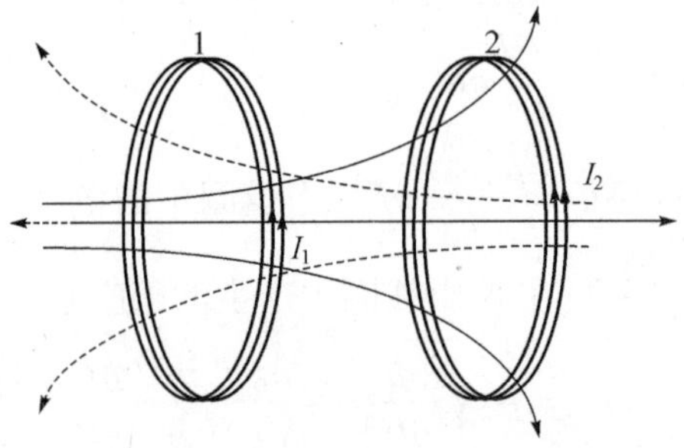

图 12-15　互感

设图 12-15 中两个线圈分别通入电流 I_1 和 I_2。由毕奥—萨伐尔定律,电流 I_1 产生的磁场 B 正比于 I_1,因此穿过线圈 2 的磁通量 Φ_{21} 也正比于电流 I_1,即

$$\Phi_{21} = M_{21} I_1 \tag{12-12}$$

同理,电流 I_2 产生的磁场穿过线圈回路 1 的磁通量 Φ_{12} 也正比于电流 I_2,即

$$\Phi_{12} = M_{12} I_2 \tag{12-13}$$

式中:M_{21} 和 M_{12} 为比例系数,它们与两个线圈回路的形状、大小、匝数、相对位置以及周围磁介质的磁导率有关。

理论和实验都可以证明,对于给定的一对导体回路,都有

$$M_{21} = M_{12} = M$$

M 称为两个回路之间的**互感**(Mutual Inductance)。

根据法拉第电磁感应定律,在 M 一定的条件下,回路中的互感电动势为

$$\varepsilon_{21} = -\frac{d\Phi_{21}}{dt} = -\frac{d(MI_1)}{dt} = -\left(M\frac{dI_1}{dt} + I_1\frac{dM}{dt}\right)$$

$$\varepsilon_{12} = -\frac{d\Phi_{12}}{dt} = -\frac{d(MI_2)}{dt} = -\left(M\frac{dI_2}{dt} + I_2\frac{dM}{dt}\right)$$

若回路中互感不变,则有

$$\varepsilon_{21} = -M\frac{dI_1}{dt} \tag{12-14a}$$

$$\varepsilon_{12} = -M\frac{dI_2}{dt} \tag{12-14b}$$

由上面两式可以看出,互感 M 的意义也可以这样理解:两个线圈的互感 M,在数值上等于一个线圈中的电流随时间的变化率为一个单位时,在另一个线圈中所引起的互感电动势的绝对值。式中的负号表示,在一个线圈中所引起的互感电动势,要反抗另一个回路线圈中的电流的变化。另外,还可以看出,当一个线圈中的电流随时间的变化率恒定时,互感越大,则在另一个线圈中引起的互感电动势就越大;反之,互感越小,在另一个回路中引起的互感电动势就越小。所以,互感是表明相互感应强弱的一个物理量,或者说是两个回路耦合程度的量度。互感的单位用亨利表示,记为 H。

互感现象在各种电器设备和无线电技术中有着广泛的应用。如发电厂输出的高压电流要引入居民使用时,为了安全,就需要先用变压器把高电压变换成较低的电压。变压器的工作原理就是利用了互感的规律。互感现象也有不利的一面,如有线电话有时会因为两条线路之间互感而造成串音,信息在传送过程中安全性会降低,容易造成泄密。

互感通常用实验方法测定,只有对于一些比较简单的情况,才可以用计算的方法求得。

12.4 磁场的能量

在静电场中讨论过,在形成带电系统的过程中,外力必须克服静电场力作功,根据功能原理,外力做功所消耗的能量最后转化为电荷系统或电场的能量。同样,在如图 12-16所示的回路系统中,当开关打在触点 1 的位置时,接通电流,由于回路中有线圈自感的作用,回路中的电流要经历一个从零到稳定值变化过程,灯泡是慢慢变明亮的,在这个过程中,电源提供的能量一部分损耗在电阻上,转化为热能,另一部分用于克服自感电动势做功而转化为磁场的能量,在线圈中建立起磁场。设回路中电源电动势为 ε,线圈的自感为 L,灯泡的电阻为 R,当回路中某一时刻电流为 I 时,自感电动势大小为 $-L\frac{dI}{dt}$,根据回路的欧姆定律可得

$$\varepsilon - L\frac{dI}{dt} = IR$$

如果从 $t=0$ 开始,经过足够长的时间 t,回路中的电流从零增长到稳定值 I_0,则这段时间内电源电动势所做的功为

$$\int_0^t \varepsilon I dt - \int_0^{I_0} IL dI = \int_0^t I^2 R dt$$

自感 L 与电流无关,则

$$\int_0^t \varepsilon I dt = \int_0^t I^2 R dt + \frac{1}{2}LI_0^{\ 2}$$

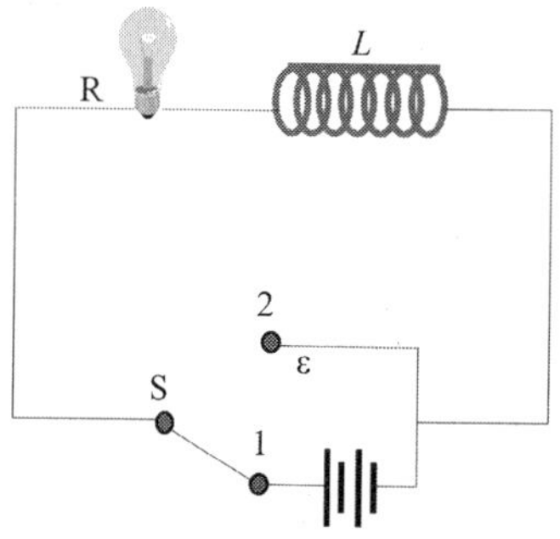

图 12-16　线圈中存储的磁场能

上式说明电源电动势所做的功转化为两部分能量,其中,$\int_0^t I^2 R dt$ 是 t 时间内消耗在电阻

上的焦耳热；$\frac{1}{2}LI_0^2$ 是回路中电流变化时电源反抗自感电动势所做的功，这部分能量转化为了回路中磁场的能量。当回路中的电流达到稳定值 I_0 后，断开开关 S，并将开关接在触点 2 上，这时回路中的电流将从 I_0 慢慢衰减。自感电动势反抗电流减小所做的功为

$$W = \int_0^t \varepsilon_L I \mathrm{d}t = \int_{I_0}^0 - LI\mathrm{d}I = \frac{1}{2}LI_0{}^2$$

这表明，随着电流衰减引起的磁场消失，原来储存在磁场中的能量又反馈到回路中以焦耳热释放了。

由上面的讨论可以看出，一个自感为 L 的回路，当其中通有电流 I 时，其周围空间磁场的能量为

$$W_m = \frac{1}{2}LI^2 \tag{12-15}$$

对于载流导线所激发的磁场能量，还可以用磁感应强度 B 来描述。为了简单起见，以长直螺线管为例进行讨论。设螺线管的体积为 V，通有电流 I，管内充满磁导率为 μ 的均匀磁介质。管内会激发一个均匀磁场，大小为 $B=\mu nI$，它的自感 $L=\mu n^2 V$，式中 n 为螺线管单位长度的匝数。把自感 L 以及电流 $I=\frac{B}{\mu n}$ 代入式(12-15)可得

$$W_m = \frac{1}{2}LI^2 = \frac{1}{2}\mu n^2 V\left(\frac{B}{\mu n}\right)^2 = \frac{1}{2}\frac{B^2}{\mu}V = \frac{1}{2}BHV$$

由此可以得出磁场的**能量密度**(Magnetic Energy Density)为

$$\boxed{w_m = \frac{W_m}{V} = \frac{1}{2}BH = \frac{1}{2}\frac{B^2}{\mu}} \tag{12-16}$$

上述磁场能量密度的公式是从长直螺线管导出的，但是在一般情况下，磁场的能量密度都可以这样计算。利用上式可以求出任意磁场中储存的能量为

$$W_m = \int_V w_m \mathrm{d}V = \frac{1}{2}\int_V BH\mathrm{d}V \tag{12-17}$$

习　题

12-1　在一个物理实验中，有一个200 匝的线圈，线圈面积为 $12\mathrm{cm}^2$，在 0.04s 内线圈平面从垂直于磁场方向旋转至平行于磁场方向。假定磁感应强度为 $6.0\times10^{-5}\mathrm{T}$，求线圈中产生的平均感应电动势。

12-2　有一圆形单匝线圈放在磁场中，磁场方向与线圈平面垂直，如通过线圈的磁通量按 $\Phi=6t^2+7t+1$ 的关系随时间变化，求 $t=2\mathrm{s}$ 时，线圈回路中感应电动势的大小。

12-3　如图所示，在两平行长直导线所在的平面内，有一矩形线圈，如长直导线中电流大小随时间的变化关系是 $I=I_0\cos\omega t$，求线圈中的感应电动势随时间变化关系。

12-4　如图所示，把一个半径为 R 的半圆形导线 OP 置于磁感应强度为 B 的均匀磁场中，当导线 OP 以匀速率 v 向右移动时，求导线中感应电动势 ε 大小，哪一端电势较高？

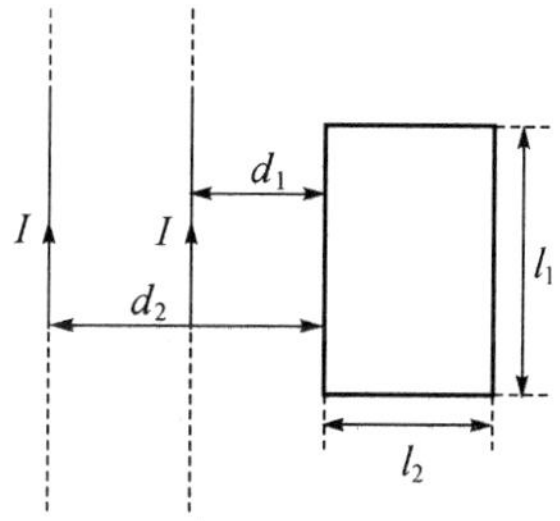

习题 12－3 图

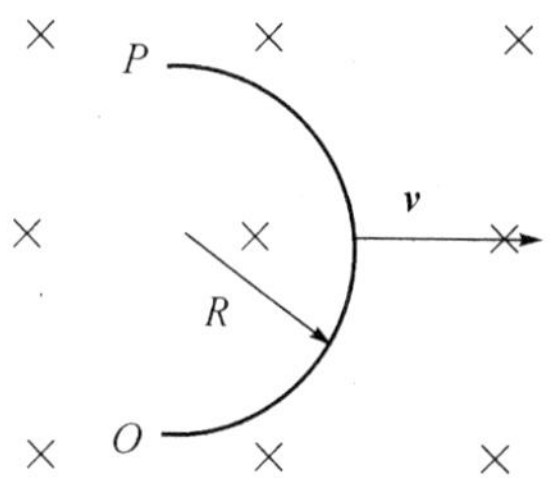

习题 12－4 图

12－5　一面积为 S 的单匝平面线圈，以恒定角速度 ω 在磁感应强度 $\boldsymbol{B}=B_0\cos\omega t\boldsymbol{k}$ 的均匀磁场中转动，转轴与线圈共面且与 $\boldsymbol{B}$ 垂直。如 $t=0$ 时线圈法线方向沿 $\boldsymbol{k}$ 方向，求任一时刻 t 线圈中的感应电动势。

12－6　AB 和 BC 两段导线，其长度均为 10cm，在 B 处相接成30°角，若导线在均匀磁场中以速度 $v=1.5\text{m/s}$ 运动，方向如图所示，磁场方向垂直纸面向内，磁感应强度为 $2.5\times10^{-2}\text{T}$。求 A、C 两端间的电势差，哪一端电势高？

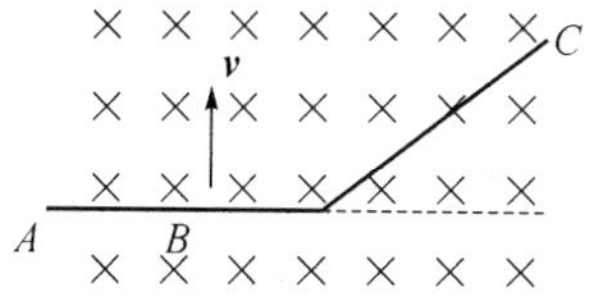

习题 12－6 图

12－7　一导线被弯成如图所示形状，acb 为半径为 R 的 3/4 圆弧，oa 长亦为 R，若此导线以角速度 ω 在纸平面内绕 o 点匀速转动，匀强磁场 $\boldsymbol{B}$ 的方向垂直纸面向内，大小为 B，求此导线中的动生电动势，哪点电势高？

12－8　两相互平行的无限长直导线通有大小相等、方向相反的电流。长度为 b 的金属杆 CD 与两导线共面且垂直，相对位置如图所示。CD 杆以速度 $\boldsymbol{v}$ 平行于直线电流运动，求 CD 杆中的感应电动势，并判断 C、D 两端哪一端电势较高？

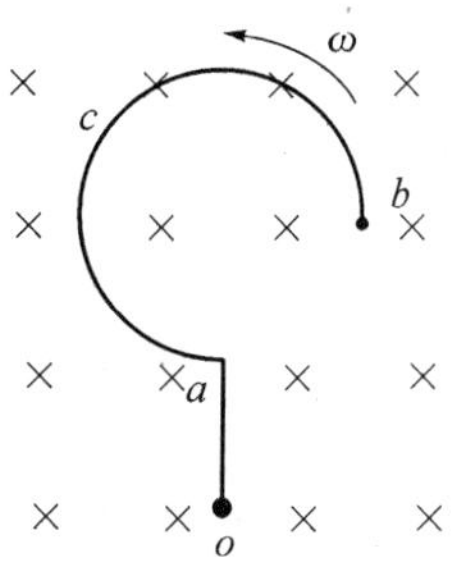

习题 12－7 图

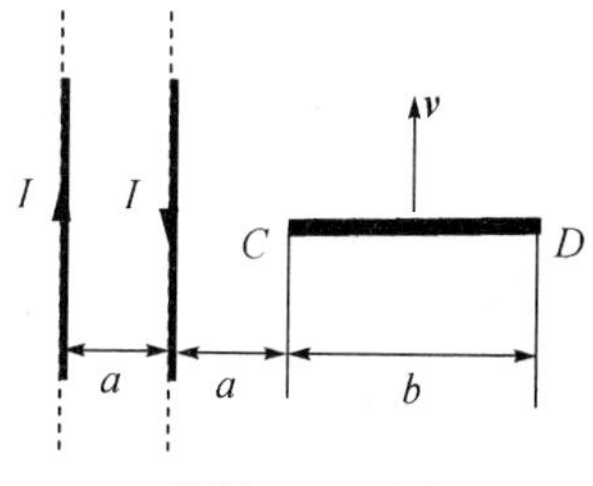

习题 12－8 图

12－9　矩形回路与无限长直导线共面，且矩形一边与直导线平行。导线中通有电流 $I=I_0\cos wt$，回路以速度 v 垂直离开直导线，如图所示。求任意时刻回路中的感应电动势。

12－10　一直角三角形线圈 ABC 与无限长导线共面，其中 AB 边与长直导线平行，位置和尺寸如图所示，求两者的互感。

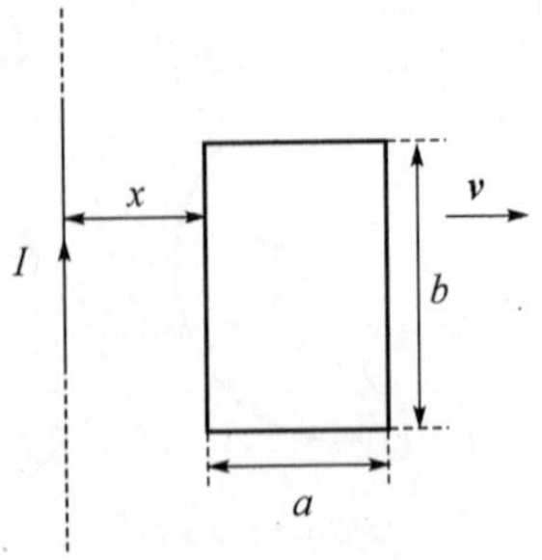

习题 12－9 图

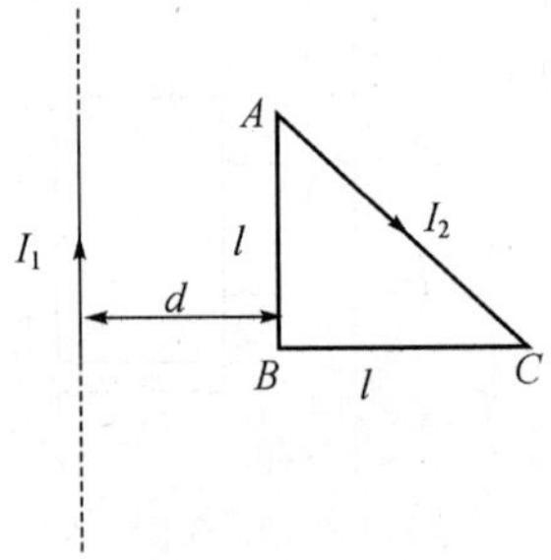

习题 12－10 图

12－11　有两根半径均为 a 的圆柱形长直导线，它们中心距离为 d。试求这一对导线单位长度的自感（导线内部的磁通量可以忽略不计）。

12－12　一螺线管的自感系数为 10mH，通过的电流强度为 4A，求它储存的磁场能量。

12－13　一无限长直导线，截面上电流均匀分布，总电流为 I，求单位长度导线内所储藏的磁场能量（设导体的相对磁导率 $\mu_r=1$）。

12－14　长直电缆由一个半径为 R_1 的圆柱导体和一共轴圆筒状且半径为 R_2 的导体组成，两导体中通过的电流强度均为 I，方向相反，电流均匀分布在导体横截面上，两导体之间充满磁导率为 μ 的磁介质。求磁介质内磁感应强度的分布以及此区域的磁能密度。

* 第 13 章　几 何 光 学

13.1　几何光学的基本实验定律

13.1.1　光线在介质分界面处的反射与折射

在同一均匀介质中，当光从一处射到另一处时，如果两者之间没有任何障碍物，那么，光将沿着直线传播。但是，当光遇到两种均匀介质的分界面时，会在分界面上发生反射和折射现象。照射到分界面上的光线称**入射光线**或**入射光**（incident light）；返回原介质中的光线为**反射光线**，又称**反射光**（reflected light）；进入另一介质按另一波速沿另一方向传播的光线称为**折射光线**，又称**折射光**（refract light）；始终垂直于表面的虚线称为**法线**。入射光与法线的夹角 i 为**入射角**，反射光与法线的夹角 i' 为**反射角**，折射光与法线的夹角 γ 为**折射角**，如图 13－1 所示。

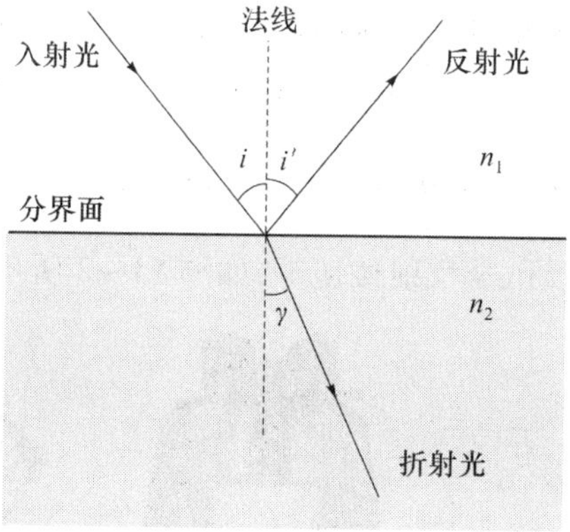

图 13－1　光在分界面处的反射与折射

实验表明，当光从一种介质入射到另一介质时，在两种介质的分界上时，一部分光发生反射，入射光、反射光和法线在同一平面内，入射光与反射光位于法线的两侧，并且反射角等于入射角，即 $i = i'$，这就是光的**反射定律**。另一部分光将发生折射进入另一介质中继续向前传播，并且存在**折射定律**，即

$$\frac{\sin i}{\sin\gamma} = \frac{n_2}{n_1} = n_{21} \text{ 或 } n_1 \sin i = n_2 \sin\gamma \qquad (13-1)$$

式中：n_2 和 n_1 分别为两种介质相对于真空的折射率，又称**折射率**（refractive index）；n_{21} 为介质 2 相对于介质 1 的折射率。

介质的折射率与介质本身、入射光的频率等有关，表 13－1 为几种常用介质的折射率。

表 13-1　几种常用介质的折射率

介质	折射率(n)	介质	折射率(n)
真空	1（基准）	钻石	2.417
空气（标准大气压 0℃）	1.000277	普通玻璃	1.468
酒精（乙醇）	1.361	水	1.333
人眼角膜	1.3375		

实验发现，光在真空中的传播速度为 c，在折射率为 n_1 的介质中的传播速度为

$$\boxed{v_1 = c/n_1} \tag{13-2}$$

其对应的波长为

$$\boxed{\lambda_n = \frac{v_1}{\nu_0} = \frac{c/n_1}{\nu_0} = \frac{\lambda_0}{n_1}} \tag{13-3}$$

式中：λ_n 为光在介质中的波长；λ_0 为光在真空中的波长；ν_0 为其频率。

13.1.2　全反射现象

当光从光密介质（折射率 n_1 相对较大）射入到光疏介质（折射率 n_2 相对较小），并且当入射角 i_0 达到或大于临界角 i_c 时，在两种介质的分界面上光全部返回到原介质中的现象，称为光的**全反射**（total reflection）。**临界角**（critical angle）是为折射角刚好为 90° 的入射角。根据折射定律，有 $n_1 \sin i_0 = n_2 \sin\gamma$ 且 $\gamma = 90°$，于是，临界角为

$$\sin i_c = \frac{n_2}{n_1},\; i_c = \arcsin\frac{n_2}{n_1} \tag{13-4}$$

全反射的应用很广泛，如光纤、全反射棱镜等，如图 13-2 所示。

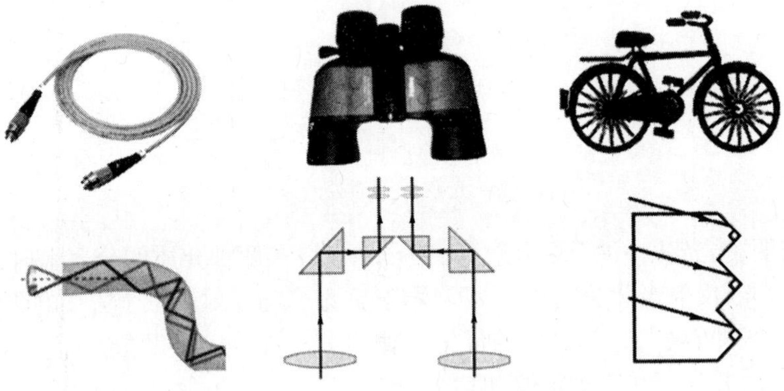

图 13-2　全反射的应用

13.1.3　费马原理

费马原理首次提出了光程的概念，并从光程角度出发，对光的传播定律进行了高度概括。**光程**（optical path）(s) 是指光在介质中传播的几何路程 (l) 与该介质折射率 n 的乘积。其数学表示形式为

$$s = nl$$

若光经过 m 层均匀介质，则总的光程可写为

$$s = s_1 + s_2 + \cdots + s_m = n_1 l_1 + n_2 l_2 + \cdots + n_m l_m = \sum_i n_i l_i \tag{13-5}$$

若光经过的是非均匀介质，即 n 是一个变量，这时光程可表示为

$$s = \int_A^B n\mathrm{d}l$$

光从一点传播到另一点，实际的光程总是一个极值。即光总是沿光程为最小值、最大值或恒定值的路程传播，这就是**费马原理**（Fermat principle）。其数学表示式为

$$\boxed{\int_A^B n\mathrm{d}l = \text{极值（极小值、最大值或恒定值）}} \tag{13-6}$$

13.2 光在平面上的反射和折射

如果只考虑光束的传播方向而不研究其他问题，那么，一束光可以看成是由许多光线构成的，而发光点可以看成是一个发散光束的顶点。如果光线在某点会聚，那么，这个会聚点叫做**实像**（real image）。如果反射或折射后的光束是发散的，但把这些光线反向延长后仍能找到光束的顶点，那么，这个发散光束的会聚点叫做**虚像**（virtual image）。实像可由人眼或接收器（屏幕、CCD、底片、光电倍增管等）所接收；虚像不可以被接收器所接收，但是却可以被人眼所观察。

13.2.1 光在平面上的反射

点光源 P 发出的发散光束，经平面镜反射后，根据反射定律，反射光也是反散的，其反射光的反向延长线相交于 P' 点，如图 13-3 所示。P' 点就是 P 点的虚像，且它们关于镜面对称。所以，利用平面镜可以使点成像于一点，即不改变光束的单心性。

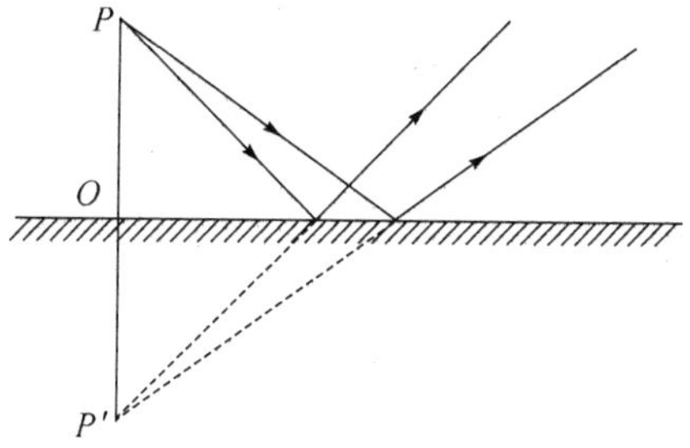

图 13-3 光在平面上的反射

13.2.2 光在平面上的折射

当 P 点发出的发散光束经折射率不同的两物质分界面上时，除了发生反射外，还会发生折射现象。反射时，物点 P 仍成像于一点；但折射时，由于折射角与入射角不成线性关系，所以其折射光线的反向延长线一般不会再相交于一点，即光束的单心性将被破坏，如图 13-4 所示。

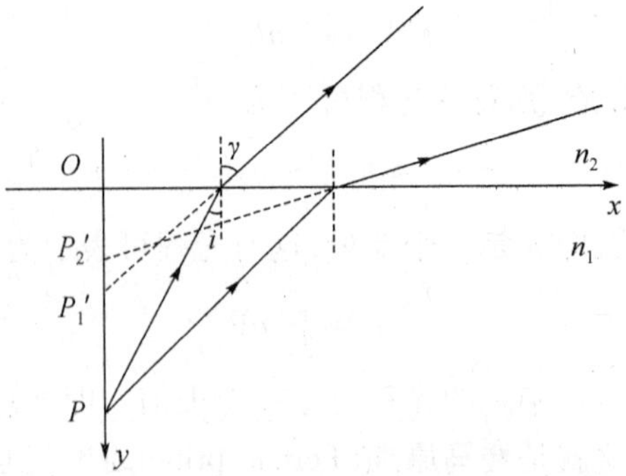

图 13-4 光在平面上的折射

13.3 光在球面上的反射和折射

13.3.1 符号规定

如图 13-5 所示，点光源 P 发出的光波入射到曲率半径为 r 的凹球面镜一部分上，O 为其顶点，C 为它的曲率中心。顶点 O 与曲率中心 C 的连线 CO 为主轴，通过主轴的平面为主截面。在计算任一光线的线段长度和角度时，对于符号的规定如下。

(1) 线段的长度从顶点算起，若光线与主轴的交点在顶点右方，其线段的数值为正，若在左方即为负。物点或像点至主轴的距离，在主轴上方的为正，反之为负。

(2) 光线方向的倾斜角度都从主轴（或球面法线）算起（其值一般取小于90°）。由主轴（或球面法线）转向有关光线时，若沿顺时针转，其角度为正，反之为负。

(3) 图中出现的长度和角度（几何量）只用正值，如果其值是负的，只需在其前面加上负号。

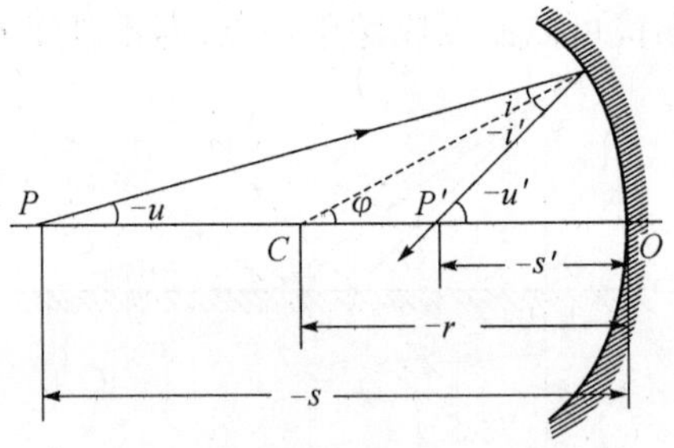

图 13-5 光在球面上的反射

13.3.2 光在球面上的反射

由图 13-5 可知，点光源 P 发出的光波从左向右入射到曲率半径为 r 的凹球面镜上，经反射后与主轴相交于 P' 点，在 φ 很小时，可以推导出下列关系，即

$$\frac{1}{s}+\frac{1}{s'}=\frac{2}{r} \tag{13-7}$$

式中：s 为物距；s' 为像距。

如果是平行光入射，即满足**近光轴光线**(paraxial ray)的条件($s=-\infty$时)，由上式可得$s'=r/2$，也就是说，其经球面镜反射后成为聚焦的光束，其顶点在主轴上，称为反射球面的**焦点**(focus)。焦点到顶点间的距离称为**焦距**(focal length)，用f'表示，且

$$f'=\frac{r}{2} \tag{13-8}$$

所以式(13-8)可改写为

$$\frac{1}{s}+\frac{1}{s'}=\frac{1}{f'} \tag{13-9}$$

式(13-9)称为**球面反射物像公式**，在近光轴光线的条件下，对于凹球面和凸球面的情况都是适用的。

13.3.3 光在球面镜上的折射

如图13-6所示，点光源P在折射率为n的介质中发出一条光线，经球面镜后折射进入折射率为n'的介质中，r为球面的半径，C为球心，O为顶点，折射光线与主轴相交于P'。对于不同倾角的光线，其折射光一般不再与主轴相交于一点，即经球面折射后单心性将遭到破坏。如果只考虑近轴光线时，物距与像距存在下列关系，即

$$\frac{n'}{s'}-\frac{n}{s}=\frac{n'-n}{r} \tag{13-10}$$

式(13-10)称为**凸球面折射的物像公式**，其也同样适用于凹球面镜的折射情况。

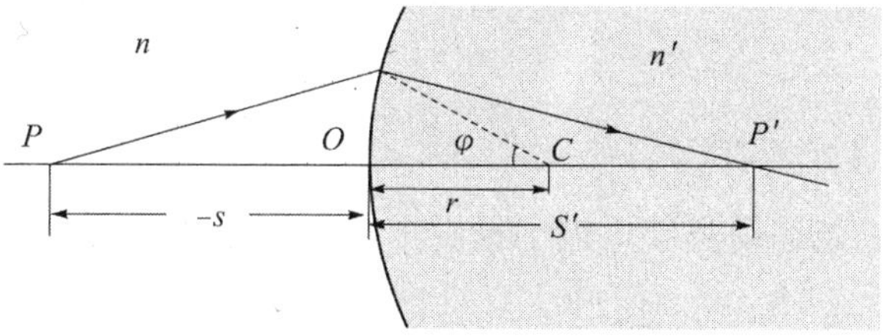

图13-6 光在球面镜上的折射

如果是平行光入射，即$s=-\infty$时，折射光与主轴的交点为**像方焦点**，其与球面顶点O的距离称为**像方焦距**，用f'表示。带入式(13-10)中，有

$$f'=\frac{n'}{n'-n}\cdot r \tag{13-11}$$

如果光经折射后平行于主光轴，即$s'=\infty$时，物点所在的位置称为**物方焦点**，其与球面顶点O的距离称为**物方焦距**，用f表示。带入式(13-11)中，有

$$f=-\frac{n}{n'-n}\cdot r \tag{13-12}$$

f与f'的关系为

$$\frac{f'}{f}=-\frac{n'}{n} \tag{13-13}$$

式(13-13)表明，焦距之比等于物像两方介质的折射率之比，由于物像两方的折射率不

可能相等,所以其焦距也互不相等。式中的负号表示物方和像方焦点分别位于球面界面的左右两侧。

13.4 薄透镜

将某些透明的介质材料如玻璃等磨成薄片,使其具有两个折射平面,即为**透镜**。中间部分如果比边缘厚的透镜叫做**凸透镜**;而比边缘部分薄的透镜叫做**凹透镜**。连接透镜两球面曲率中心的直线叫做透镜的**主轴**。透镜上两表面在其主轴上的间隔称为透镜的厚度,若其厚度与球面的曲率半径相比不能忽略,称为**厚透镜**(thick lens);反之则成为**薄透镜**(thin lens)。本节我们主要讨论近轴光线在薄透镜上的成像规律。

13.4.1 薄透镜的成像

如图 13-7 所示,薄透镜由两个曲率半径分别为 r_1 和 r_2 的球面组成,其厚度为 d,折射率为 n。此外,透镜两侧的介质折射率分别记为 n_1 和 n_2。电光源由左到右发出一条光线经透镜后,折射光线与主轴交于 P' 点。

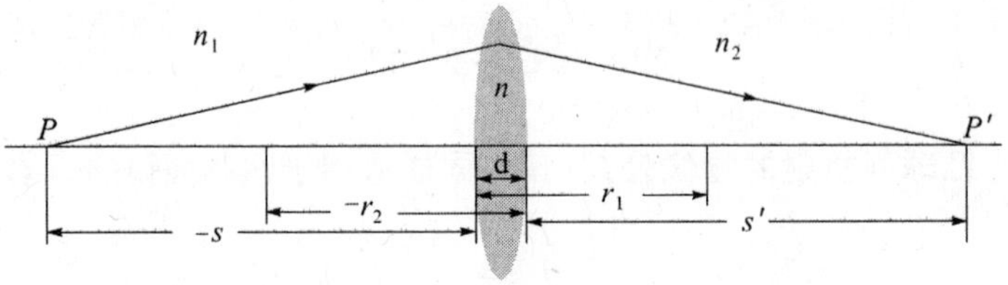

图 13-7 薄透镜成像

对于近轴光线,在忽略薄透镜厚度的情况下,薄透镜的成像规律可写为

$$\frac{n_2}{s'} - \frac{n_1}{s} = \frac{n - n_1}{r_1} + \frac{n_2 - n}{r_2} \tag{13-14}$$

如果将薄透镜放在空气中,即 $n_1 = n_2 = 1$,且物方焦距和像方焦距分别为

$$f = \lim_{s' \to \infty} s = -\frac{n_1}{\dfrac{n - n_1}{r_1} + \dfrac{n_2 - n}{r_2}} \tag{13-15a}$$

$$f' = \lim_{s \to \infty} s' = \frac{n_2}{\dfrac{n - n_1}{r_1} + \dfrac{n_2 - n}{r_2}} \tag{13-15b}$$

代入式(13-14),有

$$\frac{1}{s'} - \frac{1}{s} = \frac{1}{f'} \tag{13-16}$$

式(13-16)即为**薄透镜的物像公式**。

13.4.2 横向放大率

如图 13－8 所示，在近轴光线和近轴物的条件下，我们定义**薄透镜的横向放大率**（lateral magnification）为

$$\beta = \frac{n_2 y'}{n_1 y} \tag{13-17}$$

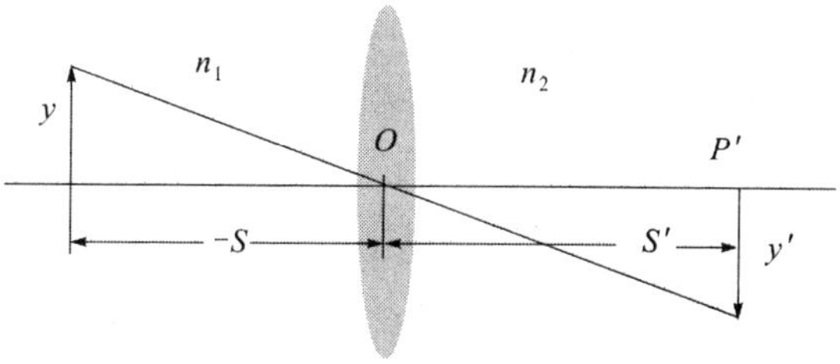

图 13－8　薄透镜的成像及其横向放大率

利用相似性，且将透镜置于空气中时，式(13－17)可改写为

$$\beta = \frac{s'}{s} \tag{13-18}$$

对于 β 的值来讲，β 的值若是正的，表示像是正的，若是负的，表示像是倒的；若 $|\beta| > 1$，表示像是放大的，$|\beta| < 1$，表示像是缩小的。

13.5 常见的光学仪器的基本原理

13.5.1 眼睛

眼睛是心灵的窗户，而这个窗户是一个能够精密成像的光学仪器。人眼的结构如图 13－9所示，它近似一个球形，直径约为 2.4cm。晶状体——全自动变焦镜头，呈双凸透镜状，通过睫状肌调节曲率，物体成像在视网膜上。看远时，睫状肌放松；看近时，睫状肌压缩晶状体，使它的曲率半径增大，焦距缩短。

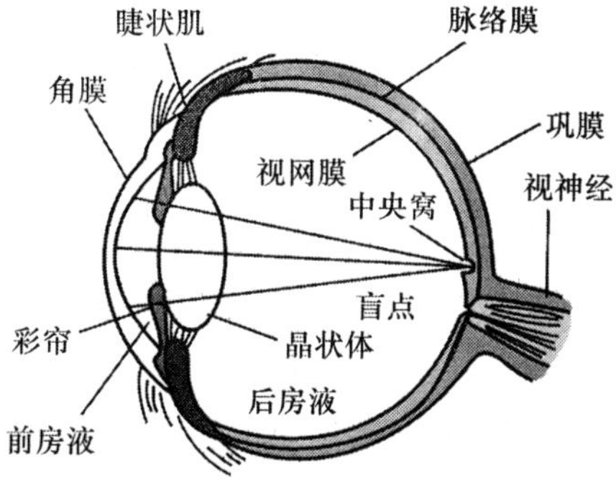

图 13－9　人眼的结构

眼睛能看清楚的最远点称为**远点**(far point),同样地,眼睛能够看到的最近点称为**近点**(near point)。一般人的眼睛,其远点、近点等会随年龄的增长而变化,近点逐渐变远。正常眼睛在适当的照明下,能够清楚观察到眼前 25cm 处物体的细节,这个距离称为**明视距离**(distance of distinct vision)。

但由于种种原因,眼睛的正常功能会有所减退。如果远点在眼前的有限距离的眼称为近视眼;而近点在眼前稍远距离的眼称为远视眼;如果光线不能同时聚焦在视网膜上的同一焦点形成清晰的物像,这种情形属于散光。对于这类非正常眼,可以通过配戴适当光焦度的透镜或柱面透镜进行矫正,如图 13 - 10 所示。

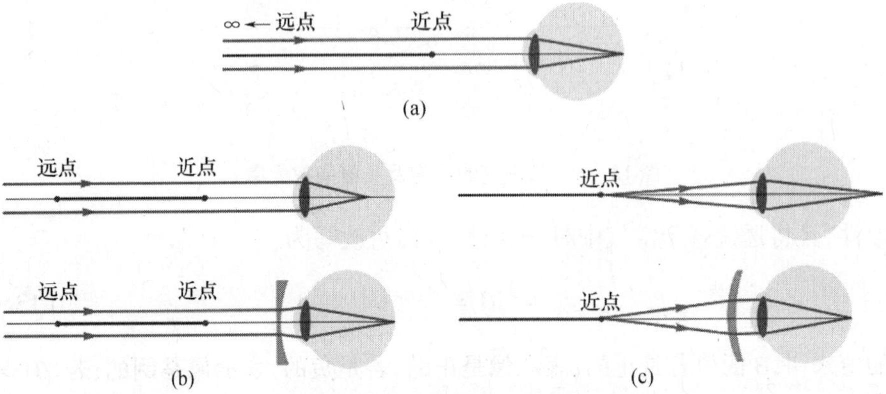

图 13 - 10　非正常眼的矫正

(a) 正常眼;(b) 近视眼;(c) 远视眼。

13.5.2　显微镜

显微镜是用来将微小的物体放大以便于肉眼观察,其光路图如图 13 - 11 所示。物镜 L_O和目镜 L_E是两个短焦距的会聚透镜。物体 PQ 放在物镜的物方焦点外侧附近,通过物镜 L_O在像方形成放大倒立的实像 P_1Q_1。再经过目镜 L_E对中间像 P_1Q_1的再次放大,明视距离内形成放大倒立的虚像 P_2Q_2,这就是人眼通过显微镜所观察到的像。

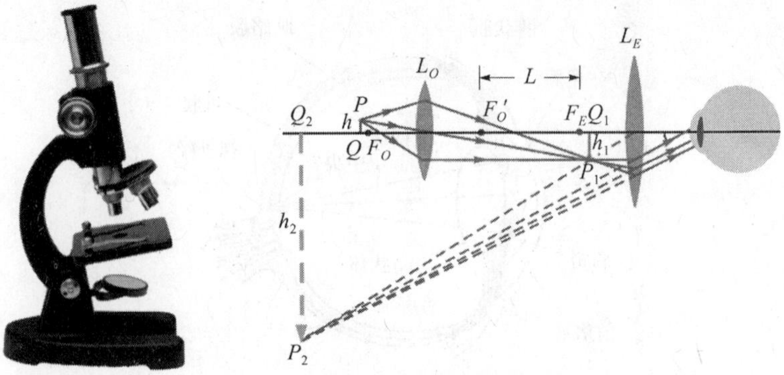

图 13 - 11　光学显微镜及其光路图

显微镜的放大率为

$$M = M_1 M_2 = \frac{L}{f_O}\frac{L_0}{f_E} \qquad (13-19)$$

式中:L 为物镜的像方焦点和目镜的物方焦点的距离,称为显微镜的光学筒长;f_O 与 f_E 为物镜和目镜的焦距。

电子显微镜是在光学显微镜的基础上,根据电子光学原理,用电子束和电子透镜代替光束和光学透镜,使物质的细微结构在非常高的放大倍数下成像的仪器,如图 13-12(a) 所示。关于显微镜的分辨率问题,我们将在波动光学中进行说明。现代电子显微镜大放大倍率已经超过 300 万倍,而光学显微镜的最大放大倍率约为 2000 倍,所以通过电子显微镜就能直接观察到某些重金属的原子和晶体中排列整齐的原子点阵。电子显微镜下的金原子在 (111) 点阵平面上的分布,如图 13-12(b) 所示。

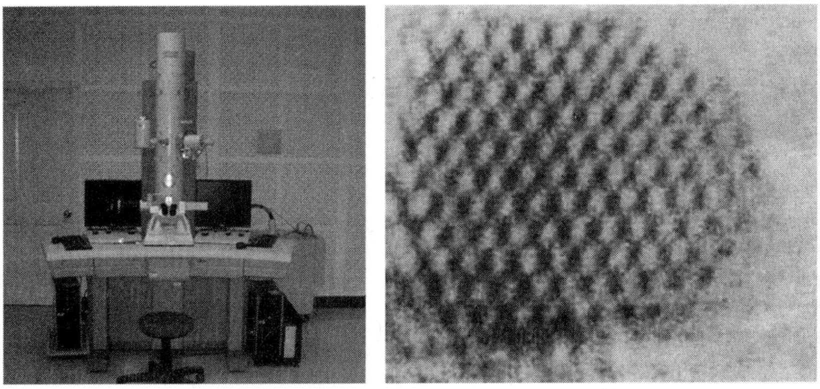

(a) (b)

图 13-12 电子显微镜及其观察下的金原子在 (111) 点阵平面上的分布

13.5.3 望远镜

望远镜是一种用于观察远距离物体的目视光学仪器,结构和光路与显微镜有些类似,如图 13-13 所示。

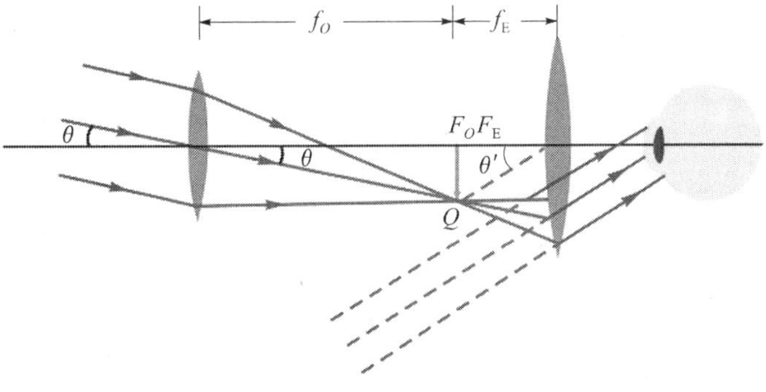

图 13.13 望远镜的光路图

望远镜物镜的像方焦点 f_O 与目镜的物方焦点 f_E 几乎重合。这就使得望远镜所成的像对人眼的视角,比肉眼直接观察的视角要大许多,远处的物体似乎被移近了,所以望远镜的放大作用与显微镜的放大作用是不同的,其所成的像要比实物要小许多。

望远镜的放大率为

$$M = \frac{\theta'}{\theta} = \frac{f_O}{f_E} \tag{13-20}$$

式中:f_O与f_E为物镜和目镜的焦距。一般民用望远镜的物镜直径不大于25mm,放大率为10倍左右;哈勃望远镜的物镜直径为5m,放大率为2000倍以上。图13.14为哈勃望远镜及其观察到的银河系。

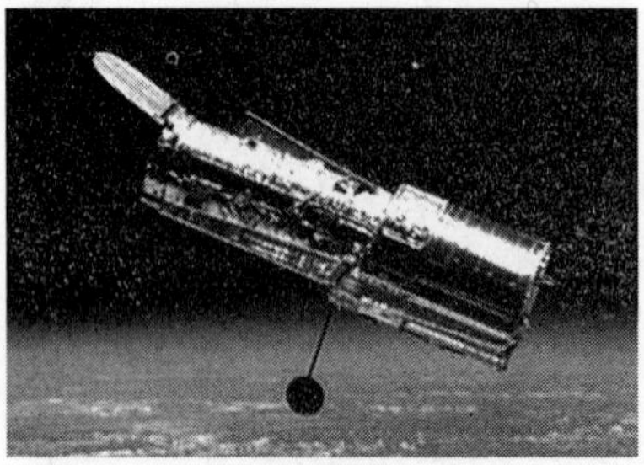

(a)

(b)

图13.14 哈勃望远镜及其观察到的银河系

习 题

13-1 华裔科学家高锟获得2009年诺贝尔物理奖,他被誉为"光纤通信之父"。光纤通信中信号传播的主要载体是光导纤维,它的结构如图所示,其内芯和外套材料不同,光在内芯中传播。下列关于光导纤维的说法中正确的是( )。

A. 内芯的折射率比外套的大,光传播时在内芯与外套的界面上发生全反射

B. 内芯的折射率比外套的小,光传播时在内芯与外套的界面上发生全反射

C. 波长越短的光在光纤中传播的速度越大

D. 频率越大的光在光纤中传播的速度越大

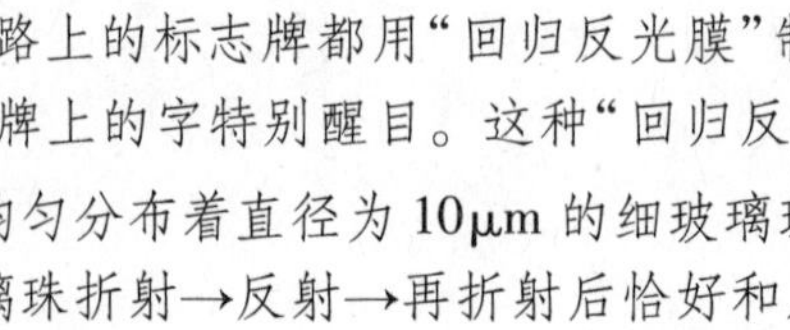

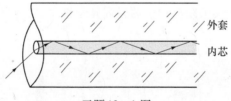

习题13-1图

13-2 现在高速公路上的标志牌都用"回归反光膜"制成,夜间行车时,它能把车灯射出的光逆向返回,标志牌上的字特别醒目。这种"回归反光膜"是用球体反射元件制成的,如图所示,反光膜内均匀分布着直径为10μm的细玻璃珠,所用玻璃的折射率为$\sqrt{3}$,为使入射的车灯光线经玻璃珠折射→反射→再折射后恰好和入射光线平行,那么,第一次入射的入射角应是( )。

A. 15° B. 30° C. 45° D. 60°

13-3 光束由介质II射向介质I,在界面处发生全反射,则光在介质I、II中的传播速度v_1和v_2大小为( )。

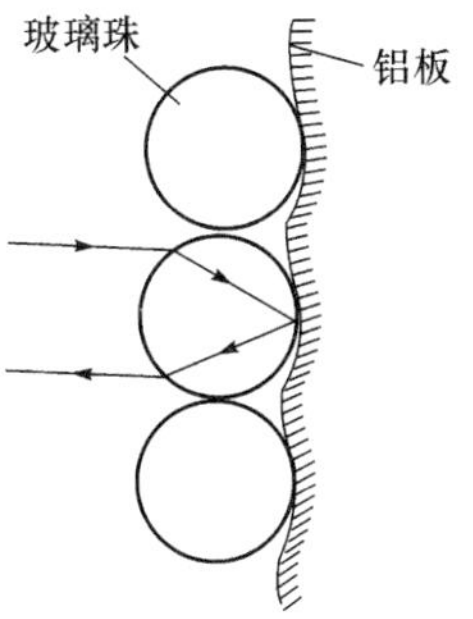

习题 13－2 图

A. $v_1 > v_2$　　B. $v_1 < v_2$　　C. $v_1 = v_2$　　D. 无法判断

13－4　焦距为 4cm 的薄透镜被用作放大镜，若物体至于透镜前 3cm 处，则其横向放大率为（　　）。

A. 3　　B. 4　　C. 6　　D. 12

13－5　证明反射定律符合费马原理。

13－6　眼睛 E 和物体 PQ 之间有一块折射率为 1.5 的玻璃平板，如图所示，平板的厚度 d 为 30cm。求物体 PQ 的像 Q' 与物体 PQ 之间的距离为多少？

13－7　高 5cm 的物体距凹面镜的焦距顶点 12cm，凹面镜的焦距是 10cm，求像的位置及高度，并作光路图。

13－8　直径为 1m 的球形鱼缸的中心处有一条小鱼，若玻璃缸壁的影响可忽略不计，求缸外观察者所看到的小鱼的表观位置和横向放大率。

13－9　玻璃棒一端成半球形，其曲率半径为 2cm。将它水平地浸入折射率为 1.33 的水中，沿着棒的轴线离球面顶点 8cm 处的水中有一物体，利用计算和作图法求像的位置及横向放大率，并作光路图。

13－10　显微镜由焦距为 1cm 的物镜和焦距为 3cm 的目镜组成，物镜与物镜之间的距离为 20cm，问物体放在何处时才能使最后的像成在距离眼睛 25cm 处？

13－11　图中是一种反射式望远镜的示意图。已知凹面镜焦距 $f_1 = 100\text{cm}$，平面镜与镜筒轴成 45°角，凹面镜主轴与平面镜交于 O_2，$O_1O_2 = 0.95\text{m}$，目镜（凸透镜）光心到凹面镜主轴的距离 $d = 0.15\text{m}$，两镜主轴互相垂直。目镜焦距为 $f_3 = 10.2\text{cm}$。求：（1）通过目镜看到的物体的像的位置；（2）此望远镜的放大率。

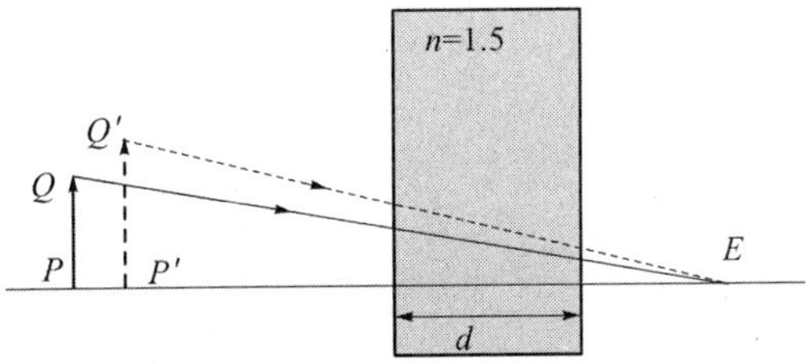

习题 13－6 图

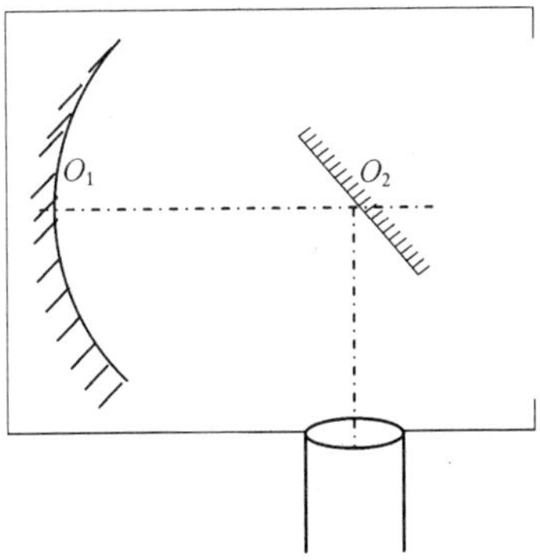

习题 13－11 图

第 14 章　波 动 光 学

波动光学是以光的波动性为基础，研究光在媒质中的传播规律及光与物质相互作用的规律的学科。

本章的内容包括光的干涉现象、光的衍射现象、光的偏振现象、光的双折射现象以及它们的应用等。

14.1　相 干 光

14.1.1　相干光

光是一种电磁波，所以振动和传播的是电场强度 $\boldsymbol{E}$ 和磁感强度 $\boldsymbol{B}$，而能引起视觉或对感光设备起作用的主要是电场强度矢量 $\boldsymbol{E}$，也称为**光矢量**。在各向同性均匀的介质中光线沿直线传播，在真空中光的传播速度，即光速为

$$c = \frac{1}{\sqrt{\varepsilon_0 \mu_0}} \approx 3.0 \times 10^8 \mathrm{m \cdot s^{-1}} \tag{14-1}$$

而在折射率为 n 的均匀介质中，其传播速度为 $v = \dfrac{c}{n}$。

实验表明，电磁波的范围很广，波长涵盖所有区间，包括无线电波、微波、红外线、可见光、紫外线、X 射线和 γ 射线等。它们的本质完全相同，只是波长(或频率)不同。为了对各种电磁波有全面的了解，人们按照波长(或频率、波数、能量)的顺序把这些电磁波排列起来，这就是**电磁波谱**，如图 14－1 所示。通常意义上的光是指**可见光**，它的波长为

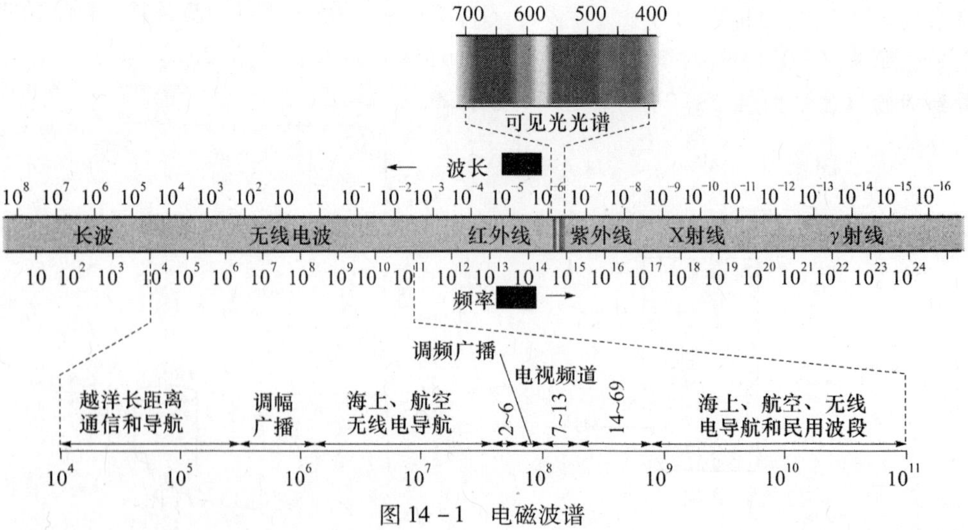

图 14－1　电磁波谱

400 ~ 760nm，相应的频率为 $7.5\times10^{14}\sim3.9\times10^{14}$ Hz。具有单一频率的光称为**单色光**(monochromatic light)，严格的单色光是不存在的，任何光源所发出的光都有一定的频宽，对应的频宽越窄，单色性越好。例如，钠光灯的谱线宽度为$10^{-3}\sim0.1$nm，激光的谱线宽度为10^{-9}nm，所以激光的单色性就很好。具有多种频率的光称为**复色光**(polychromatic light)，如太阳光、白炽灯等。

在介绍机械波干涉现象时，关于相干波是指具有三个特征：振动频率相同、振动方向相同和相位差恒定。在光学中，因为光是电磁波，所以相干光同样要满足上述条件。但当我们使两个独立的同频率的单色光源发出的光波进行叠加时，却观察不到干涉现象，究其原因要从普通光源的发光机理说起。

通常所谓的**光源**是指能发出光波的物体。普通光源(非激光光源)的发光机理是处于激发态的原子或分子是不稳定的，会自发地向下跃迁到低激发态或基态，从而向外释放电磁波，这就是**自发辐射**(spontaneous radiation)，如图 14-2 所示。在这个过程中，粒子在激发态上存在的平均时间只有$10^{-11}\sim10^{-8}$s，也就是说，每次自发辐射所发出**光波列**是有限长的，如图 14-3 所示。一个原子在发射一个波列之后，只有重新获得足够的能量，才能再次达到**激发态**，继而再次发生跃迁产生第二个波列。即使是同一个原子不同时间发射的波列，其频率、振动方向、相位也是不同的，即不相干。同样地，不同原子的跃迁所发生的波列也是不相干的。实际光源所发出的光是由各个不同的原子的各次不同的跃迁所发出的相互独立的波列随机混合而成的。所以就普通光源来讲，不同光源或同一光源的不同发光点所发出的光波是不可能发生干涉的。而对于激光光源来说，由于其具有良好的相干性，两个独立光源可实现干涉实验。

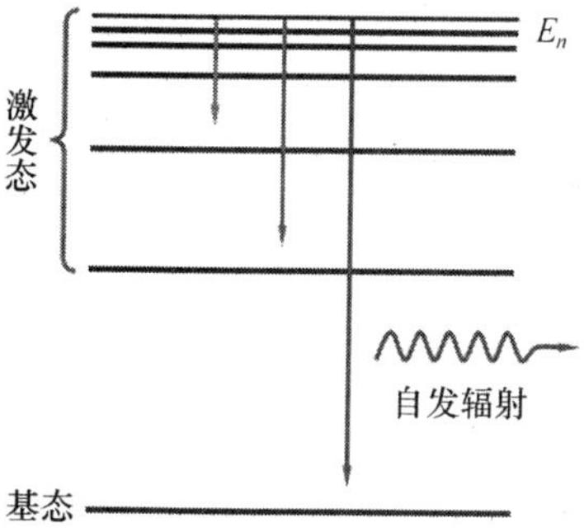

图 14-2　自发辐射

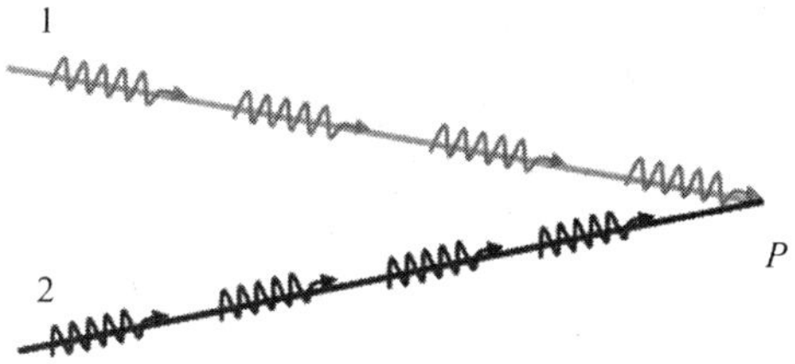

图 14-3　光波列

综上所述，**相干光**(coherent light)在满足振动频率相同、振动方向相同和相位差恒定外，还要必须满足从同一光源的同一个原子的同一次发出的光。而通过某些方法和装置进行分束后，就可以获得符合相干条件的相干光。

14.1.2　相干光的获取方法

获得相干光的基本原理就是把由光源上同一个发光点发出的光束分割成两个光束，然后使这两个光束叠加起来，由于这两个相干光束的相应光波列都来源于同一个原子的同一次跃迁，即它们满足振动方向相同、振动频率相同和相位差恒定的条件，所以这两束光为相干光。

将光“一分为二”的方法有两种。第一种方法是**波阵面分割法**(division of wavefront method),这是由于在同一波振面上的任意两点都是满足相干的条件,所以在光源发出的同一波振波面上任取部分都可以作为相干光源,如图 14－4(a)所示。例如,杨氏双缝干涉实验中就采用这种方法获得相干光。第二种方法是**振幅分割法(又叫能量分割法)**(division of amplitude method),其原理是利用不同介质分界面处的反射和折射规律把某处的振幅分为两部分或若干份,如图 14－4(b)所示。例如,在薄膜干涉中就采用这种方法获得相干光。

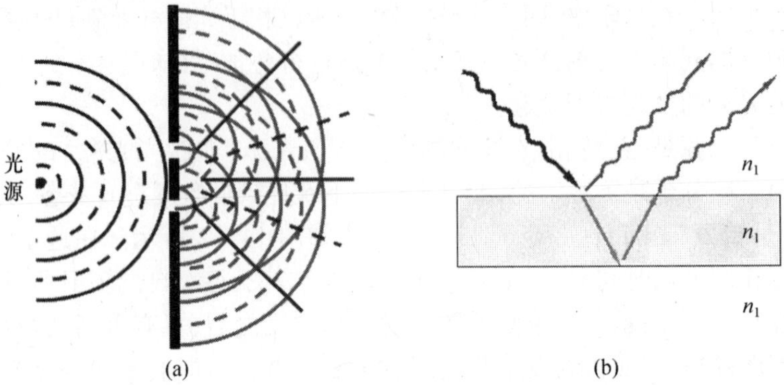

图 14－4 获得相干光的方法
(a) 波阵面分割法;(b) 振幅分割法。

14.2 杨氏双缝干涉

14.2.1 杨氏双缝干涉

1801 年,英国物理学家托马斯·杨通过双狭缝将点光源的波阵面进行分割,获得两束相干光,并观察到了光的干涉现象。这是历史上最早利用单一光源获得相干光,从而实现干涉现象的典型实验。

托马斯·杨(Thomas Young,1773—1829),英国医生、物理学家、通才,曾被誉为“世界上最后一个什么都知道的人”。杨氏是波动光学理论的主要创建者之一。1794 年被选为英国皇家学会会员。1801 年,托马斯·杨在他出版的《声和光的实验和探索纲要》一书中写道:“尽管我仰慕牛顿的大名,但是我并不因此而认为他是万无一失的。我遗憾地看到,他也会弄错,而他的权威有时甚至可能阻碍科学的进步。”

杨氏双缝干涉实验装置如图 14－5(a)所示,单色平行光通过狭缝 S 后获得单光束,再通过两条平行狭缝 S_1、S_2,由于两狭缝间的距离很小且与 S 平行并等距,这时,S_1、S_2 构成一对相干光源。从 S 发出的光波波阵面到达 S_1 和 S_2 处时,再从 S_1、S_2 传出的光是从同一波阵面分出的两相干光,这两束光来自同一列波面的两部分,这种获取相干光的方法称为**波阵面分割法**。这两束光在空间相遇后会发生相干叠加,产生干涉现象。若在双缝后放置一个屏幕 E,其上会出现一系列平行的、明暗相间的、等距离分布的干涉条纹。图 14-5(b)所示为红光的干涉图样。

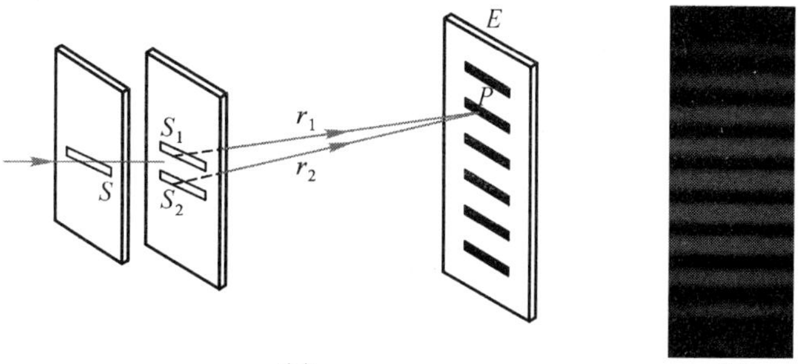

(a)　　　　(b)

图 14-5　杨氏双缝干涉实验

(a) 实验装置图;(b) 红光的双缝干涉图样。

如图 14-6 所示,S_1、S_2 为两狭缝,相距为 d,E 为屏,距缝为 D,MO 为 S_1、S_2 连线的中垂线,与 S_1、S_2 连线和屏 E 分别交于 M 点和 O 点,P 为屏 E 上任意一点,距 O 为 x,距 S_1、S_2 为 r_1、r_2,由 S_1、S_2 传出的光在 P 点相遇时,产生的波程差为

$$\Delta r = r_2 - r_1$$

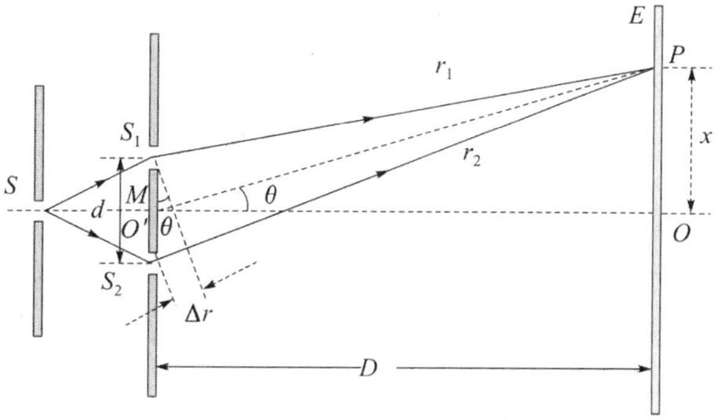

图 14-6　杨氏双缝干涉实验光路图

设 θ 为 PM 和 MO 间的夹角,过 S_1 作 S_2P 的垂线,由于 $D \gg d$,即 θ 角很小时,$\sin\theta \approx \tan\theta = x/D$,则有

$$\Delta r = r_2 - r_1 \approx d\sin\theta \approx d\tan\theta = d\,\frac{x}{D}$$

根据波的干涉理论可知,如果两相干光的波程差满足

$$\Delta r = d\sin\theta = \pm 2k\,\frac{\lambda}{2},\quad k = 0,1,2,\cdots \tag{14-2}$$

则 P 点处于干涉增强(constructive interference)的中心,对应为**明纹**。此时,明纹中心距离 O 点的距离为

$$\boxed{x = \pm 2k\frac{\lambda D}{2d}, \quad k = 0,1,2,\cdots} \tag{14-3}$$

式中:正负号表明干涉明条纹在点 O 两边是对称分布的。相应于 $k=0$ 的条纹称为第零级明纹或中央明纹,此时,$\theta=0$,$\Delta r=0$。$k=1,2,\cdots$对应的条纹级次分别为第一级、第二级,……明条纹,它们均匀分布于中央明纹两侧。

如果两相干光的波程差满足

$$\Delta r = \pm(2k+1)\frac{\lambda}{2}, \quad k = 0,1,2,\cdots \tag{14-4}$$

则 P 点处于干涉减弱(destructive interference)的中心,对应为**暗纹**。此时,暗条纹中心距离 O 点的距离为

$$\boxed{x = \pm(2k+1)\frac{\lambda D}{2d}, \quad k = 0,1,2,\cdots} \tag{14-5}$$

式中:正负号表明干涉暗条纹在点 O 两边是对称分布的。与 $k=0,1,2,\cdots$相应的条纹分别叫作第零级,第一级,第二级,……暗条纹,且均匀分布于 O 点两侧。如果波程差既不满足明纹条件也不满足暗纹条件,则 P 点处于既不明,也不暗的状态。

综上所述,由波振面分割法得到的两束相干光可以发生相干叠加,并且在屏幕上产生对称分布的、明暗相间的、平行的干涉条纹。由上述等式可以得出,两相邻明纹或暗纹中心的间距(即暗条纹或明条纹的宽度)为

$$\boxed{\Delta x = \frac{D}{d}\lambda} \tag{14-6}$$

所以干涉条纹也是等间距分布的。如果用白光照射双缝时,则中央明纹(白色)的两侧某级会出现由紫到红的彩色条带,如图 14-7 所示。

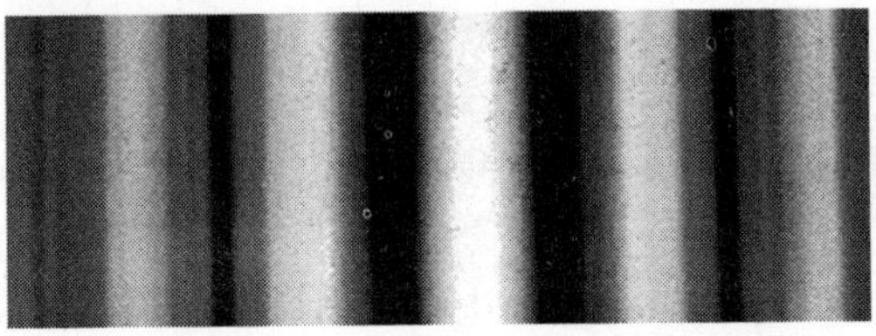

图 14-7　白光的双缝干涉条纹

14.2.2　光程和光程差

频率为 ν 的光在真空中传播,波长为 λ,波速为 c,当此波进入折射率为 n 的介质中时,由于频率不变,其波长变为 $\lambda_n=\lambda/n$,波速变为 $v_n=c/n$,这使得光在介质中传播与真空中相同的几何距离时,所对应的波数(完整波的个数)并不一致。

设光在介质中传播的几何距离为 d,则其间的波数为

$$k = \frac{d}{\lambda_n} = \frac{d}{\lambda/n} = \frac{nd}{\lambda} \tag{14-7}$$

由式(14-7)可知,光在介质中传播长度为 d 的几何距离,与真空中传播 nd 的几何距离所对应的波数相同。也就是说,光波在介质中所走过的路程 d 相当于在真空中走过的路程

为 nd。于是,将光波在某一介质中所经过的几何路程 d 与折射率 n 的乘积 nd,称为**光程**。两束光相遇时,所走过的光程之差称为**光程差**(optical path difference),用符号 δ 表示。

从同一点光源发出的两束相干光,其光程差和相位差满足

$$\boxed{\Delta\varphi = 2\pi \frac{\delta}{\lambda}} \tag{14-8}$$

所以对于杨氏双缝干涉明暗条纹的相位差条件可改写为,当

$$\delta = \pm 2k \frac{\lambda}{2}, \quad k = 0,1,2,\cdots \tag{14-9}$$

时,满足干涉增强条件,出现**明条纹**,式中 k 值为干涉级次。当

$$\delta = \pm (2k+1) \frac{\lambda}{2}, k = 0,1,2,\cdots \tag{14-10}$$

时,满足干涉相消条件,出现**暗条纹**,式中 k 值为干涉级次。

例 14-1 在双缝干涉实验中,两缝间距为 0.30mm,用单色光垂直照射双缝,在离缝 1.20m 的屏上测得中央明纹一侧第五条暗纹与另一侧第五条暗纹间的距离为 22.78mm,则入射光的波长为多少?

解 结合图 14-5(b),中央明纹一侧第五条暗纹对应的干涉级次为 $k=4$。根据暗纹条件,第 k 级暗纹中心的坐标为

$$x_k = \pm \frac{(2k+1)}{2} \frac{D}{d}\lambda, \quad k = 0,1,2,\cdots$$

取 $k=4$,则中央明纹两侧第 5 条暗纹的间距为

$$\Delta x = x_4 - x_{-4} = 9 \frac{D}{d}\lambda = 22.78 \times 10^{-3}\text{m}$$

则入射光的波长为

$$\lambda = \frac{\Delta x \cdot d}{9D} = 632\text{nm}$$

其实此题还可以使用另外一种方法,两侧第 5 条暗纹间实际是 9 条明纹的宽度。

14.2.3 透镜的等光程性

在光学中,干涉、折射等现象都需要用透镜来观察,在此简单说明光束通过薄透镜传播时的光程情况。如图 14-8 所示,当光波的波阵面 ABC 与某一光轴垂直时,平行于该光轴的近轴光线通过透镜会聚于一点 P,并在该点互相加强产生亮点。这些光线在 P 点互相加强表明,它们的相位相同。因为在 ABC 面上各光线相位是相同的,所以可知光线经过 L 没产生附加光程差,只是改变了光线方向。

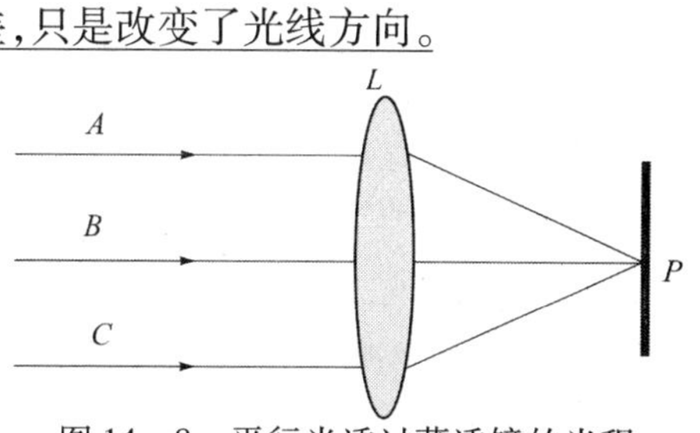

图 14-8 平行光透过薄透镜的光程

*14.2.4 菲涅耳双平面镜实验

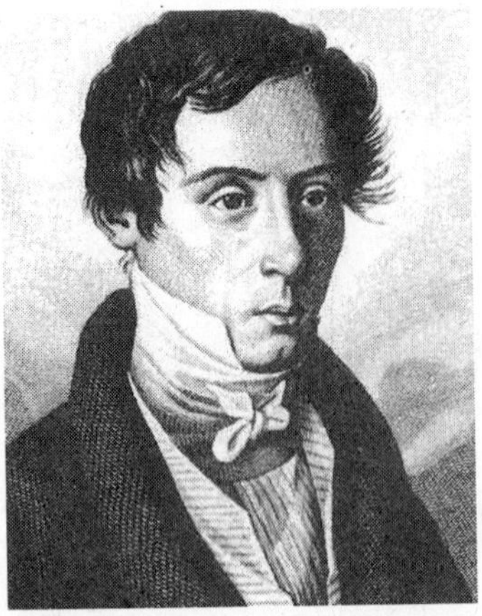

奥古斯丁·菲涅耳(Augustin Fresnel,1788—1827),法国物理学者,是波动光学理论的主要创建者之一。1806年菲涅耳毕业于巴黎工艺学院,1809年又毕业于巴黎路桥学院,并取得土木工程师文凭。从1814年起,他明显地将注意力转移到光的研究上。1823年,他被选为法国科学院院士。1825年,他成为了英国伦敦皇家学会的会员。

在杨氏双缝实验中,仅当缝 S_1、S_2、S 都很窄时,才能保证 S_1、S_2 处的振动有相同的位相,但这时通过狭缝的光强过弱,干涉条纹常常不够清晰。1818年,菲涅耳进行了双平面实验,装置如图14-9所示。由狭缝光源 S 发出的光波,经平面镜 M_1、M_2 反射后,形成两束相干光波,在 E 上形成干涉条纹。M_1 和 M_2 夹角 δ 很小,所以,S 在双镜 M_1、M_2 中所成的虚像 S_1、S_2 之间的距离很小。从 M_1、M_2 反射的两束光相干,可看作从 S_1、S_2 发出的,这个实验结果相当于杨氏双缝干涉。

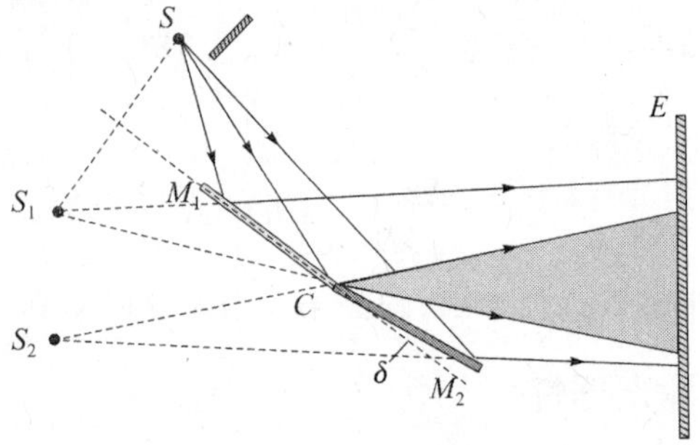

图14-9 菲涅耳双平面镜实验装置

*14.2.5 劳埃德镜实验

劳埃德镜实验装置如图14-10所示,M 为平面反射镜,从狭缝 S_1 发射的光的一部分可以直接照射到屏 E 上,而另一部分经 M 反射后可以到达 E 上。这两部分光在相遇的区域内发生干涉。由于反射光可看作是由虚光源发出的,S_1、S_2 构成一对相干光源,在光屏 E 的光波相遇区域内发生干涉,出现明暗相间的条纹。可见,这个实验也相当于杨氏双缝干涉。

按照杨氏双缝干涉实验的知识,如果把屏 E 放在 L 的位置,在 E 与镜交点 L 处,由于从 S_1、S_2 发出的光到了交点 L 的光程相等,似乎应出现明纹,但实验结果却显示的是暗条纹。这表明,直接射到屏上的光与由镜反射的光在 L 处位相相反,即发生相位 π 的跃变。因为直接射向的光不可能有相位跃变,所以只能由空气经镜子反射的光有相位跃变。

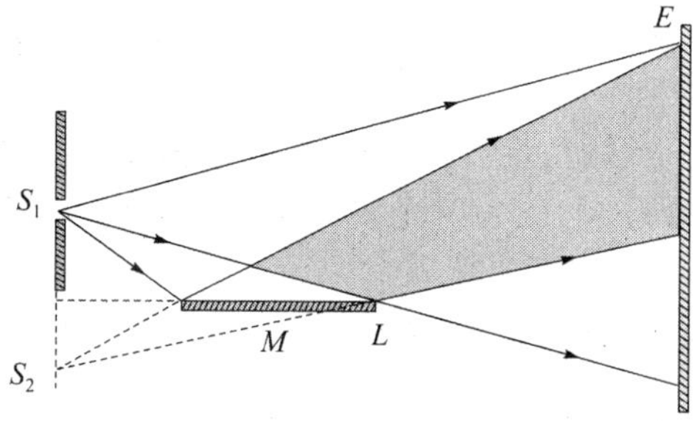

图 14－10　劳埃德镜实验装置

进一步实验表明，当光从光疏介质（折射率相对较小）射向光密介质（折射率相对较大）时，在分界面处，反射光的相位与入射光相位发生了 π 的相位跃变。这一相位跃变相当于在二者之间附加了半个波长 λ/2 的波程差，所以这种现象称为**半波损失**。反射光和折射光的半波损失情况如图 14－11 所示。

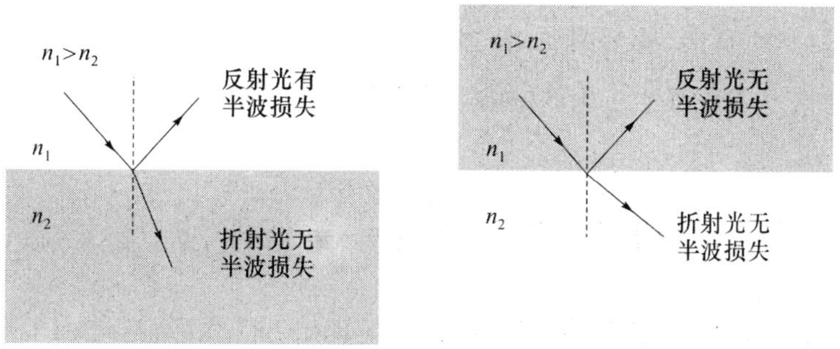

图 14－11　反射光和折射光的半波损失情况

例 14－2　在杨氏双缝实验中，用 $\lambda=6.328\times10^{-7}$m 的光照射双缝产生干涉条纹。当用折射率 $n=1.58$ 的透明薄膜盖在上方的缝上时，发现中央明纹向上移动到原来第五级明纹处，求薄膜厚度。

解　设膜的厚度为 x，O 点为放入薄膜后中央明纹的位置，如图 14－12 所示，那么

$$r_2-(r_1-x+nx)=0$$

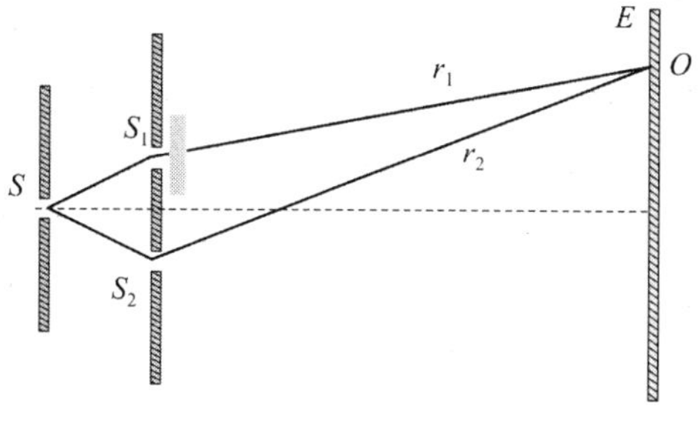

图 14－12　杨氏双缝实验示意图

即

$$r_2-r_1=(n-1)x$$

又因为 O 点是原来未放薄膜时第 N 级明纹的位置，即 $r_2-r_1=N\lambda$，所以有

$$x = \frac{N\lambda}{n-1} = \frac{5 \times 6.328 \times 10^{-7}}{1.58 - 1} = 5.46 \times 10^{-6}\text{m}$$

例 14－3 以单色光照射到相距为 0.2mm 的双缝上，缝距为 1m。(1) 从第一级明纹到同侧第四级明纹为 7.5mm 时，求入射光波长；(2) 若入射光波长为 600nm，求相邻明纹间距离。

解 (1) 根据干涉条件，明纹中心坐标为

$$x = \pm k\frac{D\lambda}{2d}$$

由题意有

$$x_4 - x_1 = 4\frac{D\lambda}{2d} - \frac{D\lambda}{2d} = \frac{3D\lambda}{2d}$$

$$\lambda = \frac{2d}{3D}(x_4 - x_1) = \frac{0.2 \times 10^{-3}}{3 \times 1} \times 7.5 \times 10^{-3} = 5 \times 10^{-7}\text{m}$$

(2) 当 $\lambda = 600\text{nm}$ 时，相邻明纹间距为

$$\Delta x = \frac{D\lambda}{2d} = \frac{1 \times 6000 \times 10^{-10}}{0.2 \times 10^{-3}} = 3 \times 10^{-3}\text{m} = 3\text{mm}$$

14.3 薄膜干涉—等倾干涉

肥皂泡和水面上的油膜在太阳光的照耀下呈现出五颜六色，这是由于自然光经过薄膜两表面反射后，反射光发生相互叠加而形成的干涉现象，称为**薄膜干涉**(film interference)。根据能量守恒，反射光和透射光的能量是由入射光的能量分出来的，就好像入射光的振幅被分割成若干份，这样获得相干光的方法常称为分振幅法。

在薄膜干涉中最简单而且应用较多的是在厚度不均匀薄膜表面上形成的等厚干涉条纹和厚度均匀薄膜表面在无穷远处形成的等倾干涉条纹。

14.3.1 等倾干涉

如图 14－13 所示，一折射率率为 n_2 的透明薄膜，处于折射率为 n_1 的均匀介质中 $(n_2 > n_1)$，膜厚为 d。一点光源 S 发出的光线 1 以入射角 i 射到膜上 A 点后，分成两部分，即反射光 2 和折射光。折射光经薄膜下表面 B 处又反射经 C 处折射到介质 n_1 中，即光线 3。由于光线 2 和 3 是平行的，又来自同一入射光的两部分，具有相干光的特征，所以，光

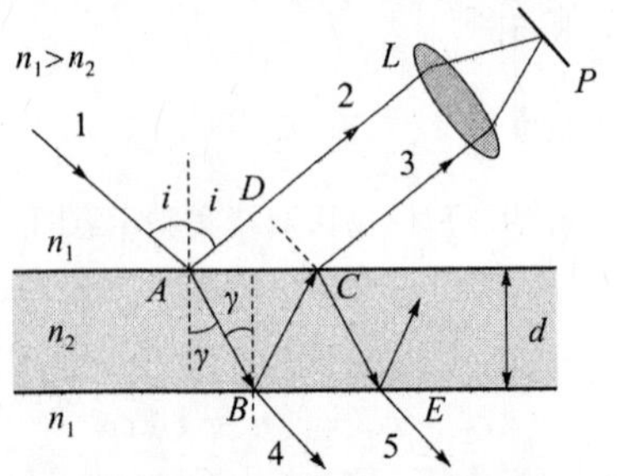

图 14－13 薄膜干涉光路图

线 2 和 3 会发生干涉,并且经透镜 L 后会聚在 P 点。

接下来我们探讨一下反射光线 2 和 3 在 P 处干涉结果。光线 2 和 3 从 A 点分开后到 P 点过程中的光程差为

$$\delta = n_2(AB + BC) - n_1 AD + \frac{\lambda}{2}$$

式中:$+\frac{\lambda}{2}$是由于半波损失而产生的附加光程差。另外,有

$$AB = BC = d/\cos\gamma, AD = d\tan\gamma\sin i$$

由折射定律,有 $n_2\sin\gamma = n_1\sin i$。带入上式,继续化简,得

$$\begin{aligned}\delta &= 2n\frac{d}{\cos\gamma} - n_1 \cdot 2d \cdot \tan\gamma \cdot \sin i + \frac{\lambda}{2} \\ &= \frac{2d}{\cos\gamma}(n_2 - n_1\sin\gamma \cdot \sin i) + \frac{\lambda}{2} \\ &= 2d\sqrt{n_2^2 - n_1^2\sin^2 i} + \frac{\lambda}{2} \qquad (14-11)\end{aligned}$$

从式(14-11)可以看出,对于厚度均匀的薄膜,发生干涉的两反射光线的光程差由入射角 i 的值决定。以相同的倾角入射的光线,经薄膜的上下表面反射后产生的相干光束具有相同的光程差,即对应干涉图样中的同一条条纹,故将此类干涉条纹称为**等倾干涉条纹**(equal inclination interference)。

观察等倾干涉条纹的实验装置如图 14-14 所示,从面光源发出的光线经过半反半透镜 M 后反射进入薄膜上下两表面,再被薄膜上下两表面反射,透过 M 和透镜 L 会聚到光屏上。由于面光源上以相同倾角 i 入射到膜表面的光线应该在同一圆锥面上,则反射光在屏上会聚在同一圆周上。因此,等倾干涉条纹是由一些明暗相间的同心圆环组成的。

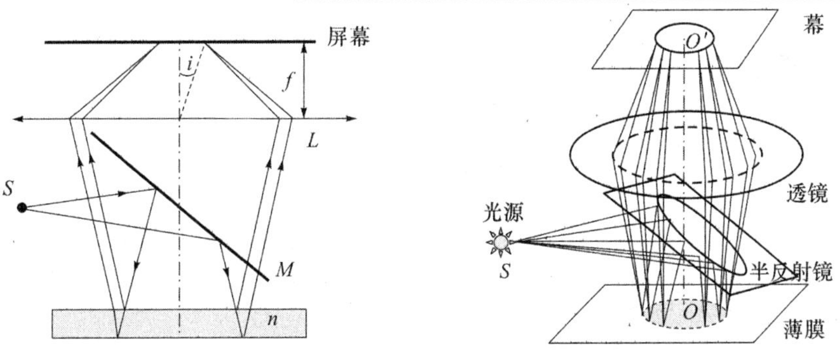

图 14-14　等倾干涉条纹的实验装置

等倾干涉的光程差条件为

$$\boxed{\delta = 2d\sqrt{n_2^2 - n_1^2\sin^2 i} + \frac{\lambda}{2} = \begin{cases} 2k\dfrac{\lambda}{2}, & k = 1,2,\cdots(\text{明纹}) \\ (2k+1)\dfrac{\lambda}{2}, & k = 0,1,2,\cdots(\text{暗纹}) \end{cases}}$$

(14-12)

若光垂直入射，即 $i=0$ 时，式(14－12)变为

$$\delta = 2n_2 d + \frac{\lambda}{2} = \begin{cases} 2k\dfrac{\lambda}{2}, & k = 1,2,\cdots(\text{明纹}) \\ (2k+1)\dfrac{\lambda}{2}, & k = 0,1,2,\cdots(\text{暗纹}) \end{cases} \tag{14-13}$$

由式(14－12)可知，入射角 i 越大，则光程差越小，干涉级次也越小。在等倾干涉条纹中，半径越大的圆环对应的 i 越大，所以中心处的干涉级次最高，越向外的圆环纹干涉级越低。注意：此处 k 的取值没有负值，所以干涉条纹不存在对称性。干涉级次取 0 值时对应的暗纹是由于半波损失而产生的。

如果考虑透射光线 4 和 5 的干涉现象，由于折射光不存在半波损失，按照前面的方法其干涉结果为

$$\delta = 2d\sqrt{n_2^2 - n_1^2\sin^2 i} = \begin{cases} 2k\dfrac{\lambda}{2}, & k = 1,2,\cdots(\text{明纹}) \\ (2k+1)\dfrac{\lambda}{2}, & k = 0,1,2,\cdots(\text{暗纹}) \end{cases} \tag{14-14}$$

可见，透射光与反射光的光程差之间相差$\frac{\lambda}{2}$，即反射光加强时，透射光减弱；反射光减弱时，透射光加强，此现象符合能量守恒定律。这是因为入射光的能量一定，反射光和透射光的能量都来自于入射光的能量，分配给反射光多了，给透射光的能量就少了，反之亦然。

14.3.2 增透膜和增反膜

利用薄膜干涉的原理可以提高或降低光学仪器的透过率。在复杂的光学系统中，光能会由于反射而损失严重。例如，高级照相机镜头常采用组合透镜，反射所造成的光能的损失和杂散光会影响成像的质量。为了改善这种状况，需要在镜头的表面镀上一层厚度均匀的薄膜，使得光线反射光干涉减弱，则根据能量守恒原理，透射光相应的就会增强，这种减少反射光的强度而增强透射光的薄膜，称为**增透膜**(reducing reflection film)。

有些光学器件却需要减少透射，而增强反射光的强度。例如，氦氖激光器中的谐振腔的反射镜，要求对波长 $\lambda=632.8\text{nm}$ 的单射光反射 99% 以上。这种情况只需镀上一层膜，使得反射光增强，从而降低了透射光的强度，这种膜称为**增反膜**或**高反射膜**(high-reflection film)。一般为得到更好的反射效果，常采用多层镀膜的方法。如图 14－15 所示，反射镜表面交替镀上光学厚度均为 $\lambda/4$ 的高折射率 ZnS 膜和低折射率的 MgF_2膜，形成多层高反射膜。

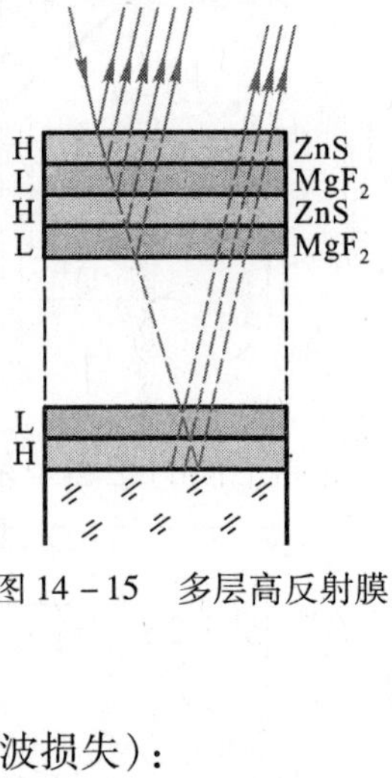

图 14－15　多层高反射膜

例 14－4　白光垂直射到空气中一厚度为 380nm 的肥皂水膜上。试问：(1)水膜正面呈何颜色？(2)背面呈何颜色？(肥皂水的折射率为 1.33)

解　依题意可知，对水膜正面 $\delta=2ne+\frac{\lambda}{2}$($i=0$，反射光有半波损失)：

(1) 因反射加强，有

$$2nd + \frac{\lambda}{2} = 2k\frac{\lambda}{2}, \quad k = 1,2,\cdots$$

$$\lambda = \frac{2nd}{k - \frac{1}{2}} = \frac{2 \times 1.33 \times 380 \times 10^{-9}}{k - \frac{1}{2}}$$

当 $k=1$ 时，$\lambda=2021.6\text{nm}$。

当 $k=2$ 时，$\lambda=673.9\text{nm}$。

当 $k=3$ 时，$\lambda=404.3\text{nm}$。

当 $k=4$ 时，$\lambda=288.8\text{nm}$。

因为可见光范围为 400～760nm，所以，反射光中 $\lambda_2=673.9\text{nm}$ 和 $\lambda_3=404.3\text{nm}$ 的光得到加强，前者为红光，后者为紫光，即膜正面呈红色和紫色。

(2) 因为透射光干涉增强时，反射光干涉减弱，所以有

$$2nd + \frac{\lambda}{2} = (2k+1)\frac{\lambda}{2}, \quad k = 1,2,\cdots$$

即

$$\lambda = \frac{2nd}{k}$$

当 $k=1$ 时，$\lambda=1010.8\text{nm}$。

当 $k=2$ 时，$\lambda=505.4\text{nm}$。

当 $k=3$ 时，$\lambda=336.9\text{nm}$。

可知，透射光中 $\lambda_2=505.4\text{nm}$ 的光得到加强，此光为绿光，即膜背面呈绿色。

例 14－5 如图 14－16 所示，已知氟化镁薄膜（MgF_2）的折射率为 1.38，玻璃折射率为 1.60。若波长为 500nm 的光从空气中垂直入射到 MgF_2 膜上，为了实现反射最小，则所镀的薄膜层至少应为多厚？

解 (1) 依题意可知，反射干涉减弱条件为

$$\delta = 2n_2 d = (2k+1)\frac{\lambda}{2}, \quad k = 0,1,2,\cdots$$

即

$$d = \frac{(2k+1)\lambda}{4n_2}$$

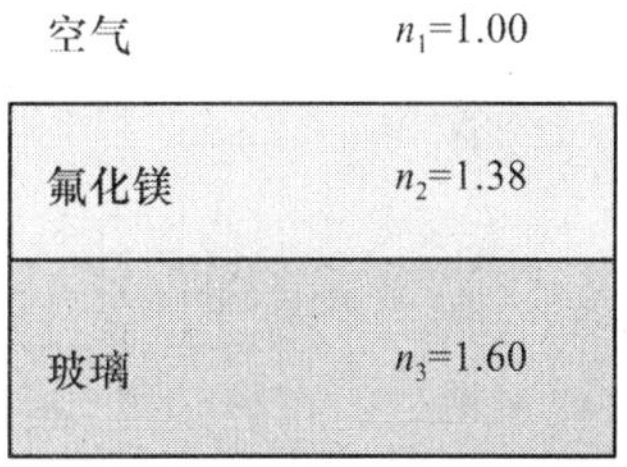

图 14－16 增透膜

取 $k=0$，则薄膜最小的厚度为

$$d = \frac{\lambda}{4n_2} = \frac{500}{4 \times 1.38} = 90.6\text{nm}$$

14.4 薄膜干涉—等厚干涉

在薄膜干涉中，当一束平行光入射到厚度不均匀的透明介质薄膜上，经薄膜的上下两表面反射的光线也会产生干涉现象，这种情况称为**等厚干涉**（equal thickness interference）。在膜很薄的情况下，可以借助于等倾干涉中的光程差的计算方法。本节对等厚干

涉主要讨论光垂直入射的情况，即$i=0$时，等厚干涉的结果为

$$\delta = 2n_2 d + \frac{\lambda}{2} = \begin{cases} 2k\dfrac{\lambda}{2}, & k = 1,2,\cdots(\text{明纹}) \\ (2k+1)\dfrac{\lambda}{2}, & k = 0,1,2,\cdots(\text{暗纹}) \end{cases}$$

由上式可知，当入射角保持不变时，光程差只与膜的厚度有关。厚度相同的地方，光程差相同，对应同一级干涉条纹，故此类干涉称为**等厚干涉**。气泡在阳光下呈现的花纹就是等厚干涉的结果。接下来主要讨论两种典型的等厚干涉现象，分别为**劈尖干涉**和**牛顿环**。

14.4.1 劈尖干涉

如图 14-17 所示，G_1、G_2 为两片平板玻璃，一端相互叠合，另一端被一直径为 D 的细丝隔开，G_1、G_2 夹角很小，在 G_1 的下表面与 G_2 的上表面间形成一端薄一端厚的空气层（也可以是其他介质层，为便于分析，细丝的直径被放大），此空气薄膜层被称为**空气劈尖**，两玻璃板的交线为劈尖的**棱边**。图 14-17 中的单色光源 S 发出的光经透镜 L 后成为平行光，经斜 45°放置的半反半透镜 M 反射后垂直射向空气劈尖。经空气薄膜上下表面反射的光会发生干涉，在劈尖的上表面形成均匀分布、明暗相间的干涉条纹。接下来我们将具体讨论等厚干涉条纹的特点。

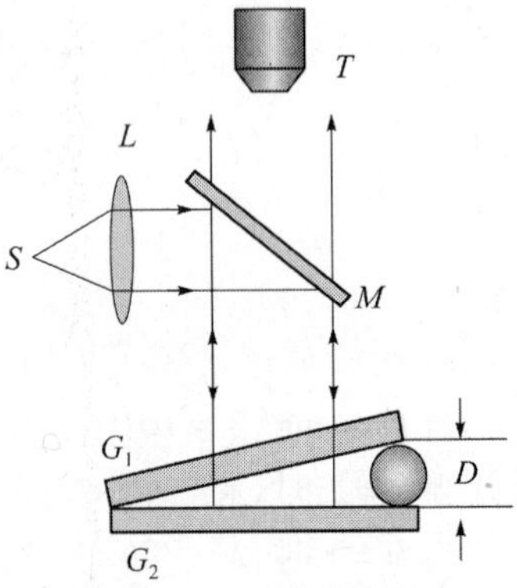

图 14-17　劈尖干涉实验装置

光束垂直（$i=0$）入射到空气**劈尖薄膜**（wedge film）（$n=1$）（θ 值非常小）表面后，经薄膜上下表面的反射光会发生干涉，由于玻璃介质（n_1）的存在，使得被薄膜上下表面反射的光会产生附加的光程差 $\lambda/2$，则在膜厚为 d 的地方，上下表面的反射光产生的光程差为

$$\delta = 2nd + \frac{\lambda}{2} = \begin{cases} k\lambda, & k = 1,2,\cdots(\text{明纹}) \\ (2k+1)\dfrac{\lambda}{2}, & k = 0,1,2,\cdots(\text{暗纹}) \end{cases} \qquad (14-15)$$

因为厚度相同的地方对应着同一干涉条纹，而厚度相同的地方处于平行于棱边的直线段上，所以，劈尖干涉条纹是一系列平行于棱边的直条纹。离棱边越远，干涉级次值越大，即 k 越大。在棱边处，薄膜的厚度为 0，对应的是暗条纹，而这正是由于半波损失引起的。

如图 14-18 所示，设第 k 级明纹对应的空气膜的厚度为 d_k，相邻的第 $k+1$ 级的明条纹对应的空气膜的厚度为 d_{k+1}，结合式（14-15）可以求出两相邻的明条纹对应的空气薄膜的厚度差为

$$\boxed{\begin{aligned}\Delta d &= d_{k+1} - d_k \\ &= \frac{1}{2n}\left[(k+1)\lambda - \frac{\lambda}{2}\right] - \frac{1}{2n}\left(k\lambda - \frac{\lambda}{2}\right) = \frac{\lambda}{2n}\end{aligned}} \qquad (14-16a)$$

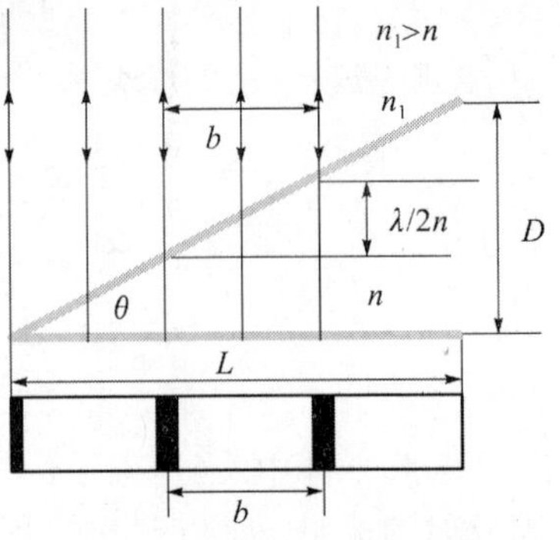

图 14-18　劈尖干涉光路图

若相邻的明(或暗)条纹间的距离为 b,由于劈尖的夹角 θ 值很小,则存在下列的几何关系,即

$$\boxed{b\tan\theta = b\theta = \frac{\lambda}{2n}} \tag{14-16b}$$

$$\boxed{\tan\theta = \frac{D}{L}} \tag{14-16c}$$

根据上面的几何关系,可以有很广泛的应用。可以根据干涉条纹的间距测出入射光的波长;如果已知入射光的波长和条纹的间距,可以测定细丝的直径。此外,根据等厚干涉条纹的特点,同一级条纹对应的薄膜厚度相同,利用这个特点可以来检验玻璃片或者是金属磨光面的光学平整度,如图 14-19 所示。

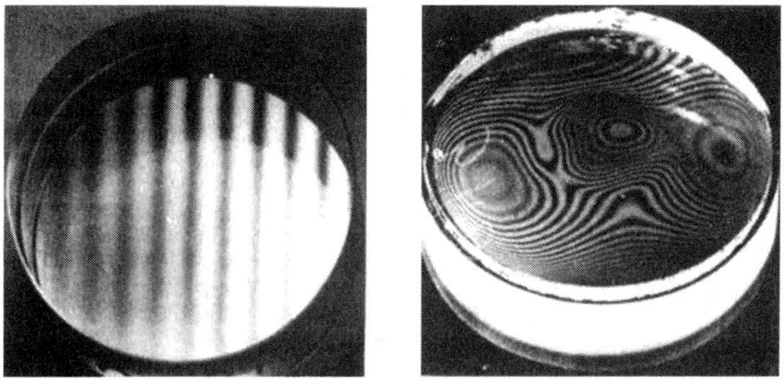

(a) (b)

图 14-19 检验器件表面光学平整度

例 14-6 制造半导体元件时,常要确定硅体上二氧化硅(SiO_2)薄膜的厚度 d,这可用化学方法把 SiO_2 薄膜的一部分腐蚀或劈尖形,SiO_2 的折射率为 1.5,Si 的折射率为 3.42。已知单色光垂直入射,波长为 589.3nm,若观察到 7 条明纹,求 SiO_2 膜厚度。

解 由题意可知,由 SiO_2 上、下表面反射的光均无半波损失,所以在劈尖的棱边出应该出现的是明条纹,所以第七条明条纹对应的级次为 $k=6$,即

$$\delta = 2nd = k\lambda, \quad k = 0,1,2,\cdots$$

$$d = \frac{6\lambda}{2n} = \frac{6\times 589.3\times 10^{-9}}{2\times 1.5} = 1.1786\times 10^{-6}\mathrm{m}$$

此题还可采用另外一种方法,7 个条纹对应于 6 个相邻明纹对应的空气薄膜厚度差,即

$$d = N\cdot\Delta d = 6\times\frac{\lambda}{2n} = 1.1786\times 10^{-6}\mathrm{m}$$

例 14-7 如图 14-20 所示,两块长度为 L 的平板玻璃,一端相接触,另一端垫一金属丝,两板之间形成空气劈尖,以波长 $\lambda=500\mathrm{nm}$ 的单色光垂直入射。(1)相邻明纹之间的距离为 0.10mm,求金属丝的直径。(2)在金属丝与棱边之间,明条纹的总数是多少?

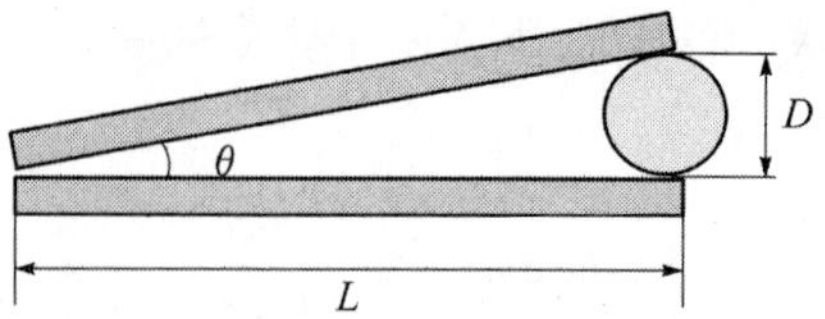

图 14-20　劈尖干涉示意图

解　(1) 由式(14-6),结合题意有 $\tan\theta = \dfrac{D}{L} = \dfrac{\Delta d}{b}$则金属丝直径为

$$d = \frac{\lambda}{2b}L = \frac{5.0 \times 10^{-7} \times 4.0}{2 \times 0.01} = 1.0 \times 10^{-4}(\mathrm{m})$$

(2) 明条纹数为 $N = \dfrac{L}{b} = \dfrac{D}{\Delta d} = \dfrac{2D}{\lambda} = \dfrac{2 \times 1.0 \times 10^{-2}}{5.0 \times 10^{-5}} = 400$(条)

14.4.2　牛顿环

图 14-21 所示是牛顿环实验的示意图,将曲率半径 R 很大的平凸透镜 L 放在透镜平板玻璃上,相互接触在 O 点,二者间形成空气层(或其他介质)。当单色光垂直入射时,在空气层上、下表面反射光会在空气层上表面相遇而发生干涉现象。根据薄膜干涉的公式,由于厚度相同的地方对应于同一个条纹,而在牛顿环中空气层厚度相同的地方是以 O 点为中心的圆周,所以干涉条纹是以 O 为中心的一系列同心圆环,称为**牛顿环**(newton's ring)。

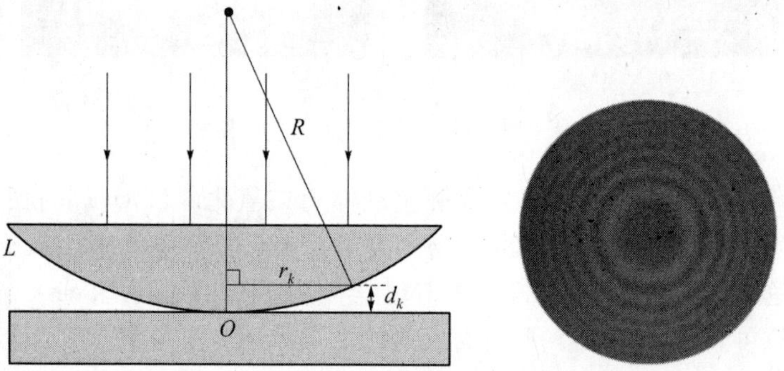

图 14-21　牛顿环实验装置图及干涉图样

经空气薄膜上、下表面反射的光线由于半波损失而存在附加光程差$\dfrac{\lambda}{2}$,所以牛顿环的明暗条纹条件为

$$\delta = 2nd + \frac{\lambda}{2} = \begin{cases} 2k\dfrac{\lambda}{2}, & k = 1,2,\cdots(\text{明纹}) \\ (2k+1)\dfrac{\lambda}{2}, & k = 0,1,2,\cdots(\text{暗纹}) \end{cases} \tag{14-17}$$

其中,对于空气有 $n = 1$。

对于第 k 级条纹,根据图 14-21 中的直角三角形,有

$$r_k^2 = R^2 - (R - d_k)^2 = 2Rd_k - d_k^2$$

由于 $R \gg d_k$,可以忽略 d_k^2 的值,所以有

$$r_k = \sqrt{2Rd_k}$$

结合以上两式，对于 k 级条纹，其明暗条件如下：

明纹条件为

$$\boxed{r_k = \sqrt{(2k-1)R\frac{\lambda}{2}},\quad k = 1,2,\cdots} \tag{14-18a}$$

暗纹条件为

$$\boxed{r_k = \sqrt{kR\lambda},\quad k = 0,1,2,\cdots} \tag{14-18b}$$

综上所述，在透镜与平面镜的接触点 O 处是暗纹，这也是由半波损失的原因引起的。其他条纹则是以 O 为中心的一系列圆环形明暗相间的条纹，条纹间距内疏外密，且离 O 点越远，其干涉级次 k 越大，这点与等倾干涉相反。

例 14－8 在空气牛顿环中，用波长为 632.8nm 的单色光垂直入射，测得第 k 个暗环半径为 5.63mm，第 $k+5$ 个暗环半径为 7.96mm。求曲率半径 R。

解 空气牛顿环第 k 个暗环半径为

$$r_k = \sqrt{kR\lambda}$$

第 $k+5$ 个暗环半径为

$$r_{k+5} = \sqrt{(k+5)R\lambda}$$

所以曲率半径为

$$R = \frac{r_{k+5}^2 - r_k^2}{5\lambda} = \frac{(7.96^2 - 5.63^2)\times 10^{-6}}{5\times 6328\times 10^{-10}} = 10\text{m}$$

*14.5 迈克尔逊干涉仪

干涉仪是根据光的干涉原理制成的，是近代精密仪器之一。在科学技术方面有着广泛而重要的应用。干涉仪具有各种形式，本节我们介绍**迈克尔逊干涉仪**(Michelson interferometer)。

迈克尔逊干涉仪的实物图与光路图如图 14－22 所示，M_1、M_2 是精细磨光的平面反射镜，M_1 固定，M_2 借助于螺旋及导轨可沿光路方向做微小平移。G_1、G_2 是厚度相同、折射率相同的两块平面玻璃板，G_1 和 G_2 保持平行，并与 M_1 或 M_2 成 45°角。G_1 的一个表面镀银层，使其成为半透半反射膜。

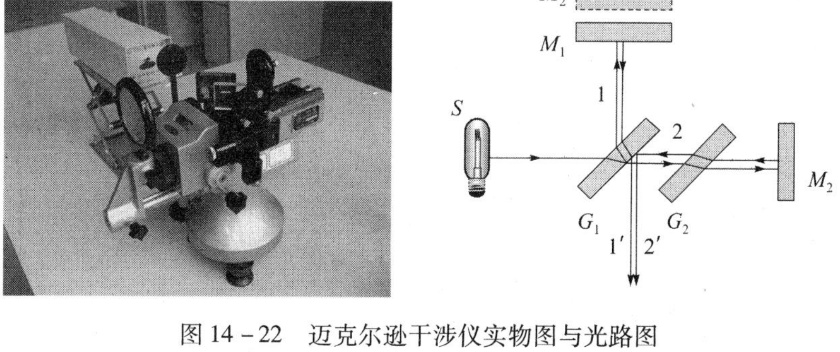

图 14－22 迈克尔逊干涉仪实物图与光路图

从扩展光源 S 发出的光线，经 G_1 后，光线一部分在薄膜银层上发生反射，再经折射后形成射向 M_1 的光线 1。光线 1 经过 M_1 反射后再穿过 G_1，形成光 1′。另一部分穿过 G_1 和 G_2 形成光线 2，经 M_2 反射后再穿过 G_2，经 G_1 的银层反射后形成光 2′。很显然，这里的 1′、2′光是相干光，会发生相干叠加。如果没有 G_2，由于光线 1′经过 G_1 三次，而光线 2 经过 G_1 一次，造成 1′、2′光产生附加的光程差。为避免这种情形，引进 G_2，使 2′光也经过等厚的玻璃板三次，所以 G_2 被称为**补偿板**。

由上述可知，迈克尔逊干涉仪是利用分振幅法产生的双光束来实现干涉的仪器。由于 M'_2 是 M_2 关于 G_1 银层反射镜的虚像，所以 M_2 反射的光线可看作是 M'_2 反射的。因此，此处的干涉相当于薄膜干涉。

若 M_1、M_2 不严格垂直，则 M_1 与 M'_2 就不严格平行，在 M_1 与 M'_2 间形成一空气劈尖，从 M_1 与 M'_2 反射的光线 1′、2′类似于从空气劈尖两个表面上反射的光，所以在 E 上可以看到互相平行的等间距的等厚干涉条纹。若 $M_1 \perp M_2$，从 M'_2 和 M_1 反射出来的光线 1′、2′，类似于从厚度的薄膜上两个表面反射的光，所以在 E 处可看到环形的等倾干涉条纹。

如果使得 M_2 移动，就会出现干涉条纹的移动。当 M_2 平移长度 d 时，M'_2 相对 M_1 也平移长度 d。在此过程中，可看到移过某参考点的条纹个数 N 满足

$$d = N\frac{\lambda}{2}$$

实验上常采用此方法来测量入射光的波长 λ、介质的折射率和气流速度（图 14－23）等。例如，在其中一个干涉臂中放入已知长度 d 的介质后，条纹的移动个数 N 与折射率 n 存在下列关系，即

$$2(n-1)d = N\lambda \tag{14-19}$$

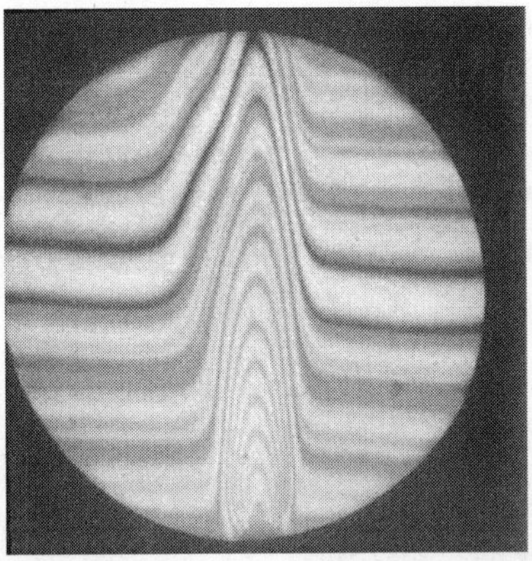

图 14－23　迈克尔逊干涉仪观察到的蜡烛附近的气流

例 14－9　如图 14－24 所示，当把一折射率为 $n=1.40$ 的薄膜放入迈克尔逊干涉仪的一臂时，如果产生了 7.0 条条纹的移动，求薄膜的厚度（已知钠光的波长为 $\lambda = 589.3\text{nm}$）。

解　设薄膜的厚度为 x，则满足

$$\delta = 2(n-1)x = \Delta k\lambda$$

所以

$$x = \frac{\Delta k \cdot \lambda}{2(n-1)} = \frac{7 \times 589.3 \times 10^{-9}}{2(1.4-1)}\text{m} = 5.154 \times 10^{-6}\text{m}$$

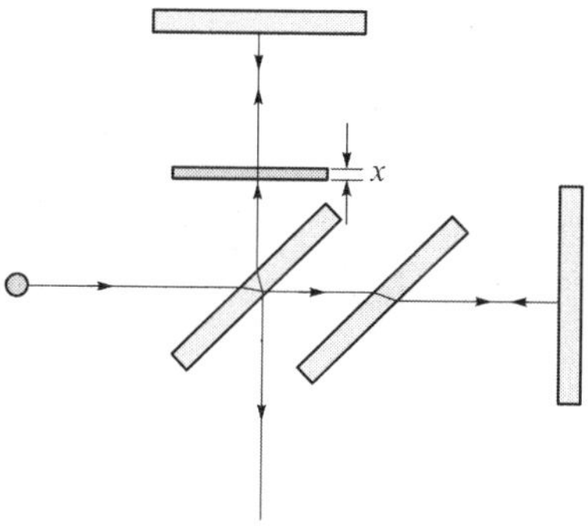

图 14-24　迈克尔逊干涉仪示意图

14.6　光的衍射现象　惠更斯—费涅耳原理

14.6.1　光的衍射现象

光是电磁波,而干涉和衍射是波动的基本特征,前面讨论了光的干涉现象,接下来讨论光的衍射现象(diffraction)。

当光波在传播过程中遇到障碍物时,可以绕开障碍物继续传播,到达沿直线传播所不能达到的区域,这种偏离直线传播的现象称为波的**衍射现象**。在日常生活中,机械波(如水波和声波)的衍射现象容易被观察到,但光的衍射现象却不易看到,这是因为光波的波长比障碍物的尺寸小许多的缘故。如果障碍物的尺寸与光的波长的大小相差大不多或相比较时,这种现象将会很明显。图 14-25 所示为剃须刀片(a)和圆盘(b)的衍射图样。

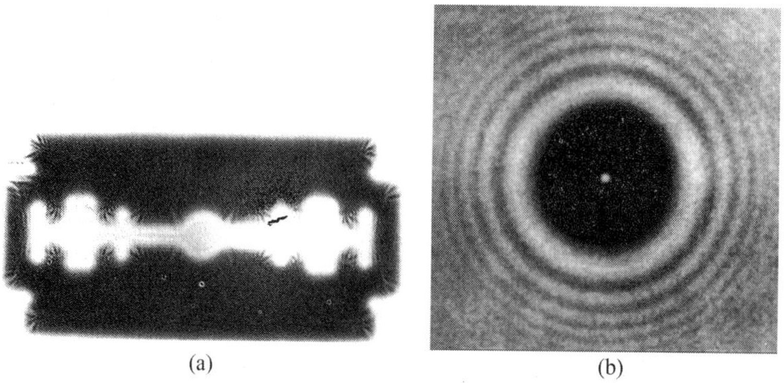

图 14-25　剃须刀片和圆盘的衍射图样

平行光束通过可调节宽度的狭缝 K 后,如果缝宽比光的波长大得多时,屏幕 E 上会出现一个和狭缝形状几乎一致的亮斑,此时,可认为光沿直线传播,如图 14-26(a)所示。如果将缝宽不断缩小到可以与光的波长比较时(10^{-4}m 数量级以下),在 E 上会出现明暗相间的衍射条纹,而且,其范围也超过了光沿直线所能达到的区域,如图 14-26(b)所示。

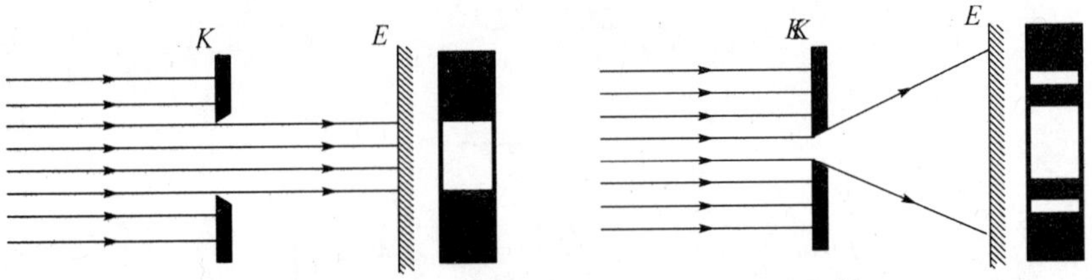

图 14-26　光透过不同尺寸的狭缝

（a）缝宽比光的波长大得多；（b）缝宽与光的波长比较。

根据光源 S、衍射孔 K（或障碍物）和接收屏 E 间的相对位置，通常可以将衍射分为两类：菲涅耳衍射和夫琅禾费衍射。如果衍射孔与光源和屏的距离为有限远，或其中之一为有限远的衍射称为**菲涅耳衍射**（Fresnel diffration），如图 14-27（a）所示。如果衍射孔与光源和屏的距离都为无限远或相当于无限远的衍射称为**夫琅禾费衍射**（Fraunhofer diffraction），如图 14-27（b）所示。在实验室中，夫琅禾费衍射实验常需要借助于两个凸透镜，如图 14-27（c）所示。

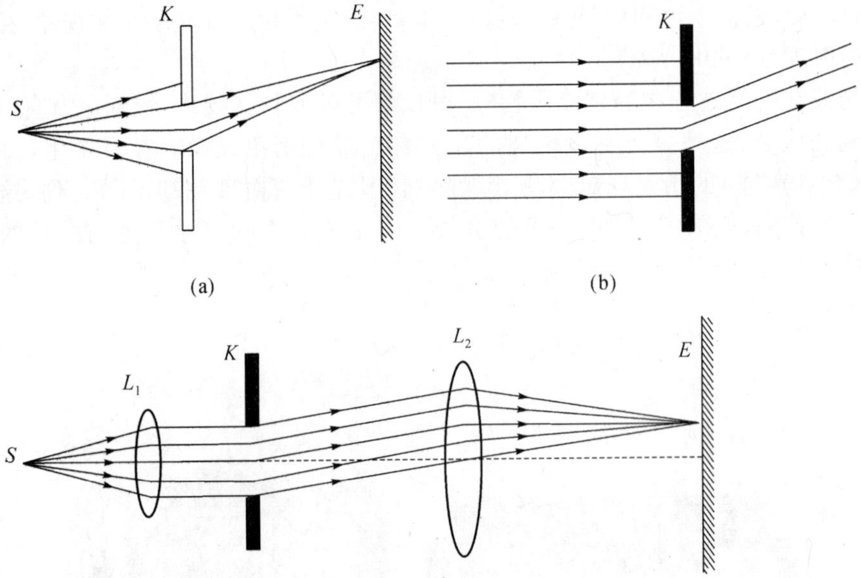

图 14-27　衍射的分类

（a）菲涅耳衍射；（b）夫琅禾费衍射；（c）实验室实现夫琅禾费衍射的方法。

14.6.2　惠更斯—菲涅耳原理

前面的惠更斯原理告诉我们，波面上每一点都可以看作发射子波的波源，向周围发射子波，某时刻子波的包络面，即为新的波面。利用惠更斯原理可以定性地解释光的衍射现象，但是无法解释衍射图像中的光强分布问题。菲涅耳发展了惠更斯原理，他认为，同一波面上的任一点都可以看作是新相干波的“子波源”，空间中任一点 P 的振动是所有子波在该点的相干叠加。

克里斯蒂安·惠更斯(Christiaan Huygens，1629—1695)，荷兰物理学家、天文学家和数学家，土卫六的发现者。惠更斯幼年跟随父亲学习，16岁后进入莱顿大学学习法律与数学，两年后又转到布雷达的奥兰治学院继续学习。学生时代他接受过笛卡儿的指导。1651年，他发表了第一篇论文，内容为求解曲线所围区域的面积。1655年成为法学博士，1663年成为英国皇家学会会员，1666年成为荷兰科学院院士，同一年在路易十四的邀请下成为法国皇家科学院院士。

如图14-28所示，S为某时刻光波波阵面，dS为S面上的一个面元，$\boldsymbol{e}_n$是dS的单位法向矢量，P为S面前的一点，从面元dS发射的子波在P点引起振动的振幅与面积元dS成正比，与dS到P点的距离r成反比(因为子波为球面波)，还与$\boldsymbol{r}$同$\boldsymbol{e}_n$间夹角θ有关，至于子波在P点引起的振动位相仅取决于r。假设在同一波前上，各点的振相位相同，各个面元dS产生的子波的初相相同且同为零，则面元dS在P处引起的振动可表示为

$$\mathrm{d}E = \frac{K(\theta)\mathrm{d}S}{r}\cos\left(\omega t - \frac{2\pi r}{\lambda}\right) \tag{14-20}$$

式中：ω为光波角频率；λ为波长；$K(\theta)$为倾斜因子，是θ的一个函数。这里需要说明的是，当θ越大时，面元dS在P点引起的振幅就越小。费涅耳认为，当$\theta \geqslant \frac{\pi}{2}$时，$\mathrm{d}E \equiv 0$，因而其强度为零。这也就解释了子波为什么不能向后传播的问题。

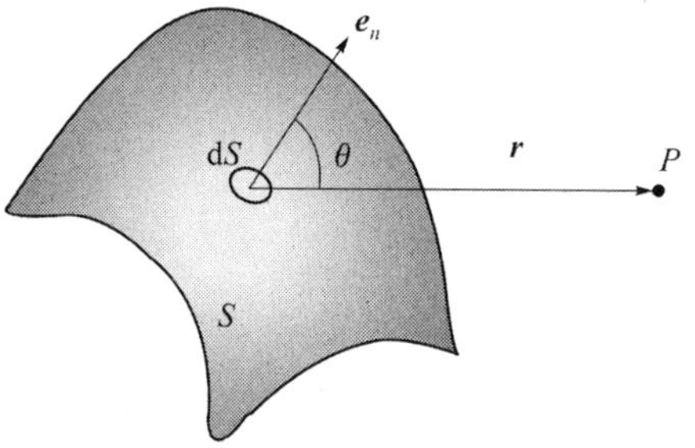

图14-28　惠更斯—菲涅尔原理

对整个面S来说，其在P点的振动为

$$E = \int_S C\frac{k(\theta)}{r}\mathrm{d}S\cos\left[\omega t - \frac{2\pi r}{\lambda})\right] \tag{14-21}$$

这就是惠更斯—菲涅耳公式。

根据惠更斯—菲涅耳公式，虽然可以计算出衍射条纹的一系列问题，但是上式的积分运算相当复杂。一般来说，处理实际问题时采用半波带法或振幅矢量法更为方便。由于夫琅和费衍射的处理方法在理论上比较简单，而且应用比较广泛，所以可以通过夫琅和费衍射来学习衍射的基本原理。

14.7 夫琅禾费单缝衍射

约瑟夫·冯·夫琅禾费(Joseph von Fraunhofer,1787—1826),德国物理学家。夫琅禾费的科学研究成果主要集中在光学方面。1814 年,他发明了分光仪,在太阳光的光谱中,他发现了 574 条黑线,这些线被称作夫琅禾费线。

夫琅禾费单缝衍射的实验装置如图 14-29 所示,线光源放置于透镜 L_1 的焦点上,透过透镜 L_1 后形成平行光束。平行光束穿过单缝,经过透镜 L_2 后,在 L_2 的焦点处的屏幕 E 上出现了一组明暗相间的平行直条纹。根据惠更斯—菲涅耳原理,可以认为在单缝截面上的每一点都是相干的子波源,它们发出的子波在单缝后发生相干叠加。为了更为简单地理解单缝衍射的条纹位置,下面使用**菲涅耳半波带法**进行研究。

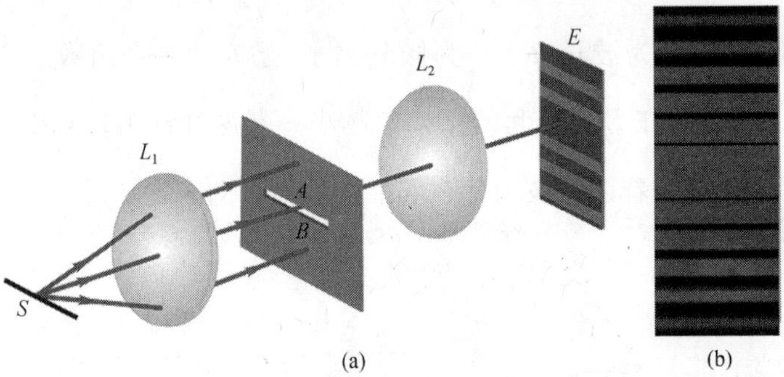

图 14-29 夫琅禾费单缝衍射的实验装置及衍射光谱

(a) 实验装置;(b) 衍射光谱。

如图 14-30 所示,设单缝的宽度为 b,一束平行光垂直入射到单缝上。透过狭缝的光发生衍射现象,衍射角 θ 相同的平行光束经透镜 L 后会聚于透镜焦点处的光屏上。先来讨论沿入射波方向(对应光束 1,衍射角 $\theta=0°$)的平行光。在单缝 AB 截面上的所有子波同相位,经 L 后会聚 O 处。因为透镜 L 不引起额外光程差,所以在 O 处这些子波引起的振动仍是同相位,故干涉加强,即出现亮纹(此条纹称为**中央亮纹**)。再来讨论衍射角 $\theta\neq0$(对应光束 2)的情况,衍射角为 θ 的平行光束经透镜 L 后,会聚于屏幕上的 x 处,此时,两条边缘光线之间的光程差为

$$\delta = BC = b\sin\theta \tag{14-22}$$

由式(14-22)可知,屏上 x 处的条纹的明暗取决于两条边缘光线之间的光程差值 BC($AC\perp BC$)。菲涅耳提出了将波阵面分割成许多等面积的半波带的方法,即作一些平行

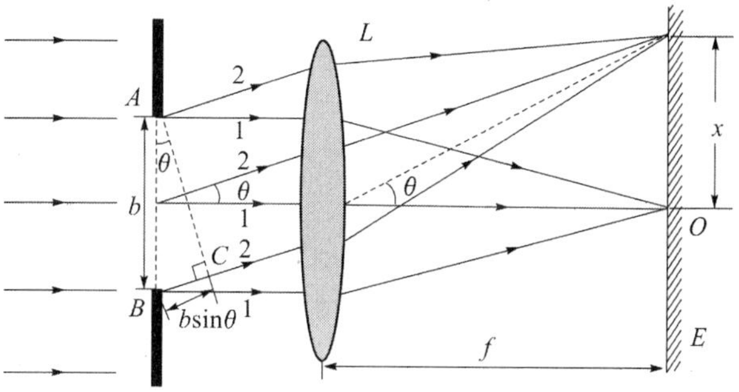

图 14－30　夫琅禾费单缝衍射光路图

于 AC 的平面，并使两相邻平面间的距离等于为入射光的半个波长 $\lambda/2$，即

$$N = \frac{b\sin\theta}{\lambda/2} \tag{14-23}$$

例如，如图 14－31 所示，将单缝处的 AB 波阵面分成 AA_1、A_1A_2、A_2A_3 和 A_3B 四个半波带（$N=4$），由于各个半波带的面积都相等，所以透过各个半波带的光波在 x 处所引起的光振幅几乎相等。在两相邻的半波带上，总是能找到两个点，其作为子波源所发出的子波的光程差恒为 $\lambda/2$，即相位差为 π。然后经过不产生附加光程差的透镜，在屏幕上相干叠加。由于是偶数个半波带，所有子波源在 x 处所引起的振动完全相互抵消。也就是说，对应于衍射角 θ 时，如果两条边缘光线的光程差 BC 是半波长的偶数倍，即单缝分成偶数个半波带，所有半波带上的子波源在 x 处干涉相消，在 x 出现的就是**暗条纹**。如果 AB 被分成奇数个半波带，即 BC 是半波长的奇数倍时，偶数个半波带上的子波源在屏上 x 处干涉相消后，还留一个半波带继续作用，于是，在 x 处就出现了**明条纹**。

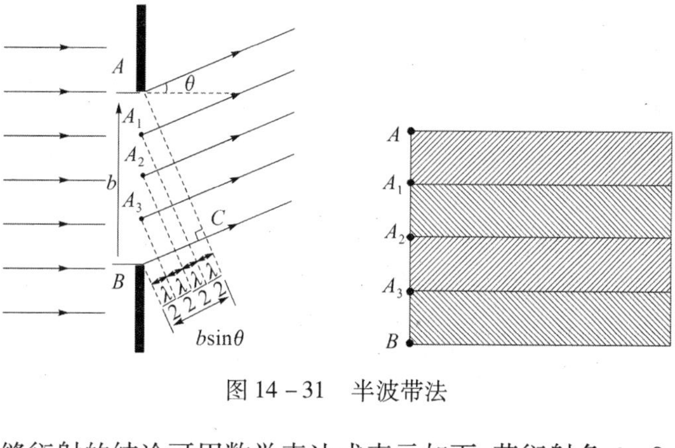

图 14－31　半波带法

夫琅禾费单缝衍射的结论可用数学表达式表示如下，若衍射角 $\theta=0$，即

$$b\sin\theta = 0$$

时，对应的是**中央明纹**的中心 O 点。

若衍射角 θ 满足

$$\boxed{b\sin\theta = \pm 2k\frac{\lambda}{2},\quad k = 1,2,3,\cdots} \tag{14-24}$$

时，点 x 处为**暗条纹**的中心。$k=\pm1,\ \pm2,\pm3,\cdots$分别叫做第一级、第二级、第三级、……

暗条纹，正、负号表示条纹对称分布于中央明纹两侧。此时，AB 被分成 **2*k* 个半波带**。

若衍射角 θ 满足

$$\boxed{b\sin\theta = \pm(2k+1)\frac{\lambda}{2}, \quad k = 1,2,3,\cdots} \tag{14-25}$$

时，点 x 处为**明条纹的中心**。$k=\pm1, \pm2, \pm3, \cdots$ 分别叫做第一级、第二级、第三级、……明条纹，正、负号表示条纹对称分布于中央明纹两侧。此时，AB 被分成（**2*k*+1**）**个半波带**。

由于所有光线到达中央明纹 O 处的光程都相等，所以中央明纹处的光强最大，随着衍射角的增大，k 值就越大，AB 上波阵面分成的波带数就越多，所以，每个半波带的面积就越小，在 x 点引起的光强就越弱。因此，<u>各级明纹随着级次的增加而亮纹减弱。</u>

我们把相邻明（暗）条纹的中心间的距离称为暗（明）条纹的宽度；把相邻明（暗）条纹对应的衍射角之差称为暗（明）条纹角宽度。例如，中央明纹的角宽为

$$-\lambda < b\sin\theta < \lambda \tag{14-26}$$

如果衍射角 θ 很小，即 $\sin\theta \approx \theta$，根据如图 14-30 所示的几何关系，第一级暗纹的中心位置满足

$$x_1 = \theta f = \frac{\lambda f}{b} \tag{14-27}$$

中央亮纹宽度为

$$\boxed{l_0 = 2x_1 = \frac{2\lambda f}{b}} \tag{14-28}$$

其他明纹或暗纹的宽度为

$$\boxed{l = \frac{\lambda f}{b}} \tag{14-29}$$

即中央明纹为其他级次较小的明纹宽度的 2 倍。如果保持入射光的波长和透镜的焦距不变，而减小单缝的宽度 b，这时条纹的宽度增大，同时相互的间距增大，此时衍射效果比较明显。但如果增大单缝的宽度 b，使得 $b \gg \lambda$，相互的间距减小，直至收缩与中央明纹附近而分辨不清，这时的光可以看成是沿直线传播的。此外，如果保持单缝的宽度 b 不变，增大入射光的波长，当入射光的波长越长时，衍射现象越明显，图 14-32 所示分别为红光、绿光、蓝光的衍射图。如果以白光入射，除中央明纹为白色的，其他均为内紫外红分布的彩色条纹，如图 14-33 所示。

最后简单提及一下干涉与衍射的区别，由有限数目分立的相干光源贡献所产生的叠加效应称为干涉。由连续分布的相干光源贡献所产生的叠加效应称为衍射，二者物理本质相同，都是相干叠加。

例 14-10 如图 14-34 所示，用波长为 λ 的单色光垂直入射到单缝 AB 上，(1) 若 $AP-BP=2\lambda$，问对 P 点而言，狭缝可分几个半波带？P 点是明是暗？(2) 若 $AP-BP=1.5\lambda$，则 P 点又是怎样？对另一点 Q 来说，$AQ-BQ=2.5\lambda$，则 Q 点是明是暗？P、Q 两点相比哪点较亮？

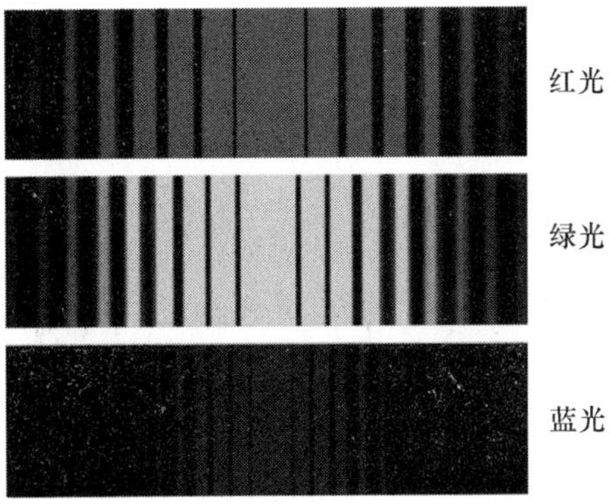

图 14－32　不同波长光的衍射谱

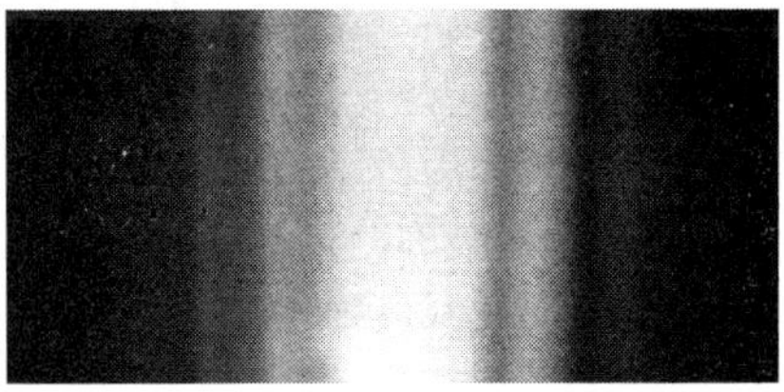

图 14－33　白光衍射谱

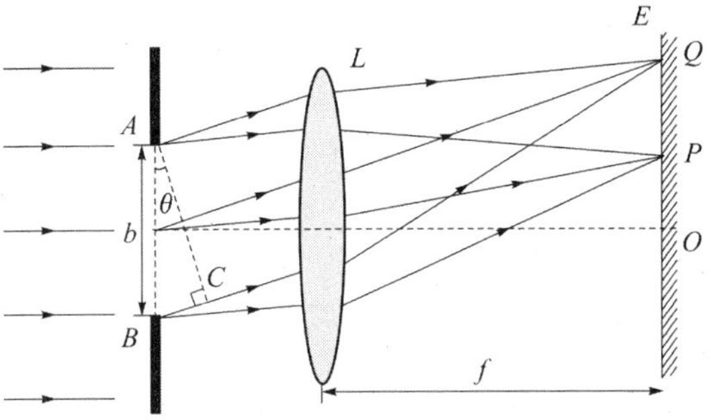

图 14－34　单缝衍射示意图

解　(1) 由于 AB 可分成 4 个半波带，所以 P 点为暗点。

(2) P 点对应 AB 上的半波带数为 3，P 为亮点；Q 点对应 AB 上半波带为 5，Q 为亮点，则有

$$2k_Q + 1 = 5, 2k_P + 1 = 3$$

$$k_Q = 2, k_P = 1$$

所以 P 点相对较亮。

例 14－11　一单缝用波长 λ_1、λ_2 的光照射，λ_1 的第一级暗纹与 λ_2 的第二级暗纹重合。(1)波长关系如何？(2)所形成的衍射图样中，是否具有其他的暗纹重合？

解　(1)根据单缝衍射明暗条件，产生暗纹条件为

$$b\sin\theta = \pm k\lambda, k = 1,2,\cdots$$

依题意有

$$\begin{cases} b\sin\theta = \lambda_1 \\ b\sin\theta = 2\lambda_2 \end{cases}$$

$$\lambda_1 = 2\lambda_2$$

(2) 设衍射角为 θ 时，λ_1 的第 k_1 级暗纹与 λ_2 的第 k_2 级暗纹重合，则有

$$\begin{cases} b\sin\theta = k_1\lambda_1 \\ b\sin\theta = k_2\lambda_2 \end{cases}$$

由于 $\lambda_1 = 2\lambda_2$，所以有

$$2k_1 = k_2$$

即凡是满足 $2k_1 = k_2$ 时，两束光的衍射极小重合。

*14.8 圆孔衍射　光学仪器分辨率

前面我们讨论了夫琅禾费单缝衍射，讨论的是平行光透过矩形狭缝后的衍射现象。但在实际应用中，由于大多数光学仪器所用的光阑和透镜都是都是圆形的，所以本节我们讨论圆形狭缝的衍射现象。

14.8.1 圆孔衍射

乔治·比德尔·艾里爵士，英国皇家学会会员（Sir George Biddell Airy，1801—1892），英格兰数学家与天文学家，于 1835 年至 1881 年担任皇家天文学家，1871 年至 1873 年担任英国皇家学会会长。他的贡献包括在行星轨道、测量地球的平均密度、固体力学中二维问题的解题方法等研究，而且还包括在他担任皇家天文学家时，确立格林尼治与本初子午线上的贡献。

如图 14－35（a）所示，当单色平行光垂直照射到小圆孔时，也会在透镜 L 的焦平面处的光屏上出现中心为明圆斑外围为明、暗交替的环形条纹。衍射图样中心的亮圆斑，或第一暗环所围的中央光斑叫做**艾里斑**（Airy Disc），如图 14－35（b）所示。

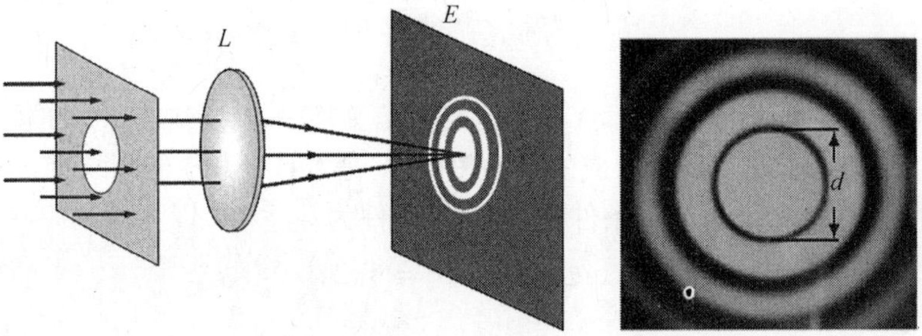

(a)　(b)

图 14－35　圆孔衍射装置图及衍射图样

由理论计算可知，艾里斑的角宽度满足

$$\boxed{\theta = \frac{d}{f} = 2.44\frac{\lambda}{D}} \qquad (14-30)$$

式中：λ 为入射光的波长；D 为圆孔直径；f 为透镜的焦距；d 为艾里斑的直径。在此基础上，接下来探讨前面提到过的仪器的分辨率问题。

14.8.2 光学仪器分辨率

约翰·威廉·斯特拉特(John William Strutt),尊称瑞利男爵三世(3rd Baron Rayleigh,1842—1919),英国物理学家。他与威廉·拉姆齐合作发现氩元素,并因此获得1904年诺贝尔物理学奖。瑞利以严谨、广博、精深著称,并善于用简单的设备作实验而能获得十分精确的数据。在众多学科中都有成果,其中尤以光学中的瑞利散射和瑞利判据、物性学中的气体密度测量几方面影响最为深远。

按照几何光学,在研究物体的成像问题时,总是可以把物体看成是由许多物点组成的。一个物点通过一个光学仪器形成的像也是一个点,两个物点形成的像点总是分离的,所以即使两物点靠地很近,它们的像也总是可以分辨的。即按照几何光学,仪器的分辨能力或分辨本领是不受限制的。但实际上,一物点发出的光波由于受到光学仪器的孔径的限制需要考虑到衍射效应,一个物点的像不再是一个几何点,而是一个有一定尺寸的艾里斑,如图14-36所示。

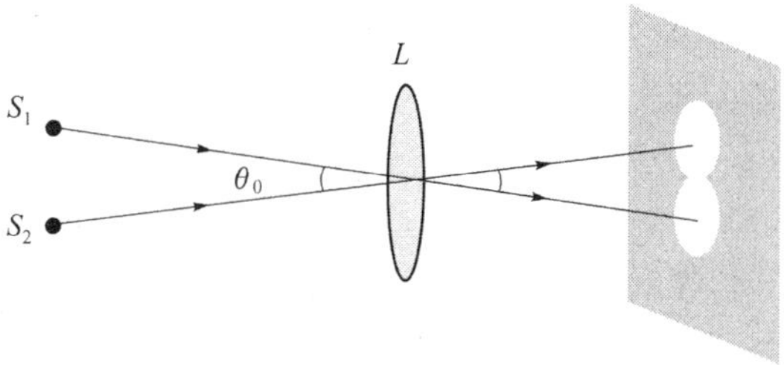

图14-36 物点的成像

设S_1、S_2为距透镜L很远的两个物点,由它们发出的光可以看作平行光,透镜的边框相当于一个圆孔,所以,S_1、S_2发出的光通过透镜L在焦平面上形成艾里斑。如果物点S_1和S_2相离较远,即使衍射图样有部分重合,只要重叠部分的光强小于艾里斑中心的光强,这时就可以分辨出这两个物点的像,如图14-37(a)所示。如果物点S_1和S_2相离很近,使它们的衍射图样大部分重叠,而且重叠部分的光强大于艾里斑中心的光强,这时就分辨不出有两个物点,如图14-37(c)所示。

对于上述情形,瑞利提出:如果一个物点的衍射图样的中央最大恰好与另一个物点的衍射图样的第一最小重合,那么,就认为这两物点恰能被这光学仪器分辨。这一判定能否分辨的准则被称为**瑞利判据**(Rayleigh criterion)。因为这时两个衍射图样中心之间距离的光强约为每个衍射图样中央最大处光强的80%,大多数人的视觉能够判断这是两个物点的衍射图样,如图14-37(b)所示。我们把恰好能够分辨时两个发光物点对透镜光心

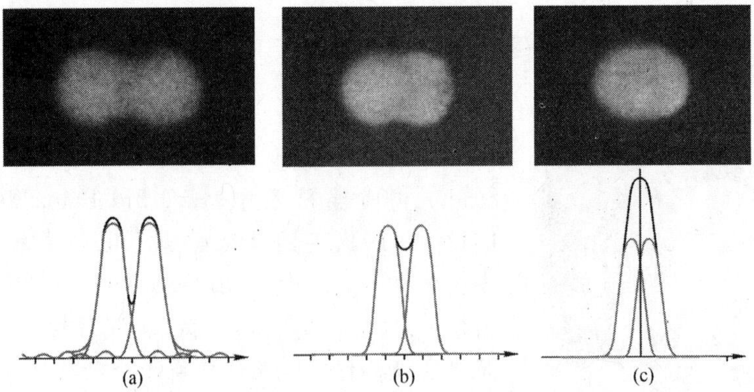

图 14－37　分辨两物点的条件
（a）能分辨；（b）恰能分辨；（c）不能分辨。

的夹角称为**最小分辨角**（angle of minimum resolution），用 θ_0 表式，并满足

$$\boxed{\theta_0 = 1.22\frac{\lambda}{D}} \qquad (14-31)$$

由式（14－31）可知，两物点恰能够被分辨时，最小分辨角 θ_0 与艾里斑的半角宽度相同。

在光学中，定义光学仪器的最小分辨角的倒数为**分辨率**（或**分辨本领**）（resolving power），用 R 表示，即

$$R = \frac{1}{\theta_0} = \frac{D}{1.22\lambda} \qquad (14-32)$$

式（14－32）说明，光学仪器的分辨率与波长 λ 成反比，与仪器的透光孔径 D 成正比。在实际应用中，对于天文望远镜，通常采用很大直径的透镜来提高其分辨率。对于显微镜，通常采用减小入射波波长的方法。例如，电子显微镜是运用运动电子的波动特性来观察物体的，它的波长可以小到10^{-3}nm，从而大大提高分辨率。

例 14－12　黑板上两线的间距 $d=2$mm，一学生在多远处恰能分辨，设 $\lambda=600$nm，人眼的瞳孔的直径为 $D=3.66$m。

解　根据瑞利判据，人眼的最小分辨角为

$$\theta_0 = 1.22\frac{\lambda}{D} = 1.22\times\frac{6\times10^{-7}}{3.66\times10^{-3}} = 2\times10^{-4}\text{rad}$$

由于人与黑板间的距离远大于瞳孔直径，所以有

$$L = \frac{d}{\theta_0} = \frac{2\times10^{-3}}{2\times10^{-4}} = 10\text{m}$$

14.9　光 栅 衍 射

所谓的**光栅**（grating），就是由大量平行等间距的狭缝所组成的光学元件。常用的光栅是在玻璃片上刻画出大量平行等间距的刻痕，刻痕处类似为毛玻璃，为不透光的部分，而两刻痕之间的部分就可以透光，相当于一狭缝。这种利用透射光获得衍射现象的光栅称为**透射光栅**，如图 14－38（a）所示。如果利用两刻痕间的反射光进行衍射的光栅称为

反射光栅，如图 14－38(b)所示。本节主要学习透射光栅的衍射现象。

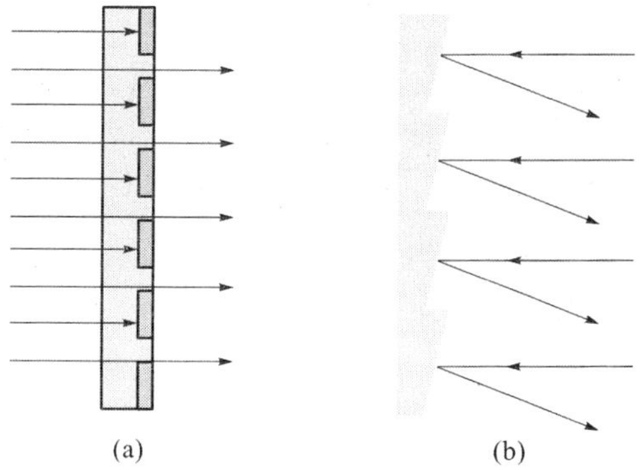

图 14－38　光栅的分类

(a) 透射光栅；(b) 反射光栅。

光栅衍射的实验示意图如图 14－39 所示，设不透光部分的宽度为 a，透光部分的宽度为 b，相邻两缝间的距离为 $d = a + b$，d 又称为**光栅常数**(grating constant)。一般来说，对于精制光栅，其光栅常数 d 的值为 $10^{-5} \sim 10^{-6}$m，即在 1cm 内刻有几千到几万条刻痕。

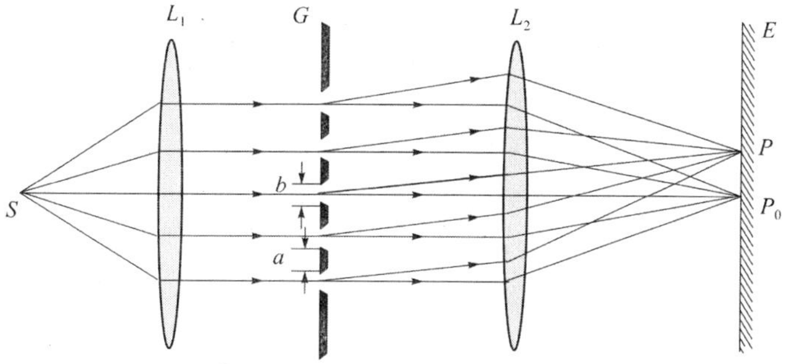

图 14－39　光栅衍射的实验装置图

图 14－39 中点光源 S 发出的光线经透镜 L_1 后变成平行光束，并垂直照射到光栅上，由于经过每个缝的光都要产生衍射，而缝与缝之间透过的相干光又要发生干涉，所以，经过透镜 L_2 后出现在屏上的衍射条纹应该是单缝衍射和多缝干涉的总效果，可以说是多缝干涉受到单缝衍射的调制。实验表明，随着缝数 N 的增多，明条纹变得又细又亮，如图 14－40 所示。

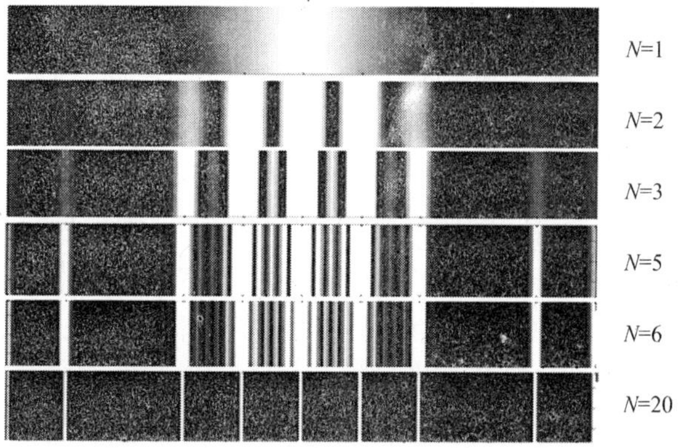

图 14－40　光栅衍射与缝数的关系

14.9.1 光栅方程

如图 14-41 所示,平行光(单色光)垂直入射到光栅上,使光栅成一波阵面,考虑到所有缝发出的光沿与光轴成 θ 角的方向的光线经 L 后会聚于 P 处,这里的 θ 被称为衍射角。下面看一下 P 点为明纹的条件。

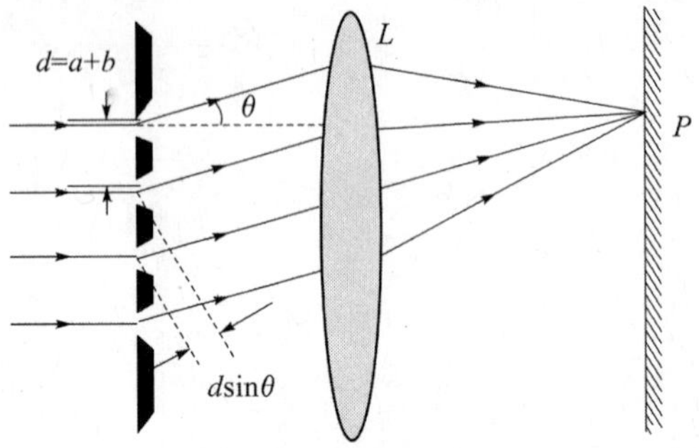

图 14-41　光栅衍射光路图

透过任意两相邻狭缝的光,到达 P 点时的光程差都为 $\delta=(a+b)\sin\theta$。当此光程差为 λ 整数倍时,两相邻缝干涉结果是加强的,即在 P 点出现明条纹。所以,光栅衍射中明条纹的条件为

$$\boxed{(a+b)\sin\theta=\pm k\lambda,\quad k=0,1,2,\cdots} \tag{14-33}$$

式(14-33)称为**光栅方程**。细而亮的明纹称为**主极大**,$k=0$ 时对应的主极大称为**中央明纹**,其他 $k=1,2,\cdots$的主极大分别对应第一级、第二级、……明纹。正负号表示条纹对称分布于中央明纹两侧。由于亮纹的位置只跟衍射角有关,所以光栅垂直透镜光轴移动,图样不动。

从光栅方程可以看出,各个级次明纹所在的位置只与光栅常数有关,光栅常数越小,衍射角就越大,条纹分得越开。即对给定尺寸的光栅,其缝数越多,明条纹就越亮。同样,对光栅常数一定的光栅,如果入射光是由不同波长混合成的,同一级明纹所在的位置也不同,波长越大,衍射角越大,这说明光栅也有色散分光的作用。但是这里要说明的是,光栅方程中,由于光屏是有限大的,所以**最大观测级次** $k_{\max}$ 满足

$$k_{\max}\leqslant\frac{d\sin 90^\circ}{\lambda} \tag{14-34}$$

这里的 $k_{\max}$ 级衍射条纹由于在无限远处,一般是看不到的。

14.9.2 缺级现象

实验发现,在光栅衍射条纹上本来有些级次该出现明纹的地方,却消失了,这种现象称为**缺级**(order missing)。如果衍射角为 θ 的条纹满足光栅方程明纹条件,同时又满足单缝时暗纹条件,这时此明纹将消失。这就是前面说的光栅衍射是单缝衍射对多缝干涉的调制。即当衍射角为 θ 满足

$$\begin{cases}(a+b)\sin\theta=\pm k\lambda, & k=1,2,\cdots\\ b\sin\theta=\pm k'\lambda, & k'=1,2,\cdots\end{cases}$$

时，所对应的级次出现缺级。发生缺极的主极大级次为

$$\boxed{k = \frac{a+b}{b}k', \quad k' = 1,2,\cdots} \tag{14-35}$$

例如，当 a + b = 4b 时，缺级的级数为 k = 4，8，……，如图 14 - 42 所示。

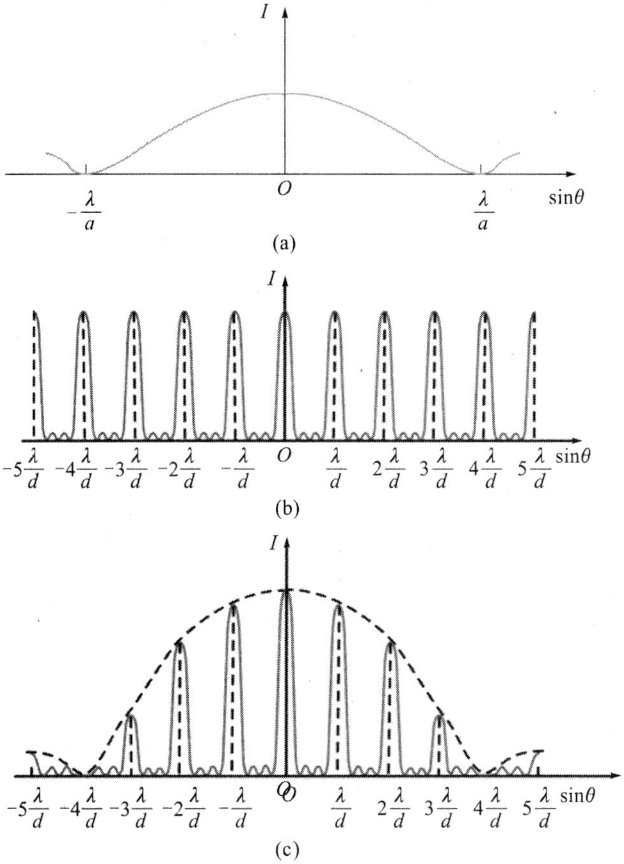

图 14 - 42 缺级现象

（a）单缝衍射；（b）多缝干射；（c）光栅衍射。

缺级现象产生的原因是光栅上所有缝的衍射图样彼此重合，即在某一处一个缝衍射极小时，其他各缝在此也都是衍射极小的，这样就造成缺级现象。

14.9.3 光栅光谱

如果复合光入射到光栅上，根据光栅方程可知，除了中央明纹重叠外，其他对于同一级明条纹的位置按照其波长由短到长的次序依次自中央向两侧排列，每一干涉级次都有这样分布的谱线。光栅衍射产生的这种按波长排列的谱线称为**光栅光谱**，如图 14 - 43 所示。

在实际应用中，由于每种元素和化合物都有它们各自特定的谱线，测定光谱中的各谱线的波长和相对强度，就可以确定该物质所含的成分及其含量，这种方法叫做**光谱分析**。

图 14-43　光栅光谱

例 14-13　复色光入射到光栅上，若其中一光波的第三级最大和红光($\lambda_R=600nm$)的第二级极大相重合，求该光波长。

解　根据光栅方程$(a+b)sin\theta=\pm k\lambda$，由题意可知

$$\begin{cases}(a+b)\sin\theta=\pm 3\lambda_x \\ b\sin\theta=\pm 2\lambda_R\end{cases}$$

所以有

$$3\lambda_x=2\lambda_R$$

即

$$\lambda_x=\frac{2}{3}\lambda_R=\frac{2}{3}\times 600=400\text{nm}$$

例 14-14　用$\lambda=430nm$的平行光垂直照射在一光栅上，该光栅每毫米有 250 条刻痕，每条刻痕宽$3\times10^{-4}cm$，试确定：(1)光栅常数；(2)最多能看到几条明纹；(3)若入射光中还包含另一波长的单色光，其第二级主极大恰好与$\lambda_1=430nm$的第三级主极大重合，求λ_2。

解　(1)光栅常数为

$$d=\frac{1\times10^{-3}}{250}=4\times10^{-6}\text{m}$$

由于$a=3\times10^{-6}m$，所以有$b=1\times10^{-6}m$。

(2)当衍射角$\theta=90°$时，有

$$k_{\max}=\frac{d}{\lambda}=\frac{4\times10^{-6}}{430\times10^{-9}}=9.3$$

取

$$k_{\max}=9$$

根据缺级条件，有

$$k=\frac{d}{b}k'=4k'$$

即第±4，±8 级缺级，由于第 9 级在无限远处，所以共可看到 13 个条纹。它们分别是 0，±1，±2，±3，±5，±6，±7。

(3)根据题意，条纹重合位置满足

$$\begin{cases}(a+b)\sin\theta=3\lambda_1 \\ (a+b)\sin\theta=2\lambda_2\end{cases}$$

于是,有

$$3\lambda_1 = 2\lambda_2$$

即

$$\lambda_2 = \frac{3}{2}\lambda_1 = 645\text{nm}$$

14.10　X 射线的衍射

威廉·伦琴(Wilhelm Roentgen,1845—1923),德国物理学家。1874 年伦琴任斯特拉斯堡大学讲师,1875 年成为霍恩海姆农业学院教授。1876 年他返回斯特拉斯堡大学做物理学教授,1879 年任吉森大学物理系主任。1888 年他就任维尔茨堡大学物理系主任。1900 年他在巴伐利亚政府一再请求下担任慕尼黑大学物理系主任。

1895 年,伦琴在研究阴极射线时发现(图 14-44),当高速运动的电子撞击金属时,金属会发射很强的穿透本领的射线,我们称此射线为**伦琴射线**,又称 **X 射线**(X-ray)。伦琴在实验中发现 *X* 射线具有很强穿透力后,为他妻子的手拍了历史上第一张颇有历史意义的 X 光照片,如图 14-45 所示。X 射线是一种波长极短的电磁波(波长为10^{-3} ~ 10nm),但当时却很难用实验证明 X 射线就是电磁波。普通的光学光栅虽然可以用来测定光波波长,但因光栅常数限制,对于波长极短的电磁波无法测定。

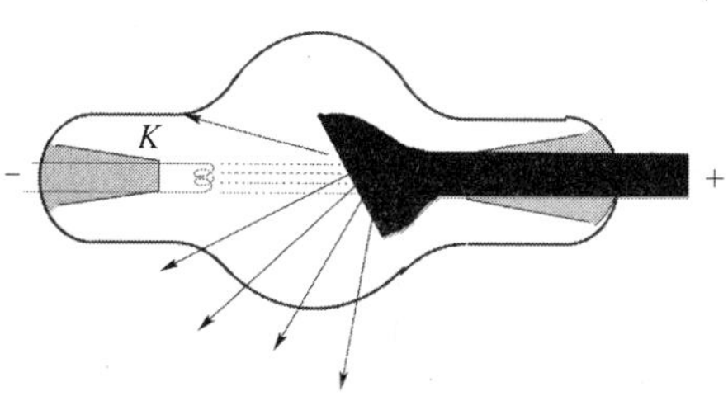

图 14-44　X 射线

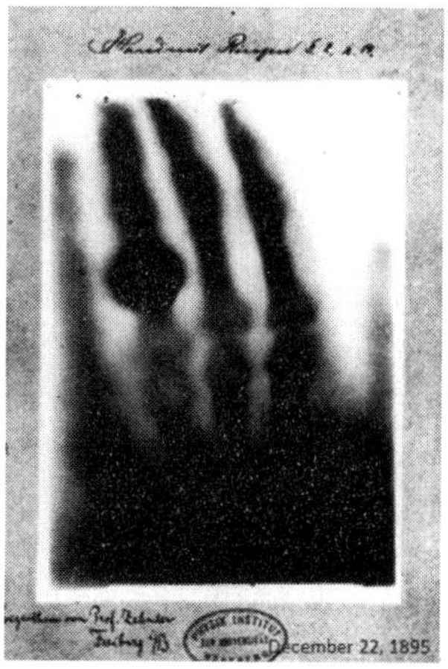

图 14-45　X 光照片

1912 年,德国物理学家劳厄认为天然晶体本身可作为光栅,他设计 X 射线衍射的实验装置,如图 14－46(a)所示。把一个垂直于晶轴切割的平行晶片放在 X 射线源和照相底片之间,X 射线经过晶体时发生衍射,在照相底片上显示出了有规则的斑点群,称为劳厄斑。图 14－46(b)所示为 X 射线通过红宝石晶体所拍摄的劳厄斑照片。劳厄斑的出现证实了 X 射线的波动性和晶体内部结构的周期性,也开创了 X 射线在晶体结构分析方面的重大应用。

马克斯·冯·劳厄(Max von Laue, 1879—1960),德国物理学家,因发现晶体中 X 射线的衍射现象而获得 1914 年诺贝尔物理学奖。他的贡献还包括光学、晶体学、量子理论、超导和相对论等。1948 年他成为国际晶体学家联盟的荣誉主席,1952 年获得骑士勋章,1953 年获得大十字勋章。

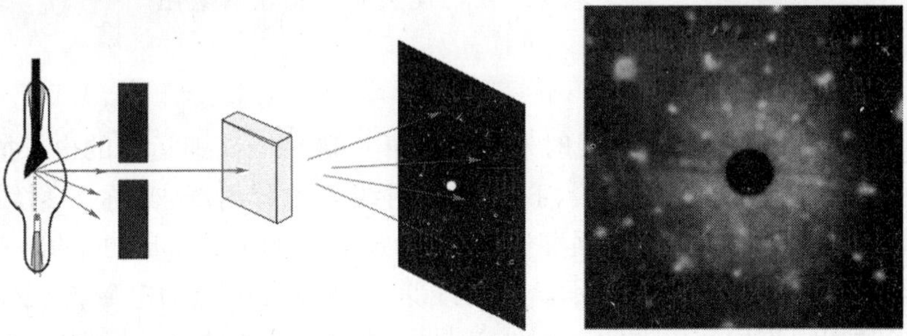

(a) (b)

图 14－46　晶体的 X 光衍射

(a) X 光衍射实验装置; (b) 劳厄斑。

劳厄解释了劳厄斑的形成,但方法比较复杂。1913 年,英国物理学家布拉格父子(威廉·亨利·布拉格和威廉·劳伦斯·布拉格)在劳厄实验的基础上,成功地测定了 NaCl、KCl 等的晶体结构,并提出了一种简单的方法来说明 X 射线的衍射。

他们假设晶体是由一系列互相平行的原子层(或晶面)构成的,各层之间的距离(**晶面间距**)(lattice distance)为 d,如图 14－47 所示。若有一束平行的、相干的、波长为 λ 的 X 射线入射到晶体表面,并发生散射。X 射线的散射与可见光不同,可见光只在物体表面上发生散射,而对于 X 射线,其一部分在表面原子层上被反射,其余部分进入晶体内部,被内部各原子所散射。X 射线在表面原子层上的散射和可见光一样,强度最大的散射方向是按反射定律反射的方向,设 X 射线入射方向与晶面之间夹角为 θ,则强度最大的反射方向与晶面的夹角也为 θ,则两相邻原子层间反射线光程差为

$$\delta = AC + CB = 2d\sin\theta$$

这个结果对于任何两相邻原子层的反射线都适用。如果光程差满足

$$\delta = 2d\sin\theta = k\lambda, \quad k = 1,2,\cdots \tag{14-36}$$

时，各层反射线将互相加强，形成亮点，式(14－36)称为**布拉格方程**，θ 称为**布拉格角**。

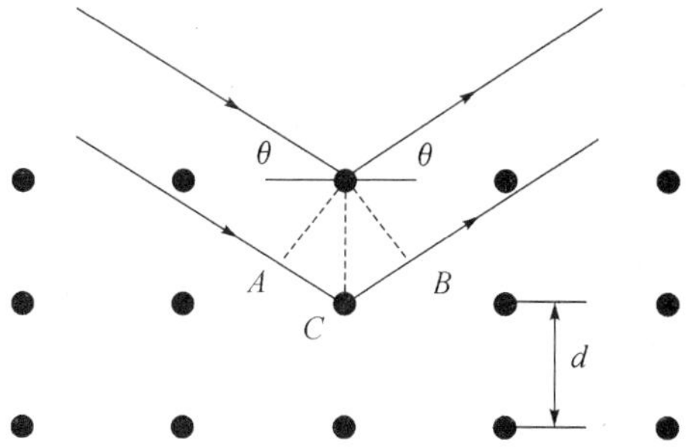

图 14－47　晶体结构图

如果是波长连续的 X 射线以一定角度入射到取向固定的晶体表面，对于不同的晶面，d 和 θ 都不同。但是，只要对某一晶面，X 射线的波长满足

$$\lambda = \frac{2d\sin\theta}{k}, \quad k = 1,2,\cdots \tag{14-37}$$

时，就会在该晶面的反射方向上获得衍射极大。上式称为**布拉格公式**或**布拉格条件**(Bragg condition)，对每簇晶面而言，凡符合布拉格公式的波长，都在各自的反射方向干涉，结果在底片上形成劳厄斑。因为晶体有很多组平行晶面，所以劳厄斑是由空间分布的亮斑组成。

伦琴的发现不仅对医学诊断有重大影响，同时也影响了 20 世纪许多重大科学成就的出现。1901 年，伦琴被授予诺贝尔奖设立后的首个诺贝尔物理学奖。受伦琴的影响，1903 年，贝克勒和居里夫妇因在放射性现象上的共同研究被授予诺贝尔物理学奖。1914 年，劳厄因“发现晶体中的 X 射线衍射现象”获得诺贝尔物理学奖。1915 年，布拉格父子因“用 X 射线对晶体结构的研究”共同获得诺贝尔物理学奖。1953 年，生物学家沃森和物理学家克里克合作，在富兰克林和威尔金斯工作的基础上，利用 X 射线的衍射特征，解开了 DNA 分子的双螺旋结构，揭开了遗传的秘密，开创了分子生物学的先河，从而获得 1962 年的诺贝尔奖。

X 射线衍射在近代物理和工程技术等方面有着重要的应用。结合布拉格公式，如果 X 射线的波长 λ 已知，在晶体上衍射时，则可测出晶面间距 d，从而可推出晶体结构。此外，还可以应用于材料表面和内部结构的无损检测。

威廉·亨利·布拉格爵士(Sir William Henry Bragg，1862—1942)，英国物理学家、化学家，现代固体物理学的奠基人之一。1907 年他当选英国皇家学会会员，1935 年当选为英国皇家学会会长，1915 年获得过马泰乌奇奖章，1916 年获得拉姆福德奖章，1930 年获得科普利奖章。他还先后被英国王室授予司令勋章(1917 年)、爵级司令勋章(1920 年)和功绩勋章(1931 年)。

威廉·劳伦斯·布拉格爵士(Sir William Lawrence Bragg,1890—1971),英国物理学家,他拥有澳大利亚和英国双重国籍。他是历史上最年轻的诺贝尔奖获奖者。1921 年他被选为皇家学会会员,1931 年获英国皇家学会的休斯奖章,1946 年获皇家学会的皇家奖章,1948 年获美国矿物学会的罗布林奖章。

14.11 光的偏振 马吕斯定律

14.11.1 自然光与偏振光

光的干涉现象和衍射现象都揭示了光的波动性,但不能由此确定光是纵波还是横波。实验结果说明光是横波,其判断依据就是偏振现象。光波是一种电磁波。电磁波是变化的电场和变化的磁场的传播过程,其能够引起感光作用和生理作用的是电场强度矢量 $\boldsymbol{E}$,所以将 $\boldsymbol{E}$ 称为光矢量。由于电磁波是横波,所以光矢量方向与光的传播方向垂直,这种特征称为**光的偏振**。在垂直于光的传播方向的平面内,光矢量的振动状态可能不同,各种振动状态成为光的偏振态。

1. 自然光(natural light)

在一般光源中(除激光光源),光是由构成光源的大量分子或原子发出的光波的合成。由于每个分子或原子发射的光波是独立的、不连续的,所以从振动方向上看,所有光矢量不可能保持一定的方向,而是以极快的不规则的次序取所有可能的方向,也可以说是在一切可能的方向上,都有光振动,并且没有一个方向比另外一个方向占优势,这种光就是**自然光**。如图 14-47(a)所示,自然光中 $\boldsymbol{E}$ 振动的轴对称分布。为了简明表示光的传播常用和传播方向垂直的短线表示图面内的光振动,而用点表示和图面垂直的光振动。如图 14-47(b)所示,对自然光,短线和点均等分布,以表示两者对应的振动相等和能量相等。

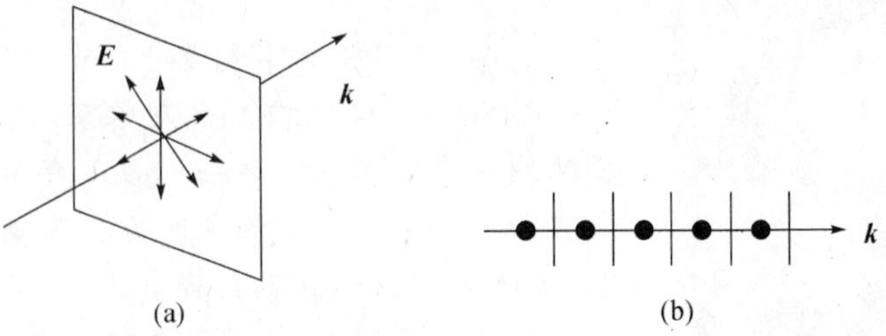

图 14-47 自然光

(a) 光矢量; (b) 自然光的表示法。

2. 线偏振光(linear polarized light)

如果光只有单一方向的振动,则称为**线偏振光**或**完全偏振光**。又由于振动只限制在垂直与光传播方向上的平面,所以称为**平面偏振光**,此平面称为振动面。先偏振光可以分别用光矢量垂直或平行与纸面(点或短线)表示,如图 14-48 所示。

3. 部分偏振光(partial polarized light)

如果某一方向的光振动比与之相垂直方向上的光振动占优势,这种光称为**部分偏振光**。它是介于完全偏振光和自然光之间的情形,其表示方法如图 14-49 所示。

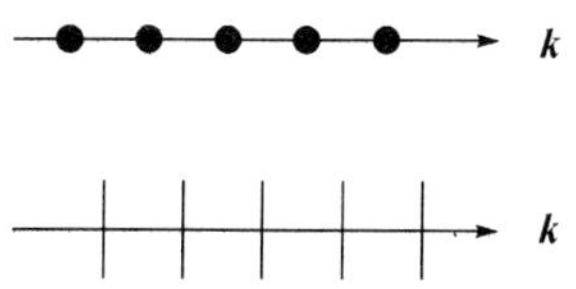

图 14-48 线偏振光表示法

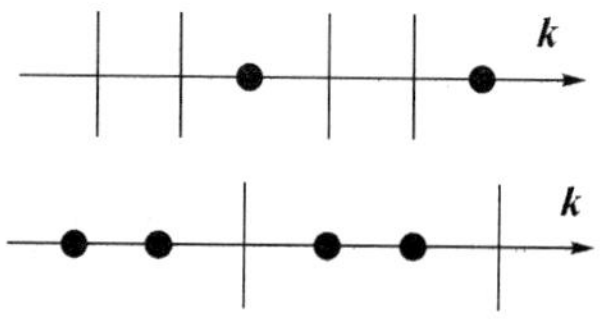

图 14-49 部分偏振光表示法

14.11.2 偏振片的起偏和检偏

由于自然光的光矢量沿各个方向,因此为了考虑光振动的本性,必须设法从自然光中分离出沿某一特定方向的光偏振,也就是把自然光转变为线偏振光。利用偏振片产生偏振光就是一个很好的方法。

目前,常使用的偏振片是由将具有二向色性的材料(如硫酸金鸡钠硷)涂敷于透明薄片上所做成,这种材料能吸收某一方向的光振动,而只让与这个方向垂直的光振动通过。为了便于研究使用,我们常在所用的偏振片上标出记号"↕",表明该偏振片允许通过的光振动方向,这个方向称作"偏振化方向"。通常把能够使自然光成为线偏振光的装置称为**起偏器**(polarizer),这里的偏振片就属于起偏器。如图 14-50 所示,自然光经偏振片后变成了线偏振光。

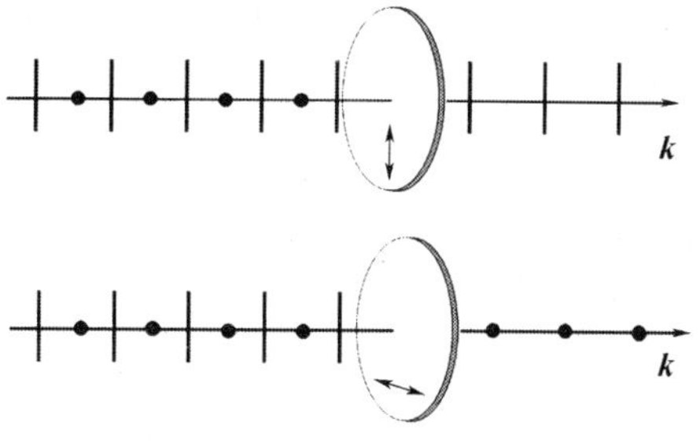

图 14-50 获取线偏振光的方法

起偏器不但可以使自然光变成线偏振光,还可以用来作为检验一束光是否为线偏振光的装置,这种装置常被称为**检偏振器**(analyzer)。偏振片也可做检偏振器。一束自然光经过起偏器 p_1 后形成线偏振光,其偏振方向与偏振片 p_1 的偏振化方向相同。当此偏振光在经过偏振片 p_2 时(p_2 可以在垂直与光的传播方向上的平面内转动),如果 p_2 和 p_1 的偏振化方向相同,那么,可继续穿过 p_2。如果后面再放个屏幕,那么,屏上将显示最明的情况,如图 14-51(a)所示。如果 p_2 和 p_1 的偏振化方向相互垂直,那么,偏振光将无法穿过 p_2,

屏上将显示最暗的情况,如图 14-51(b)所示。如果旋转 p_2 一周,在屏上会出现两次最明和两次最暗的情况。

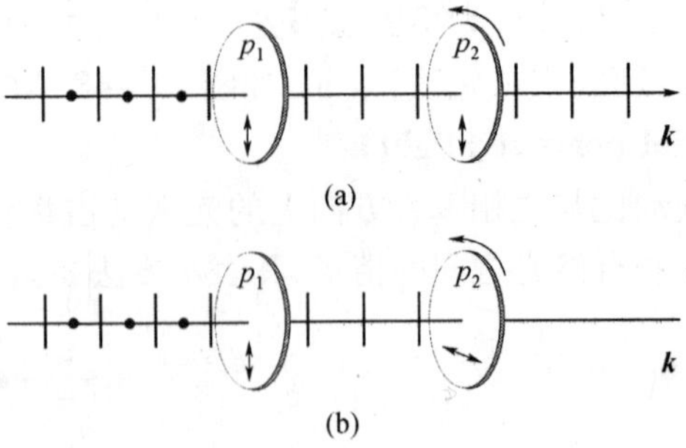

图 14-51　检偏器

14.11.3　马吕斯定律

艾蒂安—路易·马吕斯(Etienne Louis Malus,1775—1812)法国军事工程师、物理学家和数学家。1798 年至 1801 年他参加了拿破仑的远征军远征到埃及,是埃及研究所的数学组成员之一。1810 年他成为法国科学院的成员。1810 年伦敦皇家学会授予他拉姆福德奖章。马吕斯对于偏振现象做出诸多贡献,后人尊称他为"偏振之父"。

1809 年,马吕斯在实验上发现,如果不计偏振器对光的吸收,那么,线偏振光透过一偏振片的光强 I 等于入射光光强 I_0 与入射光的光振动方向和偏振片偏振化方向夹角 α 余弦平方的乘积,即

$$\boxed{I = I_0 \cos^2\alpha} \tag{14-38}$$

式(14-38)称为**马吕斯定律**(Malus Law)。

其证明过程如下:

如图 14-52 所示,光强为 I_0 的线偏振光入射到偏振片 p 上,透射光的光强为 I。线偏振光的光矢量与偏振片的偏振化方向 ON 的夹角为 α。设入射偏振光矢量振幅为 A,将其分解成与 ON 平行 $E_\parallel$ 及垂直 $E_\perp$ 的两个分矢量,即

$$\begin{cases} E_\parallel = E_0\cos\alpha \\ E_\perp = E_0\sin\alpha \end{cases}$$

透射光的振幅为 $E = E_\parallel = E_0\cos\alpha$,透射光与入射光强之比为

$$\frac{I}{I_0} = \frac{E^2}{E_0^2} = \frac{(E_0\cos\alpha)^2}{E_0^2} = \cos^2\alpha$$

$$I = I_0 \cos^2\alpha$$

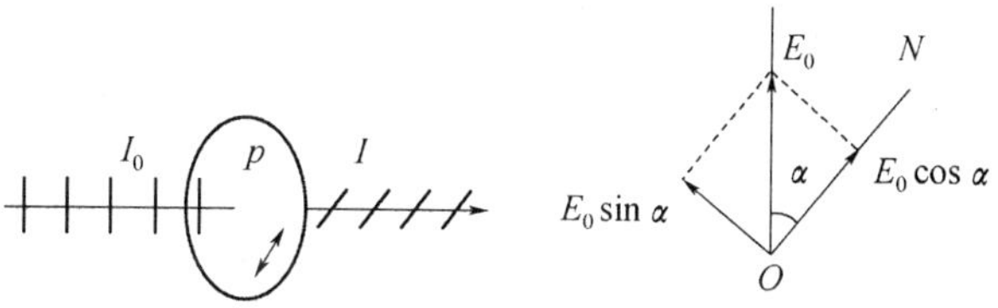

图 14－52　马吕斯定律

由上式可知，透射光的光强与夹角 α 有关，当 $\alpha=0$ 或 π 时，$I=I_0$，说明光完全透射出来；当 $\alpha=\pi/2$ 或 $3\pi/2$ 时，$I=0$，说明入射光完全被吸收。

例 14－15　如图 14－53 所示，偏振片 p_1、p_2 放在一起，一束自然光垂直入射到 p_1 上，试下面情况求 p_1、p_2 偏振化方向夹角。(1) 透过 p_2 光强为最大投射光强的 $\frac{1}{3}$；(2) 透过 p_2 的光强为入射到 p_1 上的光强 $\frac{1}{3}$。

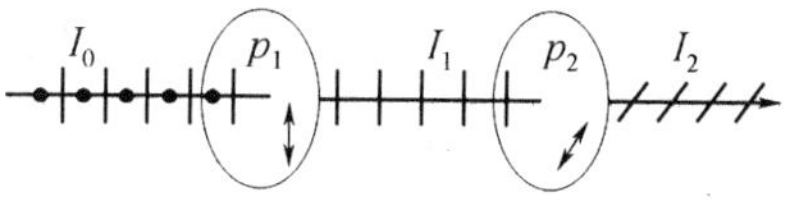

图 14－53　例 14－15 用图

解　(1) 设自然光光强为 I_0，透过 p_1 光强为

$$I_1 = \frac{1}{2}I_0$$

根据马吕斯定律，透过 p_2 光强为

$$I_2 = I_1 \cos^2\alpha,$$
$$I_{2\max} = I_1$$

当 $I_2 = \frac{1}{3}I_{2\max} = \frac{1}{3}I_1$ 时，有

$$\frac{1}{3} = \cos^2\alpha$$

所以，有

$$\alpha = \arccos\left(\pm\frac{\sqrt{3}}{3}\right)$$

(2) $I_2 = I_1 \cos^2\alpha = \frac{1}{2}I_0 \cos^2\alpha$

当 $I_2 = \frac{1}{3}I_0$ 时，有

$$\frac{1}{3} = \frac{1}{2}\cos^2\alpha$$

所以，有

$$\alpha = \arccos\left(\pm\frac{\sqrt{6}}{3}\right)$$

14.12 反射光和折射光的偏振　布儒斯特定律

大卫·布儒斯特(David Brewster,1781—1868),苏格兰数学家、物理学家、天文学家、发明家及作家。布儒斯特在光学范畴的贡献最为显著。威廉·休厄尔称其为"现代实验光学之父"和"光学中的约翰内斯·开普勒"。他研究了压缩所致双折射现象,并发现了光弹性效应,从而建立了矿物光学。他发明了万花筒,并改良了用于摄影的立体镜,这是首个能随身携带的3D眼镜。他也发明了双筒照相机、两种偏振仪、多区域镜片以及灯塔照明灯。他是英国科学联会的创办人之一,在1849年成为该会主席,也是一共18卷《爱丁堡百科全书》的编辑之一。

如图14-54(a)所示,一束自然光入射到空气与玻璃介质的分界面上后,发生反射和折射,i、γ分别为入射角和折射角。理论和实验表明,反射光中垂直振动比平行振动强,而折射光中,平行振动比垂直振动强(图中用分别用点多线少和线多点少表示)。可见,反射光和折射光均为部分偏振光。

1912年,布儒斯特在实验上发现反射光和折射光的偏振化程度与入射角i有关。当入射角等于某一特定值i_B时,反射光与折射光的传播方向相互垂直,且反射光的光矢量振动方向完全垂直于入射面,成为完全线偏振光,如图14-54(b)所示。

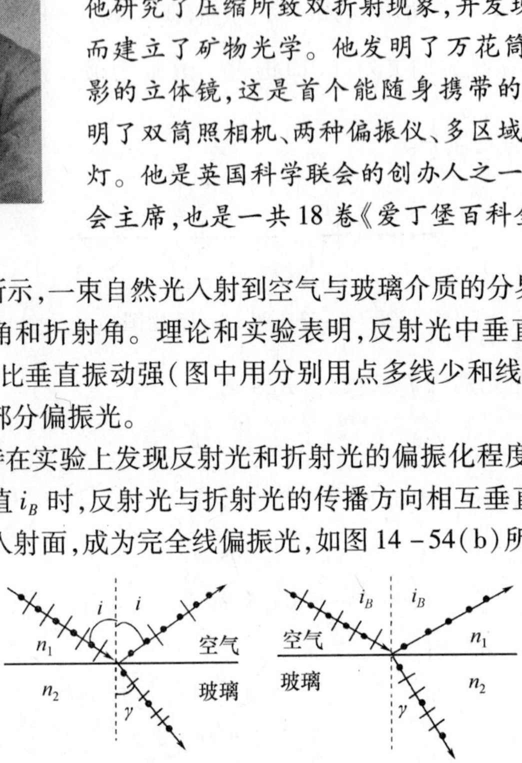

图14-54　自然光在两介质分界面处的反射与折射

当入射光以起偏角i_B入射时,由折射定律有

$$\sin i_B = \frac{n_2}{n_1}\sin\gamma = \frac{n_2}{n_1}\cos i_B$$

即

$$\boxed{\tan i_B = \frac{n_2}{n_1} = n_{21}} \tag{14-39}$$

式(14-39)称为**布儒斯特角定律**。其中,n_1、n_2是入射光和折射光所在介质空间的折射率,n_{21}表示折射介质相对入射介质的折射率,入射角i_B称为起偏角,也称为**布儒斯特角**(Brewster Angle)。

自然光以起偏角i_B入射到两种介质分界面上,虽然反射光是振动完全垂直于入射平面的完全偏振光，但光强很弱，而折射光虽然为部分偏振光，但光强很强。为了找到利用布儒斯特角定律获得偏振化程度很高的透射光，其最简单的方法就是让光通过玻璃片堆，如图 14－55 所示。此时，光在每层玻璃片上都会发生发射和折射，每通过一个面，透射光的偏振化程度就增加一次，如果玻璃体数目足够多，则最后折射光就接近于线偏振光，而且与入射光在同一方向上。

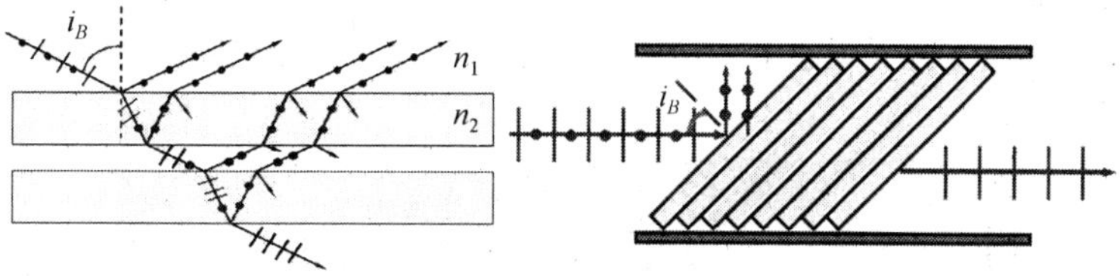

图 14－55　利用玻璃堆获取线偏振光

例 14－16　某一物质对空气得临界角为 45°，光从该物质向空气入射，则其起偏角为多大？

解　设 n_1 为该物质折射率，n_2 为空气折射率，全反射定律为

$$\frac{\sin 45^\circ}{\sin 90^\circ} = \frac{n_2}{n_1}$$

又

$$\tan i_B = \frac{n_2}{n_1}$$

则

$$\tan i_B = \frac{\sin 45^\circ}{\sin 90^\circ} = \frac{\sqrt{2}}{2}$$

$$i_B = 35.3^\circ$$

例 14－17　如图 14－56 所示，用自然光或偏振光分别以起偏角 i_B 或其他角度 $(i \neq i_B)$ 射到某一玻璃表面上，试用点或短线表明反射光和折射光光矢量的振动方向。

解　结果如下：

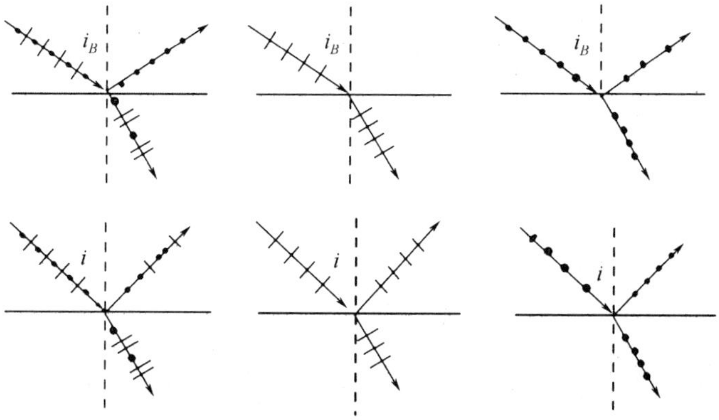

图 14－56　例 14－17 用图

*14.13 双折射现象

当一束光入射到两种各向同性介质(如玻璃、水等)的分界面上时,会发生反射和折射现象,折射光满足折射定律,并只沿一个方向传播。当一束光入射到各向异性的介质(如方解石晶体,其化学成分为碳酸钙 $CaCO_3$)时,折射光将被分成两束,这种现象称为**双折射现象**(birefrigence)。换句话说,通过玻璃我们只能看到一个像,而通过方解石,我们可以看到双像,如图 14-57 所示。

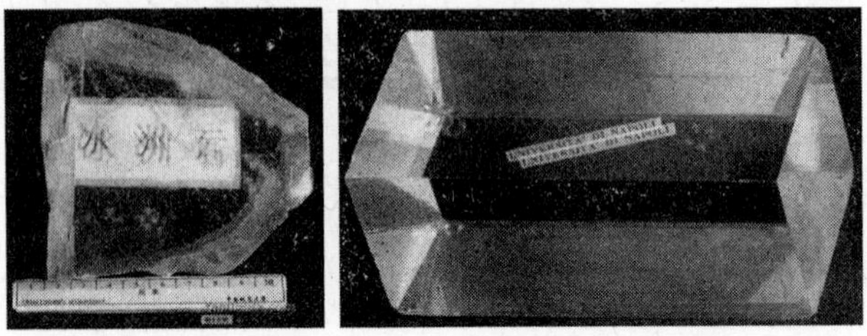

图 14-57 双折射现象

14.13.1 寻常光和非常光

在对晶体的双折射实验中发现,如果改变入射角,其中一束折射光线遵守折射定律,叫做**寻常光线**(ordinary light),通常用 o 表示,简称 o 光;另一束折射光的方向不在服从折射定律,并且该光束一般也不在入射面内,这种光称为**非常光线**(exordinary light),通常用 e 表示,简称 e 光。对于 o 光和 e 光来说,它们共同的特征为都是线偏振光。

一般情况下,o 光和 e 光产生的原因是因为它们在晶体各方向上的传播速度不相等,即使是入射角等于 0 时,如图 14-58 所示。但晶体中存在一个特殊的方向,光沿此方向传播时,o 光和 e 光传播速度相等,不发生双折射现象,则该方向称为晶体的**光轴**(optical axis)。只有一个光轴的晶体成为**单轴晶体**(uniaxial crystal),如方解石、石英、红宝石等;有两个光轴的成为**双轴晶体**(biaxial crystal),如云母、蓝宝石等。我们本节只介绍单轴晶体。

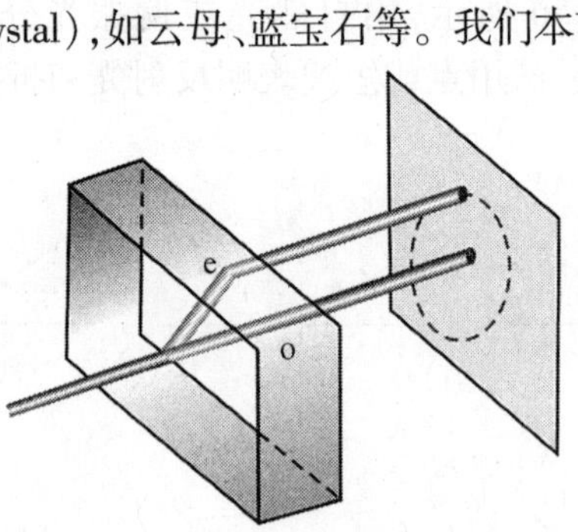

图 14-58 光束的双折射现象

天然方解石(又称冰洲石)是六面棱体,它的每个面上的锐角都是 78°,每个面上的钝角为 102°(更精确的是 78°7′和 101°53′)。当各棱边长度相等时,则 A、D 两顶点的直线方向就是光轴方向,如图 14-59 所示。注意:这里的光轴不是唯一的一条直线,是代表一个方向,与 A、B 连线平行的所有直线都可代表光轴方向。

在单轴晶体中,我们定义光线的传播方向和光轴方向组成的平面称为该光线的**主截面**。由此可知,o 光与光轴所组成的平面就是 o 光的主截面,e 光与光轴所组成的平面就是 e 光的主截面。当检偏器来观察时,可以发现 o 光和 e 光都是线偏振光,但它们的光矢量的振动方向不同,o 光的振动垂直于自己的主截面,e 光的振动平行于自己的主截面。一般来说,o 光和 e 光的主截面并不重合,仅当光轴位于入射面内时,两个主截面才严格重合,但在大多数情况下,o 光和 e 光的主截面的夹角很小,此时,o 光和 e 光的振动面几乎互相垂直,如图 14-60 所示。

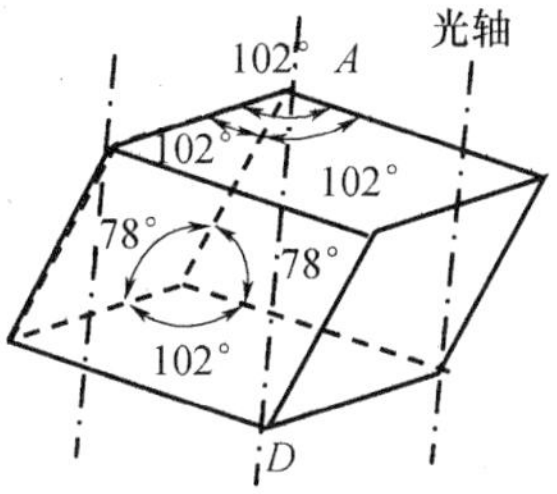

图 14-59　晶体的光轴

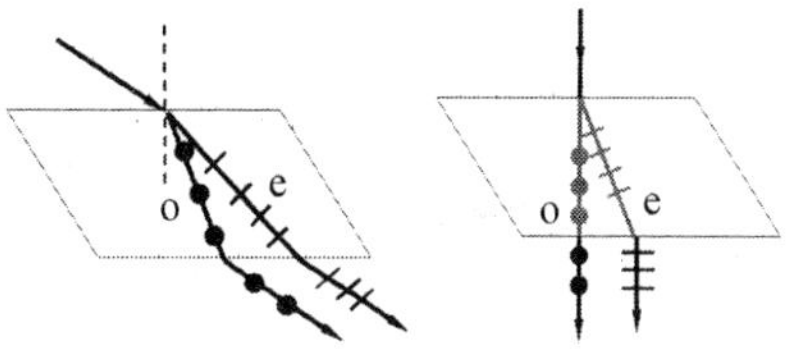

图 14-60　o 光和 e 光

14.13.2　尼科耳棱镜

1828 年,尼科耳(W. Nicol,1768—1851)制造出了尼科耳棱镜,它是一种应用性较强的偏转棱镜,可以作为起偏器和检偏器,结构如图 14-61 所示。他先将一块方解石剖成两块,在把剖面磨成光学平面,最后用加拿大树胶粘合起来,便做成了**尼科耳棱镜**。

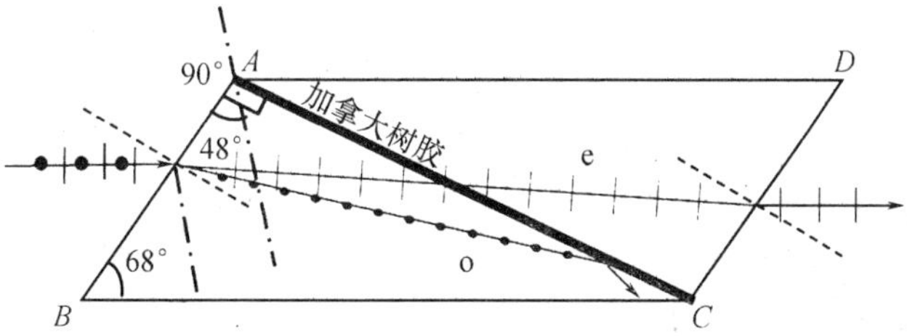

图 14-61　尼科耳棱镜

方解石对于 o 光的折射率 $n_o=1.658$,对于 e 光的主折射率为 $n_e=1.486$,而加拿大树胶是一种透明的物质,它对于钠黄光的折射率为 1.550。所以对于 e 光来说,树胶相对于方解石是光密介质;对于 o 光来说,树胶相对于方解石是光疏介质。当一束自然光入射到方解石中,产生双折射现象分成 o 光和 e 光,o 光遇到加拿大树胶后会发生全反射,而被棱镜壁吸收。但 e 光由光疏介质向光密介质折射,不会发生全反射,于是,振动方向固定的线偏振光 e 光通过棱镜。

习　题

14-1　把双缝干涉实验装置放在折射率为 n 的水中,两缝间距离为 d,双缝到屏的距离为 $D(D\gg d)$,所用单色光在真空中的波长为 λ,则屏上干涉条纹中相邻的明纹之间的距离是(　　)。

A. $D/(nd)$　　B. nD/d　　C. $d/(nD)$　　D. $lD/(2nd)$

14-2　如图所示,S_1、S_2是两个相干光源,它们到P点的距离分别为r_1和r_2。路径S_1P垂直穿过一块厚度为t_1、折射率为n_1的介质板,路径S_2P垂直穿过厚度为t_2、折射率为n_2的另一介质板,其余部分可看作真空,这两条路径的光程差等于(　　)。

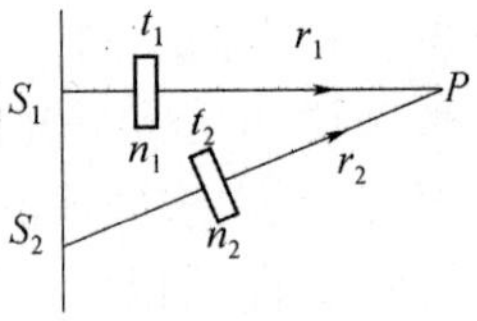

习题 14-2 图

A. $(t_2+n_2t_2)-(r_1+n_1t_1)$

B. $[r_2+(n_2-1)t_2]-[r_1+(n_1-1)t_2]$

C. $(r_2-n_2t_2)-(r_1-n_1t_1)$

D. $n_2t_2-n_1t_1$

14-3　在图示三种透明材料构成的牛顿环装置中,其中$n_1=1.52$,$n_2=1.62$,$n_3=1.75$,用单色光垂直照射,在反射光中看到干涉条纹,则在接触点P处形成的圆斑为(　　)。

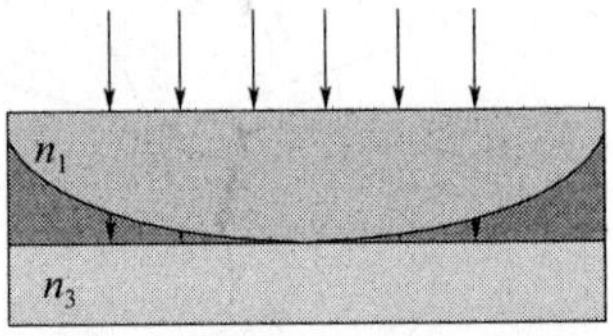

习题 14-3 图

A. 全明

B. 全暗

C. 右半部明,左半部暗

D. 右半部暗,左半部明

14-4　图示为一干涉膨胀仪示意图,上下两平行玻璃板用一对热膨胀系数极小的石英柱支撑着,被测样品W在两玻璃板之间,样品上表面与玻璃板下表面间形成一空气劈尖,在以波长为λ的单色光照射下,可以看到平行的等厚干涉条纹。

当W受热膨胀时,条纹将(　　)。

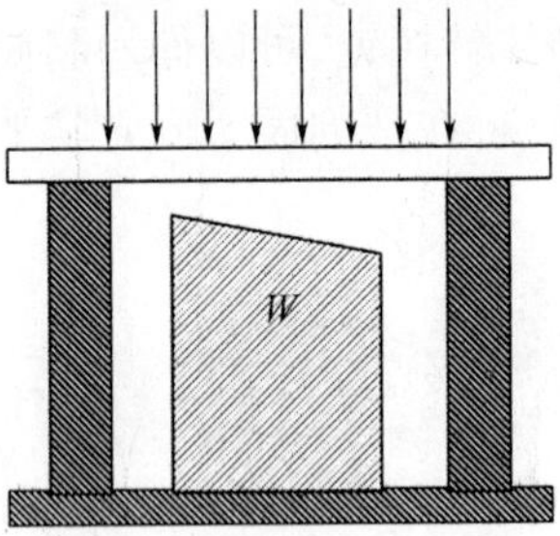

习题 14-4 图

A. 条纹变密,向右靠拢

B. 条纹变疏,向上展开

C. 条纹疏密不变,向右平移

D. 条纹疏密不变,向左平移

14-5　在迈克尔逊干涉仪的一条光路中,放入一折射率为n、厚度为d的透明薄片,放入后,这条光路的光程改变了(　　)。

A. $2(n-1)d$　　B. $2nd$　　C. $2(n-1)d+l/2$　　D. nd　　E. $(n-1)d$

14-6　在单缝夫琅禾费衍射装置中,将单缝宽度b稍梢变宽,同时使单缝沿y轴正方向作微小平移(透镜屏幕位置不动),则屏幕E上的中央衍射条纹将(　　)。

A. 变窄,同时向上移

B. 变窄,同时向下移

C. 变窄,不移动

D. 变宽,同时向上移

E. 变宽,不移

14-7　自然光以60°的入射角照射到某两介质交界面时,反射光为完全线偏振光,则知折射光为(　　)。

A. 完全线偏振光且折射角是30°

B. 部分偏振光且只是在该光由真空入射到折射率为$\sqrt{3}$的介质时,折射角是30

C. 部分偏振光,但须知两种介质的折射率才能确定折射角

D. 部分偏振光且折射角是30°

14-8　杨氏双缝的间距为0.2mm,距离屏幕为1m。(1)若第一级明纹距离为2.5mm,求入射光波长。(2)若入射光的波长为600nm,求相邻两明纹的间距。

14-9　在双缝干实验中,波长$\lambda=500$nm的单色光入射在缝间距$d=2\times10^{-4}$m的双缝上,屏到双缝的距离为2m,求:(1)每条明纹宽度;(2)中央明纹两侧的两条第10级明纹中心的间距;(3)若用一厚度为$e=6.6\times10^{-6}$m的云母片覆盖其中一缝后,零级明纹移到原来的第七级明纹处,则云母片的折射率是多少?

14-10　某单色光照在缝间距为$d=2.2\times10^{-4}$的杨氏双缝上,屏到双缝的距离为$D=1.8$m,测出屏上20条明纹之间的距离为9.84×10^{-2}m,则该单色光的波长是多少?

14-11　如图所示,在双缝实验中入射光的波长为550nm,用一厚度为$e=2.85\times10^{-4}$cm的透明薄片盖住S_1缝,发现中央明纹移动3个条纹,向上移至S_1。试求:透明薄片的折射率。

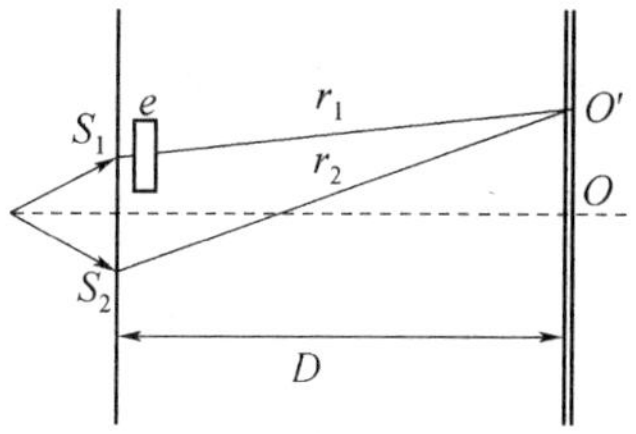

习题14-11图

14-12　一块厚1.2μm的折射率为1.50的透明膜片。设以波长介于400~700nm的可见光,垂直入射,求反射光中哪些波长的光最强?

14-13　在玻璃板(折射率为1.50)上有一层油膜(折射率为1.30)。已知对于波长为500nm和700nm的垂直入射光都发生反射相消,而这两波长之间没有别的波长光反射相消,求此油膜的厚度。

14-14　在制造珠宝时,为了使人造水晶($n=1.5$)具有强反射本领,就在其表面上镀一层一氧化硅($n=2.0$)。要使波长560nm的光反射增强,镀膜层至少应为多厚?

14-15　在折射率$n_1=1.52$的镜头表面镀有一层折射率$n_2=1.38$的MgF_2增透膜,如果此膜适用于波长$\lambda=550$nm的光,膜的厚度最小应是多少?

14-16　如图所示,波长为680nm的平行光垂直照射到$L=0.12$m长的两块玻璃片上,两玻璃片一边相互接触,另一边被直径$D=0.048$mm的细钢丝隔开。求:

(1) 两玻璃片间的夹角θ。

(2) 相邻两明条纹间空气膜的厚度差是多少?

(3) 相邻两暗条纹的间距是多少?

(4) 在这0.12m内呈现多少条明条纹?

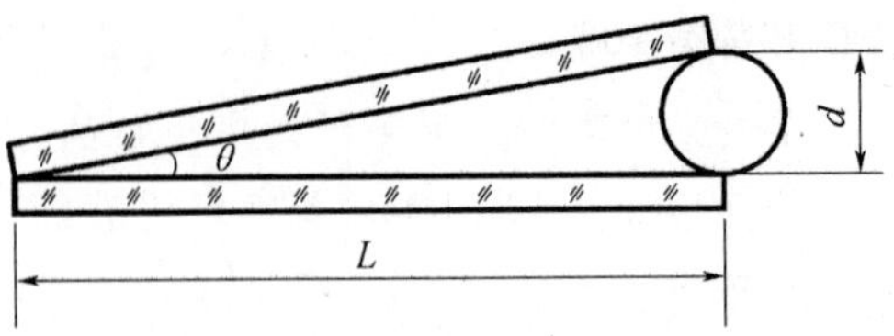

习题 14－16 图

14－17　用波长为500nm的单色光垂直照射到由两块光学平玻璃构成的空气劈形膜上。在观察反射光的干涉现象中，距劈形膜棱边 $l=1.56\text{cm}$ 的 A 处是从棱边算起的第四条暗条纹中心。求：(1) 此空气劈形膜的劈尖角；(2) 第十级明纹处的光程差及空气薄膜的厚度；(3) 改用600nm的单色光垂直照射到此劈尖上仍观察反射光的干涉条纹，A 处是明条纹还是暗条纹？从棱边到 A 处的范围内共有几条明纹？几条暗纹？

14－18　有一玻璃劈形膜，玻璃的折射率为1.50，劈形膜的夹角为 $5.0\times10^{-5}\text{rad}$，用单色光正入射，测得干涉条纹中相邻暗纹间的距离为 $3.64\times10^{-3}\text{m}$，求此单色光的波长。

14－19　由两平玻璃板构成的一密封空气劈尖，在单色光照射下，形成4001条暗纹的等厚干涉，若将劈尖中的空气抽空，则留下4000条暗纹。求空气的折射率。

14－20　用钠灯($\lambda=589.3\text{nm}$)观察牛顿环，看到第 k 条暗环的半径为 $r=4\text{mm}$，第 $k+5$ 条暗环半径 $r=6\text{mm}$，求所用平凸透镜的曲率半径 R。

14－21　一单色光照射到曲率半径为10m的平凸透镜上做牛顿环实验，测得第 k 个暗环的半径为5.63mm，第 $k+5$ 暗环的半径为7.96mm。求：(1) 入射光的波长；(2) 第十级暗纹对应的光程差及空气薄膜的厚度。

14－22　利用迈克尔孙干涉仪可以测量光的波长。在一次实验中，观察到干涉条纹，当推进可动反射镜时，可看到条纹在视场中移动。当可动反射镜被推进0.187mm时，在视场中某定点共通过了635条暗纹。试由此求所用入射光的波长。

14－23　用波长 $\lambda_1=400\text{nm}$ 和 $\lambda_2=700\text{nm}$ 的混合光垂直照射单缝，在衍射图样中 λ_1 的第 k_1 级明纹中心位置恰与 λ_2 的第 k_2 级暗纹中心位置重合。求满足条件最小的 k_1 和 k_2。

14－24　单缝宽0.10mm，透镜焦距为50cm，用 $\lambda=500\text{nm}$ 的绿光垂直照射单缝。求：位于透镜焦平面处的屏幕上中央明条纹的宽度和第一级明纹各为多少？

14－25　有一宽0.30mm单缝，缝后透镜焦距为0.80m，用平行橙光610nm垂直照射单缝。求：(1) 屏幕上中央明纹宽度；(2) 第三级明纹中心到中央明纹中心的距离。

14－26　已知天空中两颗星相对于一望远镜的角距离为 $4.84\times10^{-6}\text{rad}$，它们都发出波长为 $\lambda=550\text{nm}$ 的光，试问望远镜的口径至少要多大，才能分辨出这两颗星？

14－27　一缝间距 $d=0.1\text{mm}$，缝宽 $b=0.02\text{mm}$ 的双缝，用波长 $\lambda=600\text{nm}$ 的平行单色光垂直入射，双缝后放一焦距为 $f=2.0\text{m}$ 的透镜。求：(1) 单缝衍射中央亮条纹的宽度内有几条干涉主极大条纹？(2) 在这双缝的中间再开一条相同的单缝，中央亮条纹的宽度内又有几条干涉主极大条纹？

14－28　用每毫米300条刻痕的衍射光栅来检验仅含有属于红和蓝的两种单色成分的光谱。已知红谱线波长 λ_R 在 $0.63\sim0.76\mu\text{m}$ 范围内，蓝谱线波长 λ_B 在 $0.43\sim0.49\mu\text{m}$ 范围内。当光垂直入射到光栅时，发现在衍射角为24.46°处，红蓝两谱线同时出现。

(1) 在什么角度下红蓝两谱线还会同时出现?

(2) 在什么角度下只有红谱线出现?

14-29 在单缝夫琅禾费衍射实验中,垂直入射的光有两种波长,$\lambda_1=400$nm,$\lambda_2=760$nm。已知单缝宽度 $b=1.0\times10^{-2}$cm,透镜焦距 $f=50$cm。(1)求两种光第一级衍射明纹中心之间的距离。(2)若用光栅常数 $d=1.0\times10^{-3}$cm 的光栅替换单缝,其他条件和上一问相同,求两种光第一级主极大之间的距离。

14-30 波长600nm 的单色光垂直照射在光栅上,第二级明条纹出现在 $\sin\theta=0.20$ 处,第四级缺级。试求:(1)光栅常数 $(a+b)$;(2)光栅上狭缝可能的最小宽度 b;(3)在光屏上可能观察到的全部级数。

14-31 波长600nm 的单色光垂直入射到一光栅上,测得第二级主极大的衍射角为30°,且第三级是缺级。求:(1) 光栅常数 $(a+b)$ 等于多少?(2) 透光缝可能的最小宽度 b 等于多少?(3) 在光屏上可能观察到的全部级数。

14-32 一束平行光垂直入射到某个光栅上,该光束有两种波长的光,$\lambda_1=440$nm,$\lambda_2=660$nm $(1\text{nm}=10^{-9}\text{m})$。实验发现,两种波长的谱线(不计中央明纹)第二次重合于衍射角钘 $\varphi=60°$ 的方向上。求此光栅的光栅常数 d。

14-33 用589.3nm 的钠光垂直照射到某光栅上,测得第三级光谱的衍射角为60°。(1) 若换用另一光源测得其第二级光谱的衍射角为30°,求后一光源发光的波长。(2) 若以白光(400~760nm) 照射在该光栅上,求其第二级光谱的张角$(1\text{nm}=10^{-9}\text{m})$。

14-34 一透射光栅,每厘米200 条透光缝,每条透光缝宽为 $b=2\times10^{-3}$cm,在光栅后放一焦距 $f=1$m 的凸透镜,现以 $\lambda=600$nm $(1\text{nm}=10^{-9}\text{m})$ 的单色平行光垂直照射光栅。求:

(1) 透光缝 b 的单缝衍射中央明条纹宽度为多少?

(2) 在该宽度内,有几个光栅衍射主极大?

14-35 自然光投射到叠在一起的两块偏振片上,则两偏振片的偏振化方向夹角为多大才能使:

(1) 透射光强为入射光强的1/3;

(2) 透射光强为最大透射光强的1/3(均不计吸收)。

14-36 使自然光通过两个偏振化方向夹角为60°的偏振片时,透射光强为 I_1,今在这两个偏振片之间再插入一偏振片,它的偏振化方向与前两个偏振片均成30°,问此时透射光 I 与 I_1 之比为多少?

14-37 设一部分偏振光由一自然光和一线偏振光混合构成。现通过偏振片观察到这部分偏振光在偏振片由对应最大透射光强位置转过60°时,透射光强减为一半,试求部分偏振光中自然光和线偏振光两光强各占的比例。

14-38 从某湖水表面反射来的日光正好是完全偏振光,已知湖水的折射率为1.33。推算太阳在地平线上的仰角,并说明反射光中光矢量的振动方向。

14-39 一束自然光从空气入射到平面玻璃上,入射角为58°,此时反射光为偏振光。求此玻璃的折射率及折射光的折射角。

第 15 章 狭义相对论基础

19 世纪以前人们接触到的都是宏观低速的物理学问题,也就是经典物理学问题。此时的经典物理学已经发展到相当高的水平,取得了辉煌的成就,对各种看得见、摸得着、可观测的物理现象,以及生产实践中遇到的技术问题,物理学家都能给出圆满的解答,当时的物理学家都认为物理学的全部研究任务都已经完成。

1900 年 4 月 27 日,英国物理学家开尔文在英国皇家学会作了一次展望 20 世纪物理学的演讲,他说,“物理学的大厦已经基本完成,后辈的物理学家只要做一些零碎的修补工作就可以了”,不过他又说,“在物理学晴朗天空的远处,还有两朵小小的、令人不安的乌云”。正是这两朵小小的乌云,不久就发展成为物理学中惊天动地的两次革命,量子力学和相对论。量子力学和相对论是 20 世纪科学的两大支柱,科学技术的发展都与此相关。

本章主要内容包含:经典时空观的伽利略变换,狭义相对论的基本原理,洛仑兹变换,狭义相对论的时空观和相对论动力学。

15.1 经典力学时空观 伽利略变换

15.1.1 经典力学时空观

在爱因斯坦的**狭义相对论**(special relativity)出来之前,人们普遍认为时间和空间是绝对的,与物质和物质的运动无关,并且时间和空间之间也没有联系。牛顿也认为,“绝对的、真正的和数学的时间自身在流逝着,而且由于其本性而在均匀地、与任何其他外界事物无关地流逝着”“绝对的空间,就其本性而言,是与外界任何事物无关而永远是相同的和不动的”“绝对运动是一个物体从某一绝对处所向另一绝对处所的移动”。这就是经典力学的时空观,也称**绝对时空观**(absolute and relative space - time view)。

按照绝对时空观的说法,在经典力学中无论从哪个惯性系来测量两个事件的时间间隔,所得结果是相同的,即时间间隔是绝对的,与参照系无关。在不同惯性系中测量同一物体长度,所得长度都相同,即空间间隔是绝对的,与参照系无关。很显然,这些结论与我们日常生活的感知是一样的,相对论的产生说明绝对时空观是不正确的,我们将在后面进行介绍。

15.1.2 伽利略变换 力学的相对性原理

如图 15 - 1 所示,空间里有两个惯性系 $S(Oxyz)$ 和 $S'(O'x'y'z')$,它们的相应坐标轴相互平行,且 S' 系相对 S 系以速度 u 沿 x 轴的正向匀速运动,初始时,即 $t=t'=0$ 时,S' 系

和 S 系重合。假设有一点 P,在两个坐标系里的坐标分别为 (x,y,z) 和 (x',y',z')。开始时坐标是重合的,但是在 t 时刻后,对应的坐标值满足

$$\begin{cases} x' = x - ut \\ y' = y \\ z' = z \\ t' = t \end{cases} \quad 或 \quad \begin{cases} x = x' + ut \\ y = y' \\ z = z' \\ t = t' \end{cases} \tag{15-1}$$

式(15-1)就是 S'系和 S 系之间的伽利略时空变换式,简称为**伽利略变换**(galilean transformation)。

伽利略变换表明,如果在 S'系和 S 系分别测量同一物体的尺寸时,其值与速度 u 无关。这也就是说,在经典物理学里,空间的尺度是绝对的,与运动无关。

从伽利略变换式出发,将式(15-1)对时间求一阶导数,就得出伽利略的**速度变换式**

$$\begin{cases} v'_x = v_x - u \\ v'_y = v_y \\ v'_z = v_z \end{cases} \tag{15-2}$$

式中:v'_x、v'_y、v'_z 分别为点 P 相对于 S'系的速度分量;v_x、v_y、v_z 分别为点 P 相对于 S 系的速度分量。其矢量形式为

$$\boldsymbol{v}' = \boldsymbol{v} - \boldsymbol{u} \tag{15-3}$$

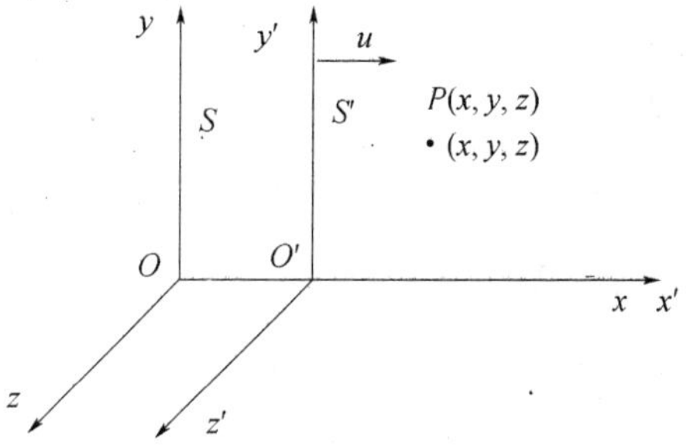

图 15-1 伽利略变换

如果在将式(15-3)对时间进行求二阶导数,就可以得出伽利略**加速度变换式**

$$\begin{cases} a'_x = a_x \\ a'_y = a_y \\ a'_z = a_z \end{cases}$$

矢量形式为

$$\boldsymbol{a}' = \boldsymbol{a} \tag{15-4}$$

结合式(15-3)和式(15-4)我们发现,虽然在不同的惯性系里对于质点速度的描述不同,但是对于加速度的描述都是相同的。由于经典力学认为质点的质量是与运动无关的量,所以在两个相互做匀速运动的惯性参考系中,牛顿力学的运动定律具有相同的形式,即

$$\boldsymbol{F}' = m'\boldsymbol{a}', \quad \boldsymbol{F} = m\boldsymbol{a} \tag{15-5}$$

式(15-5)表明,物体的运动规律经伽利略变换后,在各惯性系里都具有完全相同的形式。即牛顿力学的**相对性原理**可以表述为:力学规律对一切惯性参照系都是等价的,力学规律对伽利略变换具有协变性。虽然这个结论和一些实验结果相符,但这里我们需要指出的是,牛顿力学的相对性原理只适用于做低速运动的宏观物体。

15.2 迈克尔逊—莫雷实验 狭义相对论的两个基本假设

15.2.1 迈克尔逊—莫雷实验

19 世纪初,麦克斯韦提出电磁场理论并预言了电磁波的存在,光在真空中的传播速率为

$$c = \frac{1}{\sqrt{\varepsilon_0 \mu_0}} \approx 3 \times 10^8 \mathrm{m \cdot s^{-1}}$$

由上式可以看出,电磁波的速度只与介质有关,而与参考系的选取无关。

但是按照伽利略变换,在不同的参照系中,光的速率 c 应该有不同的值。例如,在 S 系中光的传播速率为 c,但是在相对于 S 系正向匀速运动的 S'系中,测的沿正向传播的光速为 $c-u$,而在沿负向传播光速为 $c+u$。由此发现,在用伽利略变换对不同参照系的麦克斯韦方程组进行变换时,发现其在不同的参考系来中是不协变的。为了发现不同惯性系中光速的差异,人们设计了许多的实验。其中最著名的实验是 1887 年迈克尔逊和莫雷利用迈克尔逊干涉仪精密地测量地球上各个方向光速差别的实验,即迈克尔逊—莫雷实验。但是经过反复的测量,他们的结论是:**在所有的惯性参考系中,光在真空中的传播速率都相同,都等于 c**。

迈克尔逊—莫雷实验的结论对于经典时空观的结论是相悖的,是说不通的。难道相对性原理只适用于牛顿定律,而不适用于电磁场理论?当时,许多科学家如洛仑兹、庞加莱等都在绝对时空观的基础上解释这个问题,但是都未成功。1905 年,年轻的爱因斯坦在对先前的实验和理论的基础上,提出了两条基本假设,解决了上述问题,并在此基础上建立了狭义相对论。

爱德华·莫雷(Edward Morley,1838—1923),生于美国新泽西州的纽华克城市,美国物理学家、化学家。1887 年,与阿尔伯特·迈克尔逊合作完成著名的迈克耳逊—莫雷实验,并获得 1907 年的诺贝尔物理学奖。此外,莫雷还研究过地球大气层的氧气成分、热膨胀和在磁场内的光速。为了纪念他在科学方面的贡献,月球的莫雷陨石坑以他命名,他的住家在 1975 年被列为国家历史地标 。

15.2.2 狭义相对论的两个基本假设

假设Ⅰ 在所有惯性系中物理学规律都具有相同的形式,或物理学定律与惯性系的选择无关,所有的惯性系都是等价的。这也称为狭义相对论的**相对性原理**(relativity principle)。

假设Ⅱ 在所有惯性系中,光在真空中沿各个方向传播的速率都等于恒量 c。这也称为**光速不变原理**(principle of constancy of light velocity)。

相对性原理说明一切物理规律都应遵从同样的相对性原理，它是力学相对性原理的推广。间接地指明了绝对静止的参考系是不存在的。光速不变性原理也说明了迈克尔逊—莫雷实验的结论。狭义相对论的两个基本假设虽然很简单，但是却和经典时空观及牛顿力学体系不相容，也是狭义相对论的基础。近代物理的实验已经证明出其结论的正确性。

15.3 洛仑兹变换

根据狭义相对论两条基本假设，爱因斯坦导出新的时空变换式，称为洛仑兹变换式（Lorentz transformation）。

15.3.1 洛仑兹变换

如图 15－2 所示，设有一静止惯性参照系 S，另一惯性系 S' 沿 x' 轴正向相对 S 以 $\boldsymbol{u}$ 匀速运动，当 $t=t'=0$ 时，相应坐标轴重合。点 P 在 S 系中的时空坐标为 (x,y,z,t)，在 S' 系中的时空坐标为 (x',y',z',t')，这两组时空坐标之间存在的变换关系为

$$\begin{cases} x' = \dfrac{x-ut}{\sqrt{1-\beta^2}} \\ y' = y \\ z' = z \\ t' = \dfrac{t-\dfrac{u}{c^2}x}{\sqrt{1-\beta^2}} \end{cases} \qquad (15-6)$$

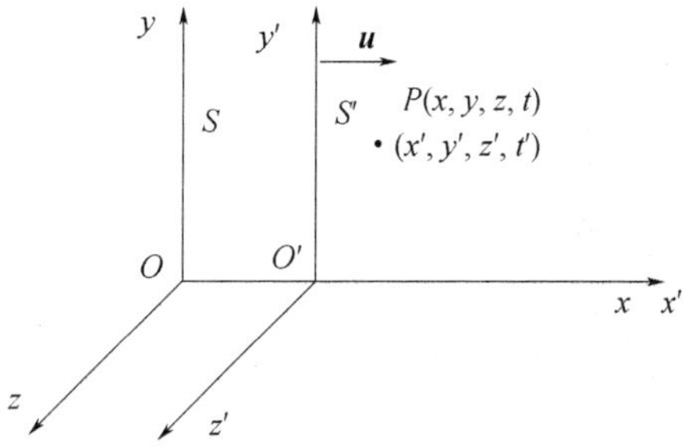

图 15－2 洛仑兹变换

式(15－6)称为**狭义相对论的洛仑兹时空变换式**，式中 $\beta=u/c$。其逆变换式为

$$\begin{cases} x = \dfrac{x'+ut'}{\sqrt{1-\beta^2}} \\ y = y' \\ z = z' \\ t = \dfrac{t'+\dfrac{u}{c^2}x'}{\sqrt{1-\beta^2}} \end{cases} \qquad (15-7)$$

由式(15－6)和式(15－7)可知，洛仑兹变换式中，时空是不可分割的，都与运动有关系，这与伽利略变换是不同的。当 $u \ll c$ 时，β^2 的值趋近于 0，此时，洛仑兹变换转化成伽利略变换式。这说明，物体在低速运动的时候，洛仑兹变换和伽利略变换是等效的。即伽利略变换只适用于低速运动的物体，而当物体做高速运动时，只能使用洛仑兹变换。

15.3.2 洛仑兹速度变换式

将上面两式对时间进行求导，将得到**洛仑兹速度变换式**，即

$$
\begin{cases}
v'_x = \dfrac{v_x - u}{1 - \dfrac{v}{c^2}v_x} \\
v'_y = \dfrac{v_y\sqrt{1-\beta^2}}{\left(1 - \dfrac{u}{c^2}v_x\right)} \\
v'_z = \dfrac{v_z\sqrt{1-\beta^2}}{\left(1 - \dfrac{u}{c^2}v_x\right)}
\end{cases} \tag{15-8}
$$

其中，$\beta = u/c$。其逆变换式为

$$
\begin{cases}
v_x = \dfrac{v'_x + u}{1 + \dfrac{u}{c^2}v'_x} \\
v_y = \dfrac{v'_y\sqrt{1-\beta^2}}{\left(1 + \dfrac{u}{c^2}v'_x\right)} \\
v_z = \dfrac{v'_z\sqrt{1-\beta^2}}{\left(1 + \dfrac{u}{c^2}v'_x\right)}
\end{cases} \tag{15-9}
$$

式(15-9)表明，相对论的速度变换式 x、y、z 三个方向的分量都需要变换，这与伽利略变换是不一样的。当 $u \ll c$ 时，β^2 的值趋于0，此时，洛仑兹速度变换转化成伽利略速度变换式。利用洛仑兹速度变换式，我们来看看光速不变性原理。

例15-1 现有一飞船，相对于地面以速度 c 运动，飞船上有一个光源沿 x 轴正方向发出一束光，相对于飞船的速度为 c，那么，地面上的人观察的光速是多少？

解 设地面为 S 系，飞船为 S' 系，其相对于地面的运动速度为 $u = c$，S' 系中光的传播速度为 $v'_x = c$，则地面上观察到的光的速度为

$$
v_x = \frac{v'_x + u}{1 + \dfrac{u}{c^2}v'_x} = c
$$

这说明，在 S 系和 S' 系中测量出的光的速度是相等的，其结果符合光速不变性原理。

15.4 狭义相对论的时空观

15.4.1 同时的相对性

经典时空观中的时间是绝对的，也就是说，在惯性系 S 中观察的同时发生的两个事件，在惯性系 S' 看来也是同时发生的，即同时性是绝对的。但在相对论时空观中，同时性却是相对的，即在 S 系中观察到同时发生的两个事件，在 S' 系中则不是同时发生的。

在 S' 系中发生两个事件，时空坐标为 (x'_1,t'_1) 和 (x'_2,t'_2)，这两个事件在 S 系中时空坐标为 (x_1,t_1) 和 (x_2,t_2)，当 $t'_1=t'_2=t'_0$，则在 S' 中是同时发生的（$\Delta t'=0$），根据洛仑兹变换式，在 S 系看来两事件发生的时间间隔为

$$\Delta t = t_2 - t_1 = \frac{t'_2 + \frac{u}{c^2}x'_2}{\sqrt{1-\beta^2}} - \frac{t'_1 + \frac{u}{c^2}x_1}{\sqrt{1-\beta^2}}$$

$$= \frac{(t'_2 - t'_1) + \frac{u}{c^2}(x'_2 - x'_1)}{\sqrt{1-\beta^2}} \tag{15 - 10}$$

若 $t'_2=t'_1$，$x'_1\neq x'_2$，则 $\Delta t\neq 0$，即 S 上测得这两个事件一定不是同时发生的，这与经典力学截然不同。这就是我们说的**同时的相对性**（relativity of simultaneous）。对于 $t'_2=t'_1$，$x'_1=x'_2$ 时，$\Delta t=0$，即在一个惯性系中同时、同地发生的两个事件，在其他惯性系中也是同时发生的。

阿尔伯特·爱因斯坦（Albert Einstein，1879—1955），出生在德意志帝国之符腾堡王国乌尔姆市，20 世纪犹太裔理论物理学家、科学哲学家，创立了相对论。因为"对理论物理的贡献，特别是发现了光电效应"而获得 1921 年诺贝尔物理学奖。不过在瑞典科学院的公告中并未提及相对论，原因是认为相对论存在争议。爱因斯坦 1908 年兼任伯尔尼大学的兼职讲师，1909 年离开专利局任苏黎世大学理论物理学副教授，1911 年任布拉格德国大学理论物理学教授，1912 年任母校苏黎世联邦理工学院教授。1914 年，爱因斯坦应马克斯·普朗克和瓦尔特·能斯特的邀请，回德国任威廉皇家物理研究所所长兼柏林洪堡大学教授，直到 1933 年；1920 年，应亨德里克·洛仑兹和保罗·埃伦费斯特的邀请，兼任荷兰莱顿大学特邀教授。1933 年担任新建的普林斯顿高等研究院的教授，直至 1945 年退休，1940 年取得美国国籍。

1915 年，爱因斯坦发表了广义相对论。他所作的光线经过太阳引力场要弯曲的预言，于 1919 年由英国天文学家亚瑟·斯坦利·爱丁顿的日全蚀观测结果所证实。1916 年，他预言的引力波在 1978 年也得到了证实。1917 年，爱因斯坦在《论辐射的量子性》一文中提出了受激辐射理论，成为激光的理论基础。爱因斯坦的后半生一直从事寻找统一场论的工作，不过这项工作没有获得成功。

15.4.2 时间膨胀

设在 S' 系中同一地点不同时刻发生两个事件，时空坐标分别为 (x',t'_1) 和 (x',t'_2)，时间间隔为 $\Delta t'=t'_2-t'_1$，常称为固有时 τ_0（proper time）。在 S 系上测得两个事件的时空坐标为 (x_1,t_1) 和 (x_2,t_2)。在 S 上测得这两个事件发生的时间间隔为

$$\Delta t = t_2 - t_1 = \frac{\left(t'_2 + \frac{v}{c^2}x'\right)}{\sqrt{1-\beta^2}} - \frac{\left(t'_1 + \frac{v}{c^2}x'\right)}{\sqrt{1-\beta^2}} = \frac{(t'_2 - t'_1)}{\sqrt{1-\beta^2}} = \frac{\Delta t'}{\sqrt{1-\beta^2}}$$

即

$$\boxed{\Delta t = \frac{\tau_0}{\sqrt{1-\beta^2}}} \tag{15-11}$$

由于 $\sqrt{1-\beta^2}<1$，则有 $\Delta t>\Delta t'$，也就是说，在 S' 系中同一地点不同时刻发生两个事件的时间间隔小于 S 系上所测得两事件发生的时间间隔。换句话说，S 系中记录的不同时刻的两事件的间隔比 S' 系记录得长些。由于 S' 系相对于 S 系沿 x 轴匀速运动，这就好像运动的钟表走慢了，所以称为**时间膨胀效应，或是时间延缓效应**(time dilation effect)。

15.4.3 长度收缩

如图 15-3 所示，设在 S' 系中有一棒沿 x' 轴静止放置，在 S' 系上的观察者同时($t'_1 = t'_2$)测得棒两端的坐标为 x'_1 和 x'_2，则棒长 $l' = x'_2 - x'_1$，这又称为棒的固有长度 l_0(proper length)。在 S 系上同时($t_1 = t_2$)测得棒两端的坐标为 x_1 和 x_2，则棒长 $l = x_2 - x_1$。根据洛仑兹变换，有

$$x'_2 - x'_1 = \frac{x_2 - ut_2}{\sqrt{1-\beta^2}} - \frac{x_1 - ut_1}{\sqrt{1-\beta^2}} = \frac{l}{\sqrt{1-\beta^2}}$$

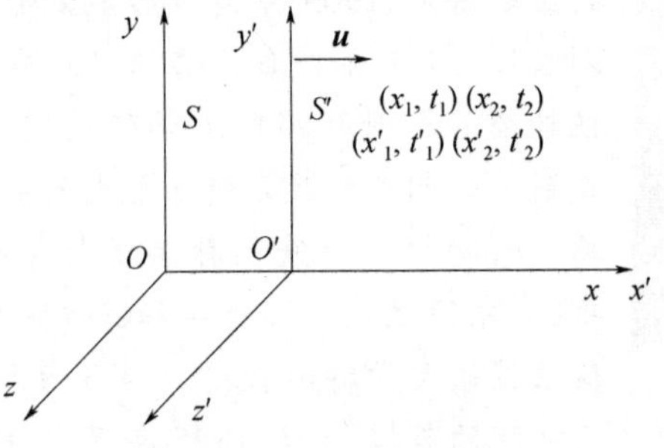

图 15-3 长度收缩

即

$$\boxed{l = l_0\sqrt{1-\beta^2}} \tag{15-12}$$

由于 $\sqrt{1-\beta^2}<1$，所以 $l<l'$，即相对于观察者运动的物体，在运动方向的长度比相对观察者静止时物体的长度缩短了 $\sqrt{1-\beta^2}$ 倍，这称为**长度收缩**(length contraction)。

需要注意的是，长度缩短是纯粹的相对论效应，并非物体发生了形变或者发生了结构性质的变化。同样，我们可以证明若棒静止放于 S 系中，在 S' 系上测得的运动方向上的长度也短了 $\sqrt{1-\beta^2}$ 倍。当 $u \ll c$ 时，$l = l'$，说明在相对运动速度较小的惯性参考系中测量的长度，近似可以认为是不变的。

综上所述，狭义相对论指出时间、空间与运动三者之间紧密相关。不存在绝对的时间

和空间。所以狭义相对论的时空观为科学的、辩证的世界提供了物理学上的依据。

例 15－2 短跑运动员，地面裁判测得得百米跑用了 10s，飞船相对于地面以 $u=0.98c$ 运动（相向），问飞船上的人测得的时间和距离。

解 根据题意，设地面为 S 系，起跑为事件 $A(x_1,t_1)$、$B(x_2,t_2)$，则有

$$\Delta t = t_2 - t_1 = 10\text{s}, \quad \Delta x = x_2 - x_1 = 100\text{m}$$

根据洛仑兹坐标变换，有

$$\begin{cases} x_{;2} = \dfrac{(x_2 - ut_2)}{\sqrt{1-\beta^2}} \\ x_1 = \dfrac{(x_1 - ut_1)}{\sqrt{1-\beta^2}} \end{cases}$$

$$u = -0.98c$$

$$\Delta x' = x'_2 - x'_1 = \gamma(\Delta x - u\Delta t) = 5(100 + 0.98c \times 10) = 1.47 \times 10^{10}\text{m}$$

$$t'_1 = \frac{\left(t_1 - \dfrac{u}{c^2}x_1\right)}{\sqrt{1-\beta^2}}$$

$$t'_2 = \frac{\left(t_2 - \dfrac{u}{c^2}x_2\right)}{\sqrt{1-\beta^2}}$$

$$\Delta t' = t'_2 - t'_1 = \gamma\left(\Delta t - \frac{u}{c^2}\Delta x\right) = 5\left(10 + \frac{0.98c}{c^2} \times 100\right) = 50.25\text{s}$$

15.5 狭义相对论动力学基础

在经典力学中，根据牛顿第二定律

$$\boldsymbol{F} = m\boldsymbol{a}$$

式中：质点的质量 m 是与运动速度 $\boldsymbol{v}$ 无关的常量。物体在恒力的作用下，获得恒定的加速度，v 会无限增大，甚至超过光速。根据相对论的观点，这是不可能实现的。但是根据动量定理 $\boldsymbol{I}=\Delta\boldsymbol{p}$，如果力的作用，那么，动量 $\boldsymbol{p}$ 仍在增大。由于 v 不能无限增大，增大的就是质量 m，也就是说，随着速度的增大，m 增大，所以质量与运动有关。

15.5.1 质量与速度的关系

对于无论是宏观还或微观还是高速或低速运动的物体，其动量守恒定律都是适用的，为了是动量守恒定律在洛仑兹变换下仍然成立，则质量 m 将随物体运动的速率增大而增大。对于以速率 v 运动的物体，可以证明其质量为

$$\boxed{m = \frac{m_0}{\sqrt{1 - v^2/c^2}}} \tag{15-13}$$

式(15－13)称为**质速关系**。式中：m_0 为相对观察者静止时测得的质量，称为**静止质量**(rest mass)；m 与物体的运动速率 v 有关，故称作**相对论质量**(relativistic mass)。式(15－

13)表明,当质点以一定速率相对观察者运动时,观察者所测的质量 m 大于静止质量 m_0。当物体的运动速率远小于光速,即 $v \ll c$ 时,物体的相对论质量与静止质量近似相等,即此时牛顿运动定律仍然是成立的。

m/m_0 与 v/c 的关系如图 15-4 所示,当质点的速度接近于光速时,其质量已经变得非常大,如果再加速就非常困难了,这就是为什么一切物体的运动速率不可能达到或超过光速 c 的原因。

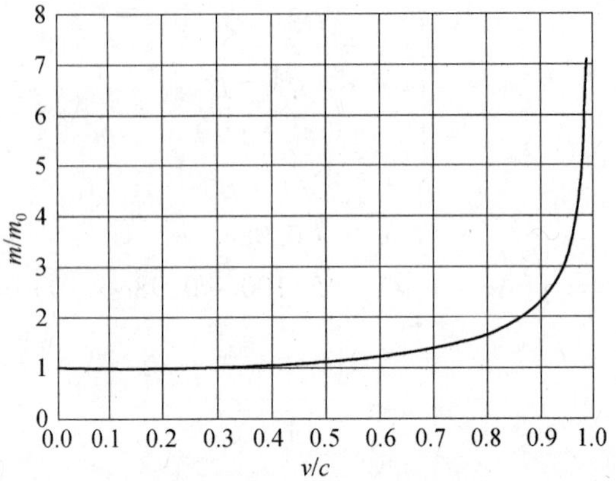

图 15-4 质量的相对性

15.5.2 相对论力学的基本方程

根据质速关系和动量的定义,可以得出质点的相对论动量 $\boldsymbol{p}$ 与速度 $\boldsymbol{v}$ 的关系为

$$\boldsymbol{p} = m\boldsymbol{v} = \frac{m_0}{\sqrt{1-\beta^2}}\boldsymbol{v} \tag{15-14}$$

当有外力作用在质点上时,有

$$\boldsymbol{F} = \frac{\mathrm{d}\boldsymbol{p}}{\mathrm{d}t} = \frac{\mathrm{d}}{\mathrm{d}t}(m\boldsymbol{v}) = \frac{\mathrm{d}}{\mathrm{d}t}\left(\frac{m_0}{1-\beta^2}\boldsymbol{v}\right) \tag{15-15}$$

式(15-15)为**相对论力学的动力学方程**。当 $v \ll c$ 时,即质点的速率远小于光速时,质点的动量和动力学方程与经典力学中对应的关系式相同,说明经典力学是相对论力学在低速条件下的近似。

15.5.3 质量与能量的关系

在经典力学中,质点运动的动能表达式为 $E_k = \frac{1}{2}mv^2$。依照相对论动力学的基本方程,我们可以推导出狭义相对论中**质量和动能的关系式**为

$$E_k = mc^2 - m_0c^2 \tag{15-16}$$

当 $v \ll c$ 时,有 $\left[1-\left(\frac{v}{c}\right)^2\right]^{-1/2} \approx 1+\frac{1}{2}\left(\frac{v}{c}\right)^2$,代入上式,有

$$E_k = \frac{1}{2}m_0v^2$$

上式说明，当质点做低速运动时，其动能表达式与经典力学里的动能表达式相同。

爱因斯坦认为，m_0c^2 为物体的静止能量 E_0，mc^2 为物体由于运动而具有的能量 E，即

$$\boxed{\begin{cases} E_0 = m_0c^2 \\ E = mc^2 \end{cases}} \tag{15-16}$$

于是，质点所具有的动能就等于质点的总能量减去其静止能量。式(15－16)即为**质能关系式**(mass－energy relation)

15.5.4 动量与能量之间的关系

一个质点，其静止质量为 m_0、运动速率为 v，根据其质能关系为

$$E = mc^2 = \frac{m_0c^2}{\sqrt{1 - v^2/c^2}} \tag{15-17}$$

相对论动量为

$$p = mv = \frac{m_0v}{\sqrt{1 - v^2/c^2}} \tag{15-18}$$

将上面两式联立，消去速率 v，有

$$\boxed{E^2 = p^2c^2 + m_0^2c^4} \tag{15-19}$$

式(15－19)即为**相对论能量与动量关系式**(energy－momentum relation)。

例 15－3 一原子核相对于实验室以 0.6 c 运动，在运动方向上向前发射一电子，电子相对于核的速率为 0.8c，当实验室中测量时，求：

(1) 电子速率；

(2) 电子质量；

(3) 电子动能；

(4) 电子的动量大小。

解 如图 15－5 所示，S 系固连在实验室上，S'固连在原子核上，S、S'相应坐标轴平行。x 轴正向取为沿原子核运动方向上，则 $u=0.6c$，$v'_x=0.8c$。

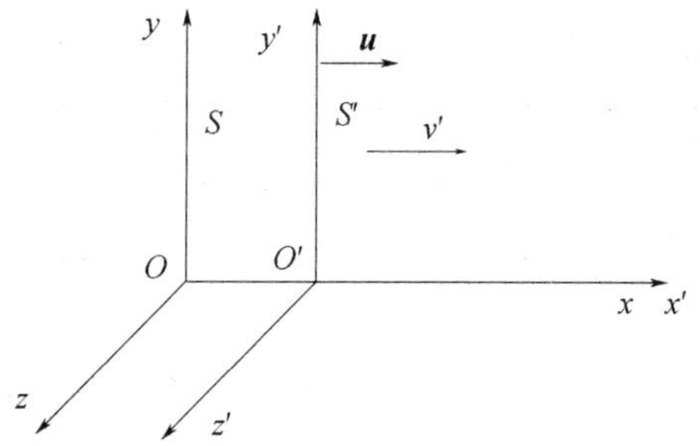

图 15－5 例 15－3 用图

(1) 根据洛仑兹速度变换，有

$$v_x = \frac{v'_x + u}{1 + vv'_x/c} = \frac{0.6c + 0.8c}{1 + \dfrac{0.6c \times 0.8c}{c^2}} = \frac{35}{37}c \approx 0.946c$$

(2) $m = \dfrac{m_0}{\sqrt{1 - v_x^2/c^2}} = \dfrac{m_0}{\sqrt{1 - \dfrac{35^2 c^2}{37^2 c^2}}} = \dfrac{37}{12}m_0$

(3) $E_k = E - E_0 = mc^2 - m_0c^2 = \dfrac{37}{12}m_0c^2 - m_0c^2 = \dfrac{25}{12}m_0c^2$

(4) $p = mv = \dfrac{37}{12}m_0v_x = \dfrac{37}{12}m_0\dfrac{35}{37}c = \dfrac{35}{12}m_0c$

习　题

15－1　有下列几种说法:(1)所有惯性系对物理基本规律都是等价的;(2)在真空中,光的速度与光的频率、光源的运动状态无关;(3)在任何惯性系中,光在真空中沿任何方向的传播速率都相同。若问其中哪些说法是正确的,答案是(　　)。

A. 只有(1)、(2)是正确的　　B. 只有(1)、(3)是正确的

C. 只有(2)、(3)是正确的　　D. 三种说法都是正确的

15－2　在狭义相对论中,下列说法中哪些是正确的?(　　)

(1) 一切运动物体相对于观察者的速度都不能大于真空中的光速。

(2) 质量、长度、时间的测量结果都是随物体与观察者的相对运动状态而改变的。

(3) 在一惯性系中发生于同一时刻、不同地点的两个事件在其他一切惯性系中也是同时发生的。

(4) 惯性系中的观察者观察一个与他作匀速相对运动的时钟时,会看到这时钟比与他相对静止的相同的时钟走得慢些。

A. (1),(3),(4)　　B. (1),(2),(4)

C. (1),(2),(3)　　D. (2),(3),(4)

15－3　在某地发生两件事,静止位于该地的甲测得时间间隔为4s,若相对于甲作匀速直线运动的乙测得时间间隔为5s,则乙相对于甲的运动速度是(c表示真空中光速)(　　)。

A. $(4/5)c$　　B. $(3/5)c$　　C. $(2/5)c$　　D. $(1/5)c$

15－4　两个惯性系S和S',沿x (x')轴方向作匀速相对运动。设在S'系中某点先后发生两个事件,用静止于该系的钟测出两事件的时间间隔为τ_0,而用固定在S系的钟测出这两个事件的时间间隔为τ。又在S'系x'轴上放置一静止于是该系。长度为l_0的细杆,从S系测得此杆的长度为l,则(　　)。

A. $\tau < \tau_0; l < l_0$　　B. $\tau < \tau_0; l > l_0$

C. $\tau > \tau_0; l > l_0$　　D. $\tau > \tau_0; l < l_0$

15－5　已知电子的静能为0.51MeV,若电子的动能为0.25MeV,则它所增加的质量m与静止质量m_0的比值近似为(　　)。

A. 0.1　　B. 0.2　　C. 0.5　　D. 0.9

15－6　两个宇宙飞船相对于恒星参考系以$0.8c$的速度沿相反方向飞行,求两飞船的相对速度。

15-7　从 S 系观察到有一粒子在 $t_1=0$ 时由 $x_1=100\text{m}$ 处以速度 $v=0.98c$ 沿 x 方向运动，10s 后到达 x_2 点，如在 S' 系（相对 S 系以速度 $U=0.96c$ 沿 x 方向运动）观察，粒子出发和到达的时空坐标 t'_1、x'_1、t'_2，x'_2 各为多少？（$t=t'=0$ 时，S' 与 S 的原点重合），并算出粒子相对 S' 系的速度。

15-8　假定在实验室中测得静止在实验室中的 π^+ 子（不稳定的粒子）的寿命为 $2.2\times10^{-6}\text{m}$，而当它相对于实验室运动时实验室中测得它的寿命为 $1.63\times10^{-6}\text{s}$。试问：这两个测量结果符合相对论的什么结论？$\pi^+$ 子相对于实验室的速度是真空中光速 c 的多少倍？

15-9　一艘宇宙飞船的船身固有长度为 $L_0=90\text{m}$，相对于地面以 $v=0.8c$（c 为真空中光速）的匀速度在地面观测站的上空飞过。

（1）观测站测得飞船的船身通过观测站的时间间隔是多少？

（2）宇航员测得船身通过观测站的时间间隔是多少？

15-10　长度 $l_0=1\text{m}$ 的米尺静止于 S' 系中，与 x' 轴的夹角 $\theta'=30°$，S' 系相对 S 系沿 x 轴运动，在 S 系中观测者测得米尺与 x 轴夹角为 $\theta=45°$。试求：(1) S' 系和 S 系的相对运动速度；(2) S 系中测得的米尺长度。

15-11　一电子以 $v=0.99c$（c 为真空中光速）的速率运动。试求：(1) 电子的总能量是多少？(2) 电子的经典力学的动能与相对论动能之比是多少（电子静止质量 $m_e=9.11\times10^{-31}\text{ kg}$）？

15-12　一个电子从静止开始加速到 $0.1c$，需对它做多少功？若速度从 $0.9c$ 增加到 $0.99c$，又要做多少功？

15-13　一电子在电场中从静止开始加速，电子的静止质量为 $9.11\times10^{-31}\text{kg}$。

（1）问电子应通过多大的电势差才能使其质量增加 0.4%？

（2）此时电子的速率是多少？

15-14　太阳的辐射能来源于内部一系列核反应，其中之一是氢核（${}_1^1\text{H}$）和氘核（${}_1^2\text{H}$）聚变为氦核（${}_2^3\text{He}$），同时放出 γ 光子，反应方程为

$$ {}_1^1\text{H}+{}_1^2\text{H}\rightarrow{}_2^3\text{He}+\gamma $$

15-15　已知氢、氘和 ${}^3\text{He}$ 的原子质量依次为 1.007825u、2.014102u 和 3.016028u。原子质量单位 $1\text{u}=1.66\times10^{-27}\text{kg}$。试估算 γ 光子的能量。

第 16 章 量子物理基础

16.1 热辐射 基尔霍夫定律

16.1.1 热辐射

原子由原子核和核外电子组成，核外电子在原子核周围运动，一旦其所在的能级发生变化，就会向外辐射电磁波（即能量）。任何物体高于绝对零度时均可辐射一定波长的电磁波，但是对不同的波长，辐射的能量却不一样，换一个温度，对应的波长能量分布也不同，所以辐射能量跟温度有关，所以叫**热辐射**（heat radiation）。对一块铁加热，800K 时是暗红的，温度 T 越高，铁的颜色由红变黄，再由黄变白，温度很高时变为青白色，不同的颜色对应不同的波长，说明在铁的温度升高的过程中，辐射的能量迅速增大，而且随着温度的升高，辐射按波长的分布也不一样，与温度有关，如图 16－1 所示。

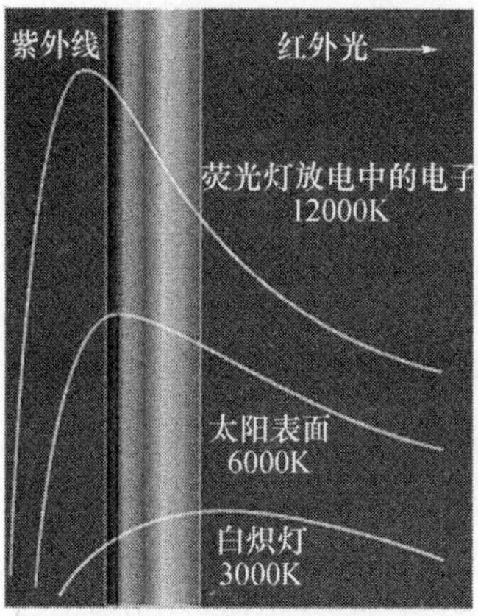

图 16－1 热辐射

为定量地表明物体热辐射的规律，先说明一下有关的物理量。

1. 单色辐出度（monochromatic radiant exitrance）

根据实验，当物体的热力学温度为 T 时，单位时间内从物体表面单位面积上发射出来的、波长在 $\lambda \to \lambda + d\lambda$ 内的电磁波能量，称为单色辐射出射度，简称**单色辐出度**，用 $M_\lambda(T)$ 表示。单色辐出度是物体的热力学温度 T 和波长 λ 的函数。如果电磁波的能量用频率表示，则单色辐出度用 $M_\nu(T)$ 表示。

2. 辐出度

在单位时间内，从热力学温度为 T 的物体表面单位面积上发射出来的含各种波长的总辐射能量称为辐射出射度，简称为**辐出度**，用 $M(T)$ 表示，即

$$M(T) = \int_0^{\infty} M_\lambda(T) \mathrm{d}\lambda \tag{16-1}$$

辐出度的单位为 $W \cdot m^{-2}$。

3. 单色吸收比与单色反射比

当外来电磁波入射到一物体表面上时,一部分被吸收,一部分被物体表面反射。温度为 T 时,波长在 $\lambda \to \lambda + d\lambda$ 内吸收能量与入射总能量之比称为**单色吸收比**(absorptance),用 $\alpha(\lambda, T)$ 表示。温度为 T 时,波长在 $\lambda \to \lambda + d\lambda$ 内反射能量与入射总能量之比称为**单色反射**(reflectance),用 $\gamma(\lambda, T)$ 表示。对于不同的物体特别是不同的表面,单色吸收比和反射比的量值都不同。但对与不透明的物体,二者的和为

$$\alpha(\lambda, T) + \gamma(\lambda, T) = 1 \tag{16-2}$$

16.1.2 黑体

如果电磁波的各种波长的辐射能被物体完全吸收且没有发生反射和透射的物体称为**绝对黑体,简称黑体**(black body)。一般来说,在相同温度下,黑体的吸收本领最大,其辐射本领也最大。黑体只是一种理想化的模型,实验中的黑体可以在一个空腔材料表面开一个小孔,如图 16-2 所示。当光经小孔进入后,会被腔壁多次反射和吸收,最后只有极小一部分能量逃逸出来。因此,小孔表面可近似认为是黑体。例如,白天看远处的窗户是黑色的,这是因为入射光进去之后很少被反射出来,因而,房间成为一个近似的黑体。

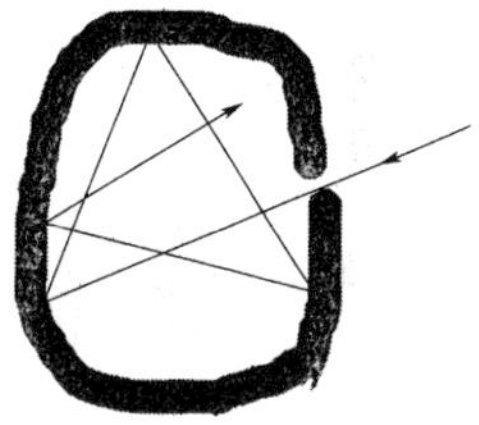

图 16-2 黑体

加热空腔,使它保持在热力学温度 T 下,此时,从小孔发出的辐射就可看成是一个温度为 T、表面积与小孔相等的黑体发生的平衡热辐射。对黑体热辐射的研究是热辐射研究中最重要的课题。

*16.1.3 基尔霍夫定律

1866 年,基尔霍夫(kirchhoff,1824-1887)发现,所有物体(包括绝对黑体)在同样温度下,单色辐出度与单色吸收比的比值都相等,为一常量,并等于该温度下绝对黑体的单色辐出度。具体地说,设有不同物体 1,2,…和黑体 B,它们在温度 T 下,其波长为 λ 的单色辐出度分别为

$$M_{1\lambda}(T), M_{2\lambda}(T), \cdots, M_{B\lambda}(T)$$

相应的吸收比为

$$\alpha_1(\lambda, T), \alpha_2(\lambda, T), \cdots, \alpha_B(\lambda, T)$$

对于黑体,有

$$\alpha_B(\lambda, T) = 1$$

那么,有

$$\frac{M_{1\lambda}(T)}{\alpha_1(\lambda, T)} = \frac{M_{2\lambda}(T)}{\alpha_2(\lambda, T)} = \cdots = \frac{M_{B\lambda}(T)}{1} = M_{B\lambda}(T) \tag{16-3}$$

即任何物体的单色辐出度和单色吸收比之比,等于同一温度下绝对黑体的单色辐射度,这就是**基尔霍夫定律**。基尔霍夫定律表明物体单色辐出度和吸收比之比为一常量,吸

收本领大的物体其辐射本领也大。所以要了解一般物体的辐射性质，必须首先知道绝对黑体的单色辐出度。

16.2 黑体辐射 普朗克能量子假设

*16.2.1 斯特藩—玻耳兹曼定律和维恩位移定律

从基尔霍夫定律知，要了解一物体的热辐射性质，必须知道黑体的辐射的本领，因此确定黑体的单色辐出度 $M_\lambda(T)$ 曾经是热辐射研究的主要问题。

实验上，为测定黑体的单色辐出度与波长或频率的关系，常采用的实验装置如图16－3所示。从热力学温度为 T 时的黑体 A 辐射出的各种波长的电磁波经透镜 L_1 和平行光管 B_1 后，投射到分光镜 P 上。由于不同波长的电磁波经棱镜后不同的方向射出，经透镜 L_2 和平行光管 B_2 后，不同方向各波长的电磁波聚焦于探测器 C 上，即可测得单色辐出度 $M_\lambda(T)$ 与波长间的函数关系，如图 16－4 所示。

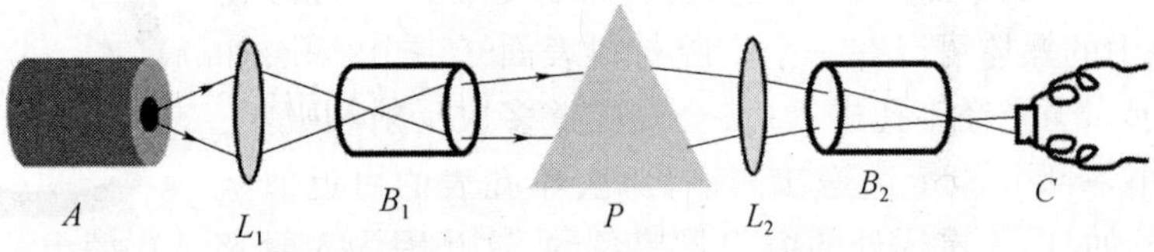

图 16－3 测定黑体单色辐出度的实验原理图

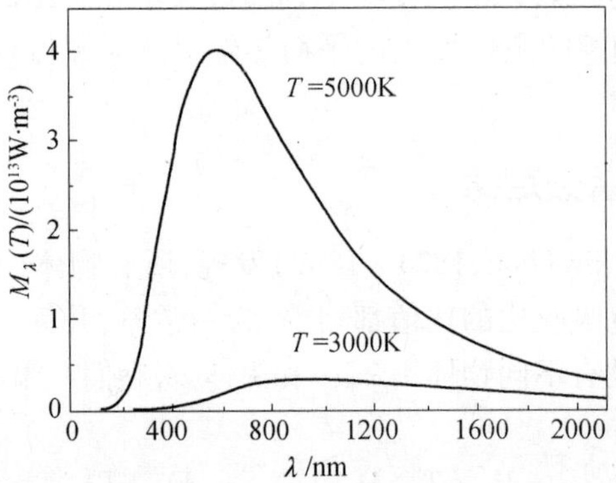

图 16－4 黑体单色辐出度 $M_\lambda(T)$ 的实验曲线

从实验得到的单色辐出度曲线可以看出，当温度为 T 时，$M_\lambda(T)$ 所包围的面积迅速增大，$M_\lambda(T)$ 的峰值也迅速增大。随着温度 T 升高时，$M_\lambda(T)$ 的峰值所对应的波长 λ_m 越小，即曲线最大值对应的波长位置向短波方向移动。从实验出发，物理学家们总结出了一系列的规律，其中最著名的两条规律为**斯特藩—玻耳兹曼定律**和**维恩位移定律**。

1. 斯特藩—玻耳兹曼定律(stefan－boltzmann law)

1879 年，斯特藩(stefan，1835—1983)从实验曲线上发现：黑体在温度 T 下的辐出度(即为温度 T 时曲线下面积 $M_\lambda(T)$)与其热力学温度的 4 次方成正比，即

$$M(T) = \int_0^{\infty} M_\lambda(T)\mathrm{d}\lambda = \sigma T^4 \qquad (16-4)$$

后来,1884 年,玻耳兹曼(boltzmann,1844—1906)从热力学理论出发也得出了相同的结论,所以此定律称为**斯忒藩—玻耳兹曼定律**。σ 称为斯忒藩—玻耳兹曼常数,其值为 $\sigma = 5.67 \times 10^{-8}\mathrm{W \cdot m^{-2} \cdot K^{-4}}$。

2. 维恩位移定律(Wien displacement law)

1893 年,维恩(Wien,1864—1928)结合实验得到的曲线,利用热力学理论找出了辐出度 $M_\lambda(T)$ 曲线的峰值对应的波长 λ_m 和热力学温度 T 的关系为

$$\lambda_m T = b \qquad (16-5)$$

称为**维恩位移定律**,其中 $b = 2.878 \times 10^{-3}\mathrm{m \cdot K}$。上式表明,当黑体的热力学温度升高时,其单色辐出度 M_λ(T)曲线的峰值对应的波长 λ_m 向短波方向移动。

利用维恩位移定律可以测出太阳表面温度,由于太阳辐射很强,所以吸收也很强,可以把它看作一个黑体,于是,只要测量出太阳的单色辐出度随波长变化的曲线,找出 λ_m 即可测出太阳表面温度。实验测得 $\lambda_m = 0.47\mu\mathrm{m}$,$T = 6150\mathrm{K}$。

16.2.2 普朗克公式

19 世纪末,许多物理学家又开始尝试从经典电磁学理论和热力学统计理论出发找出符合实验曲线的函数关系式 $M_\lambda(T) = f(\lambda, T)$,但是都遭到了失败。同时,这也明显暴露出经典物理学的一些缺陷。

为了解决这个问题,普朗克(planck,1858—1947)于 1900 年提出了与经典物理学不同的量子假设。根据经典理论,谐振子的能量是不应受任何限制的,能量被吸收或发射也是连续进行的,但按照普朗克量子假设,谐振子的能量是量子化的,其能量是能量子 $h\nu$ 的整数倍,即

$$\varepsilon = nh\nu \qquad (16-6)$$

式中:n 称为**量子数**,取值为 $n = 1, 2, \cdots$;h 为普朗克常数(planck constant),其值为 $h = 6.62 \times 10^{-34}\mathrm{J \cdot s}$。这个假设被称为普朗克能量子假设,又称为**普朗克量子假设**。这个假设与经典理论不相容,但是它能够很好地解释黑体辐射等实验。1918 年,“因他的对量子的发现而推动物理学的发展”,普朗克被授予诺贝尔物理学奖。

普朗克在其假设前提下,得出了在单位时间内,从热力学温度为 T 的黑体单位面积上,辐射出波长在 $\lambda \to \lambda + \mathrm{d}\lambda$ 范围内的能量为

$$M_\lambda(T) = \frac{2\pi hc^2}{\lambda^5} \frac{1}{\mathrm{e}^{hc/\lambda kT} - 1} \qquad (16-7)$$

式中:λ 为波长;T 为热力学温度;K 为玻耳兹曼常数;c 为光速;h 为普朗克常数。普朗克黑体辐射公式还可写为

$$M_\nu(T) = \frac{2\pi h\nu^3}{c^2} \frac{1}{\mathrm{e}^{h\nu/kT} - 1} \qquad (16-8)$$

利用普朗克公式得出的理论曲线与实验结果十分吻合,如图 16-5 所示,并且利用普朗克公式可推出斯藩—玻耳兹曼定律和维恩位移定律。

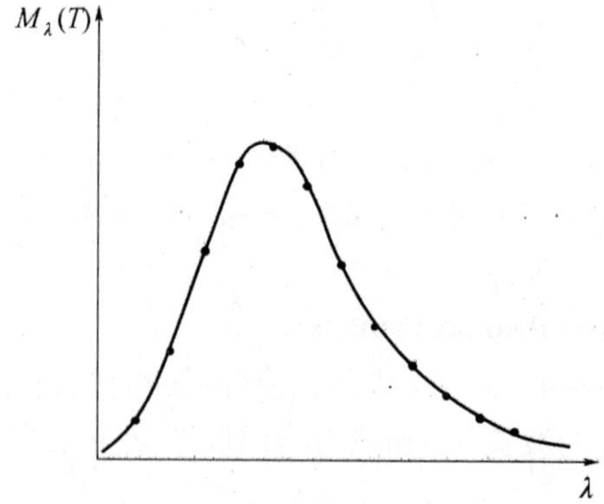

图 16－5　黑体辐出度的实验值和(圆点)理论曲线比较

普朗克是一个具有深厚的哲学和艺术修养又有扎实的数学物理功底的“物理哲学家”,黑体辐射的公式是他首先用数学上的内插法“猜测”出来的,一个猜测的结果要有合理的理论来解释,于是,他提出了上面的假设,找出了联系宏观世界和微观世界的桥梁,这就是普朗克常数 $h=6.63\times10^{-34}\text{J}\cdot\text{s}$。以至于普朗克过世后,他的墓碑上刻的只有普朗克的生平和 $h=6.63\times10^{-34}\text{J}\cdot\text{s}$。

16.3　光电效应

1887 年,赫兹(Hertz,1857—1894)发现了光电效应(photoelectric effect)。1905 年,爱因斯坦发展了普朗克关于能量量子化的假设,提出了光量子的概念,从理论上成功地说明了光电效应的实验。为此,爱因斯坦获得了 1921 年的诺贝尔物理学奖。

16.3.1　光电效应实验

图 16－6 所示为研究光电效应的实验装置。一个真空的玻璃容器内装有阴极 K 和阳极 A,阴极 K 为一金属板,单色光通过石英窗照射 K 上时,K 便释放电子,这种电子称为**光电子**(photoelectron),如果在 A、K 之间加上电势差 U,光电子在电场作用下将由 K 运行到 A,形成电流,称为光电流,A、K 间电势差 U 及电流 I 由伏特计及电流计读出。

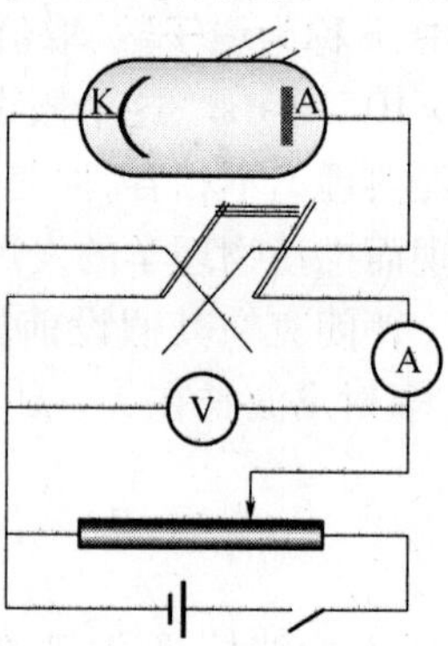

图 16－6　光电效应的实验装置图

从光电效应实验可以得出下列实验规律。

(1) 当一定强度的单色光照射 K 上时,V 越大,测得光电流 I 就越大,当 V 增加到一定时,I 达到**饱和值** I_s(图 16－7)。这说明 V 增加到一定程度时,从阴极释放出电子已经全部都由 K 到 A,V 再增加也不能使 I 增加了。

(2) 实验发现,当减小电势差 U 时,光电流 I 也减小,但当 U 减小到 0,甚至是负的时,光电流 I 也不为零。在负电场存在时,说明从 K 出来的电子有初动能,它克服电场力作功,而到达 A,产生 I。如果反向电压 $U=-U_0$时,从 K 逃逸出最大动能的电子刚好不能到达 A,出现光电流 $I=0$,则 U_0称为**遏止电压**(stopping potential)。遏止电压 U_0与 $E_{k\max}$的关系为

$$E_{k\max} = e|U_a| \tag{16-9}$$

(3) 实验发现，能否发生光电效应只与频率 ν 有关，而与入射光光强无关，只要 $\nu > \nu_0$ 就能发生光电效应，而 $\nu < \nu_0$ 时不能，如图 16－8 所示。ν_0 称为光电效应的**红限**（或截止频率）(cutoff frequency)，不同材料 ν_0 不同。一些金属的截止频率，如表 16－1 所列。实验还表明，从光线开始照射 K 直到 K 释放电子，无论光强如何，几乎是瞬时的，并不需要经过一段显著的时间，这时间不超过10^{-9}s。

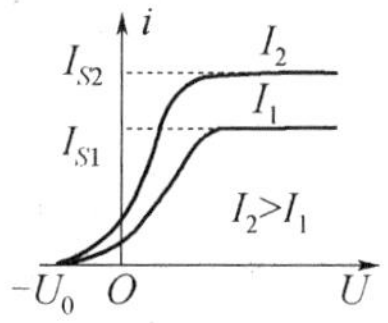

图 16－7　光电流的大小与电势差的关系

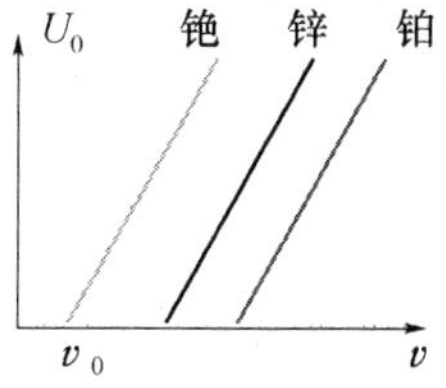

图 16－8　遏止电压 U_0 与入射光频率 ν 间的关系

表 16－1　一些金属的截止频率

金属	铯	钠	锌	铱	铂
截止频率 ν_0/(10^{14}Hz)	4.545	4.39	8.065	11.53	19.29

16.3.2　爱因斯坦光子假设

在使用经典电磁理论来解释光电效应实验的规律时，都碰到了无法克服的困难。按经典的电磁理论，无论何种频率的光照射在金属上，只要入射光足够强，使电子获得足够的能量，电子就能从金属表面逸出来。这就是说，光电效应发生与光的频率无关，只要光强足够大，则就能发生光电效应。显然，这与光电效应实验相矛盾。按照经典理论，光电子逸出金属表面所需要的能量是直接吸收照射到金属表面上光的能量。当入射光的强度很弱时，电子需要有一定时间来积累能量，因此，光射到金属表面后，应隔一段时间才有光电子从金属表面逸出来。但是，实验结果表明，发生光电效应是瞬时的，显然，这与光电效应实验也是相矛盾的。

为了解释光电效应的实验规律，1905 年，爱因斯坦在普朗克量子假设的基础上，进一步提出了关于光的本性的光子假说。他认为，光束是一粒一粒以光速 c 运动的粒子流，这些粒子称为**光量子**(light quantum)，也称为**光子**(photon)。对于频率为 ν 的单色光，光子能量为

$$\boxed{\varepsilon = h\nu} \tag{16-10}$$

式中：h 为普朗克常数。根据爱因斯坦的光子假设，对于频率为 ν 的单色光被看成是有许多能量为 $\varepsilon = h\nu$ 的光子构成。对于频率一定的光束，光的强度决定了单位时间内通过单位面积的光子数。而对于光子来说，频率 ν 越大，其光子的能量越大。对于一束光来说，其能量取决于频率和光的强度。

按照爱因斯坦光子假设，**光电效应**可解释如下：金属中的自由电子从入射光中吸收一个光子的能量 $h\nu$ 时，一部分消耗在电子逸出金属表面需要的逸出功 W 上，另一部分转换

成光电子的动能$\frac{1}{2}m\nu^2$，按能量守恒，有

$$h\nu = \frac{1}{2}mv^2 + W \tag{16-11}$$

式(16－11)称为**爱因斯坦光电效应方程**。一些金属的逸出功如表16－2所列。

表16－2　一些金属的逸出功

金属	钠	铝	锌	铜	银
W/eV	1.90 ～2.46	2.50 ～3.60	3.32 ～3.57	4.10 ～4.50	4.56 ～4.73

根据爱因斯坦的光子假设可以解释光电效应实验规律。当光强增加而频率不变时，由于$h\nu$的份数多，所以被释放电子数目多，说明单位时间内从阴极逸出的电子数与光强成正比。由光电效应方程可知，存在红限ν_0，只有当光子的频率$\nu > \nu_0$时，才会有电子逸出，即发生光电效应，且光电子的初动能与入射光频率成正比。按光子假说，当光投射到物体表面时，光子的能量$h\nu$一次被一个电子所吸收，不需要任何积累能量时间，这就很自然地解释了光电效应瞬时产生的规律。

至此，我们可以说，原先由经典理论出发解释光电效应实验所遇到的困难，在爱因斯坦光子假设提出后，都已被解决了。不仅如此，通过爱因斯坦对光电效应的研究，使我们对光的本性的认识有了一个飞跃，光电效应显示了光的粒子性。

16.3.3　光的波粒二象性

根据光电效应实验，我们已经意识到光具有粒子性，结合前面的波动性，所以光具有**波粒二象性**(wave－particle dualism of light)，即光既具有粒子性，又具有波动性。光的波粒二象性可以这样理解，有些情况下，光突出显示其波动性；在另外一些情况下，则突出显示其粒子性。

对于频率为ν的光子，其能量和动量分别为

$$\varepsilon = h\nu, \quad p = \frac{h}{\lambda} \tag{16-12}$$

从式(16－12)可以看出，描述光子粒子性的量(E和p)与描述光子波动性的量(ν和λ)通过普朗克常数h来联系，所以h也被称为作用量子。

例16－1　钠红限波长为500nm，用400nm的光照射，遏止电压等于多少？

解　由$\begin{cases} E_k = h\nu - W \\ \frac{1}{2}m\nu_m = e\,|U_a| \end{cases}$得

$$U_0 = \frac{1}{e}(h\nu - W)$$

$$= \frac{1}{e}\left(h\frac{c}{\lambda} - h\frac{c}{\lambda_0}\right)$$

$$= \frac{hc}{e}\left(\frac{1}{\lambda} - \frac{1}{\lambda_0}\right)$$

$$= \frac{6.62\times10^{-34}}{1.60\times10^{-19}}\left(\frac{1}{400\times10^{-9}}-\frac{1}{500\times10^{-9}}\right)=0.62\text{V}$$

例 16－2 用波长为 $\lambda=400\text{nm}$ 的光照射铯感光层，求铯放出的光电子的速度。

解 $\nu_0=\frac{c}{\lambda_0}=\frac{3\times10^8}{6600\times10^{-10}}=4.5\times10^{14}\text{Hz}$

$$W=h\nu_0$$

$$\frac{1}{2}mv^2=h\nu-W=h\nu-h\nu_0$$

$$v=\sqrt{\frac{h\nu-h\nu_0}{m}}=\sqrt{\frac{2}{m}\left(\frac{h}{\lambda}-\frac{h}{\lambda_0}\right)}=1.5\times10^5\text{m/s}$$

例 16－3 从纯铝中移出一个电子需要 4.2eV 的能量，今有波长为 $\lambda=200\text{nm}$ 的光照射到铝表面，求：(1)光电子的最大动能；(2)遏止电压；(3)截至波长。

解 (1) $h\nu=\frac{1}{2}mv^2+W$

$$W=4.2\text{eV}=4.2\times1.6\times10^{-19}=6.72\times10^{-19}$$

$$\frac{1}{2}mv^2=h\nu-W=\frac{hc}{\lambda}-W=\frac{6.63\times10^{-34}\times3\times10^8}{200\times10^{-9}}-6.72\times10^{-19}$$

$$=9.95\times10^{-19}-6.72\times10^{-19}=3.23\times10^{-19}\text{J}=2.02\text{eV}$$

(2) $\frac{1}{2}mv_m^2=e|U_a|=2.02\text{eV}$

$$|U_a|=2.02\text{V}$$

$$U_a=-2.02\text{V}$$

(3) $h\nu_0=W$

$$\nu_0=\frac{W}{h}$$

$$\lambda_0=\frac{c}{\nu_0}=\frac{hc}{h\nu_0}=\frac{hc}{W}=2.96\times10^{-7}\text{m}=296\text{nm}$$

16.4 康普顿效应

1923 年，美国物理学家康普顿(compton，1892—1962)研究了 X 射线经过金属石墨等物质散射后的光谱成分，发现散射光线中含有除了入射波长外的其他波长的成分。康普顿散射实验装置如图 16－9 所示。单色 X 射线源发射一束波长为 λ_0 的 X 射线，投射到一块石墨上。从石墨中出射的 X 射线沿着各个方向，这称为散射。散射光强度及其波长用 X 射线谱仪来测量。

实验发现，在散射线中，除有与入射光波长 λ_0 相同的外，还有比 λ_0 大的散射线，这种现象称为**康普顿效应**(compton effect)。波长改变量为$(\lambda-\lambda_0)$，随散射角 φ 的增大而增大，在同一入射波长和同一散射角下，$(\lambda-\lambda_0)$对各种材料都相同。在原子量小的物质中，康普顿散射较强；在原子量大的物质中，康普顿散射较弱，如图 16－10 所示。

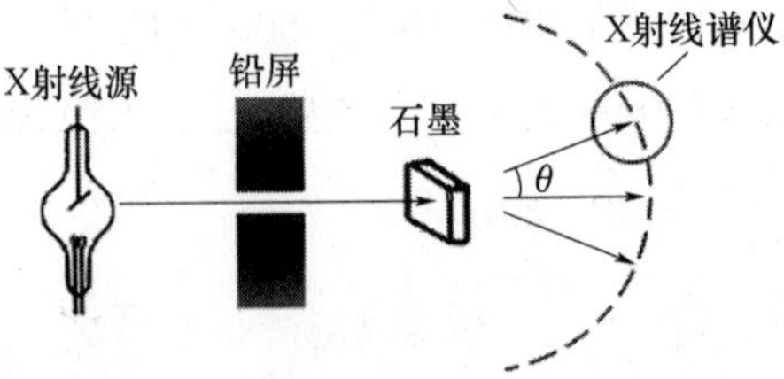

图 16－9　康普顿散射实验装置图

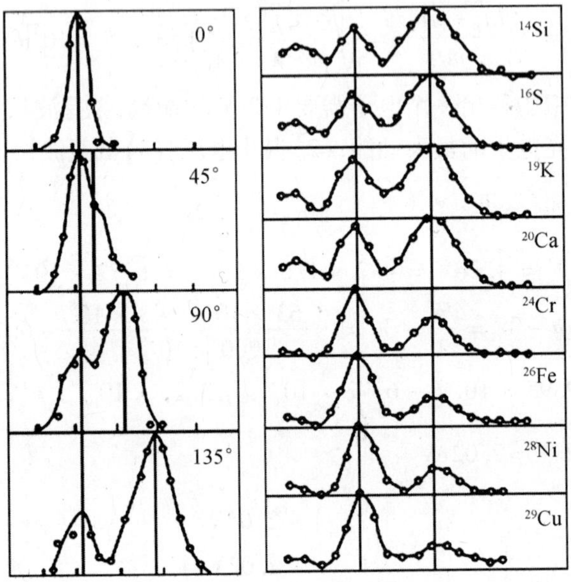

图 16－10　康普顿散射的实验结果

按照经典电磁理论解释，当电磁波通过物体时，将引起物体内带电粒子的受迫振动，每个振动着的带电粒子将向四周辐射，这就成为散射光。从波动观点来看，带电粒子受迫振动的频率等于入射光的频率，所发射光的频率（或波长）应与入射光的频率相等。可见，光的波动理论能够解释波长不变的散射而不能解释康普顿效应。

如果应用光子的概念，并假设光子和实物粒子一样，能与电子等发生弹性碰撞，那么，康普顿效应能够在理论上得到与实验相符的解释。一个光子与散射物质中的一个自由电子或束缚较弱的电子发生碰撞后，光子将沿某一方向散射，这一方向就是康普顿散射方向。当碰撞时，光子有一部分能量传给电子，散射的光子能量就比入射光子的能量少；因为光子能量与频率之间有 $\varepsilon = h\nu$ 关系，所以散射光频率减小了，即散射光波长增加了。对于质量数小的原子，其对电子束缚一般较弱，而质量数大的原子中的电子只有外层电子束缚所以较弱，内部电子却是束缚非常紧的。所以，原子量小的物质，康普顿散射较强，而原子量大的物质，康普顿散射较弱。

如图 16－11 所示，一个光子和一个自由电子作完全弹性碰撞，由于自由电子速率远小于光速，所以可认为碰前电子静止。设光子频率为 ν_0，沿 $+x$ 方向入射，碰后，光子沿 φ 角方向散射出去，电子则获得了速率 v，并沿与 $+x$ 方向夹角为 θ 角方向运动，所以光速很大,所以电子获得速度也很大,可以与光速比较,此电子称为反冲电子。在此,由光子和电子组成的流,动量及能量守恒,设 m_0 和 m 分别为电子的静止质量和相对论质量。

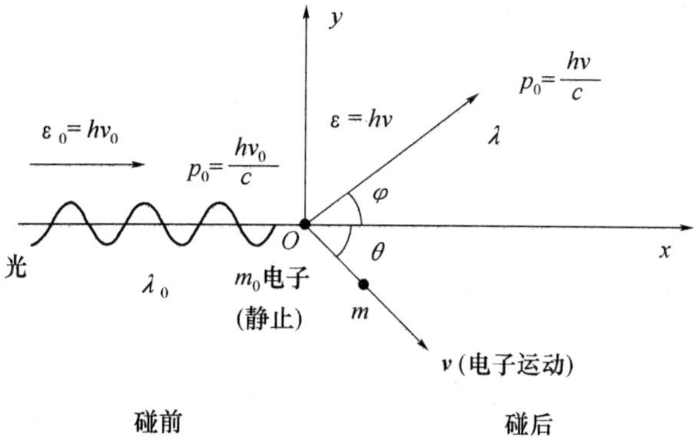

图 16-11　光子与电子的碰撞及动量变化

能量守恒为

$$h\nu_0 + m_0c^2 = h\nu + mc^2 \tag{16-13}$$

动量守恒为

$$\begin{cases} x\text{ 方向}:\dfrac{h\nu_0}{c} = \dfrac{h\nu}{c}\cos\varphi + mv\cos\theta \\ y\text{ 方向}:0 = \dfrac{h\nu}{c}\sin\varphi - mv\sin\theta \end{cases} \tag{16-14}$$

由式(16-14),有

$$\left(\frac{h\nu_0}{c} - \frac{h\nu}{c}\cos\varphi\right)^2 = m^2v^2\cos^2\theta \tag{16-15}$$

$$\left(\frac{h\nu}{c}\sin\varphi\right)^2 = m^2v^2\sin^2\theta \tag{16-16}$$

将式(16-15)和式(16-16)联立,有

$$\frac{h^2\nu_0{}^2}{c^2} - 2h^2\frac{1}{c^2}\nu_0\nu\cos\varphi + \frac{h^2\nu^2}{c^2}\cos^2\varphi + \frac{h^2\nu^2}{c^2}\sin^2\varphi = m^2v^2$$

即

$$mv^2c^2 = h^2\nu^2 + h^2\nu_0{}^2 - 2h\nu_0\nu\cos\varphi \tag{16-17}$$

式(16-13)可化为

$$mc^2 = h(\nu_0 - \nu) + m_0c^2$$

两边平方,有

$$m^2c^4 = h^2\nu_0{}^2 + h^2\nu^2 - 2h^2\nu_0\nu + 2h(\nu_0 - \nu)m_0c^2 + m_0{}^2c^4 \tag{16-18}$$

式(16-18)减去式(16-17)得

$$m^2c^4\left(1 - \frac{v^2}{c^2}\right) = m_0{}^2c^4 - 2h^2\nu_0\nu(1 - \cos\varphi) + 2h(\nu_0 - \nu)m_0c^2 \tag{16-19}$$

因为 $m = m_0 / \sqrt{1-\beta^2}$

式(16－19)变为

$$m_0{}^2c^4 = m_0^2c^4 - 2h^2\nu_0\nu(1-\cos\varphi) + 2h(\nu_0-\nu)m_0c^2$$

即

$$m_0c^2(\nu_0-\nu) = h\nu_0\nu(1-\cos\varphi) \tag{16-20}$$

将式(16－17)除以 $m_0c\nu_0\nu$ 得

$$\frac{c}{\nu} - \frac{c}{\nu_0} = \frac{h}{m_0c}(1-\cos\varphi)$$

$$\Delta\lambda = \lambda - \lambda_0 = \frac{h}{m_0c}(1-\cos\varphi) = \frac{2h}{m_0c}\sin^2\frac{\varphi}{2}$$

即

$$\boxed{\Delta\lambda = \lambda - \lambda_0 = \frac{2h}{m_0c}\sin^2\frac{\varphi}{2}} \tag{16-21}$$

式中：λ_0 为入射光的波长；λ 为散射光的波长；h/m_0c 为一个常数，称作**康普顿波长**(compton wavelength)，其值为

$$\frac{h}{m_0c} = 2.43\times10^{-12}\text{m} \tag{16-22}$$

由式(16－22)可知，当散射角 φ 增大时，散射光的改变量 $\Delta\lambda$ 也随之增大；当 φ 和 λ_0 相同时，则 λ 就相同，与散射物质无关。

康普顿效应的发现以及理论分析和实验结果的一致，不仅证明了光子假设是正确的，而且证实了在微观粒子的相互作用过程中，也严格遵守着能量守恒和动量守恒。光电效应和康普顿效应等实验现象，证实了光子的假设是正确的，光具有粒子性。但在光的干涉、衍射、偏振等现象中，又明显地表现出来光的波动性。这说明，光既具有波动性，又具有粒子性。一般来说，光在传输过程中，波动性表现较为明显；而光和物质作用时，粒子性表现比较明显。

16.5 玻尔的氢原子理论

自 1897 年汤姆逊(Thomson，1856—1940)发现电子，并确定是原子的组成粒子以后，物理学的中心问题开始转向探索原子内部的奥秘。但是要想直接对原子内部的结构进行观察，当时来说是无法办到的，通过采用大倍数的显微镜只能看到分子层面，如果想要了解原子内部的信息，可以通过高速粒子的散射实验和原子发光光谱来实现。由于在所有的原子中，氢原子是最简单的，其光谱也最简单。因此，对氢原子光谱的研究是进一步研究原子分子光谱的基础。

16.5.1 氢原子光谱的实验规律

1885 年，瑞士数学家巴尔末(Balmer，1825—1898)发现氢原子光谱在可见光部分的谱线，可归纳为

$$\frac{1}{\lambda} = R_H\left[\frac{1}{2^2 - n^2}\right], \quad n = 3,4,5,\cdots \tag{16-23}$$

式中：λ 为波长；$R_H = 1.097 \times 10^7 \mathrm{m}^{-1}$ 为**里德伯常数**。我们把可见光区所有谱线的总体称为**巴尔末系**，其与实验结果十分符合，如图 16－12 所示。从光波向短波方向，前 4 个谱线分别叫做 H_α、H_β、H_γ、H_δ，实验测得它们对应的波长分别为 $H_\alpha = 656.3\mathrm{nm}$、$H_\beta = 486.1\mathrm{nm}$、$H_\gamma = 434\mathrm{nm}$、$H_\delta = 410.2\mathrm{nm}$。当 n 趋于∞时，$H_\alpha = 364.56\mathrm{nm}$，这个波长为巴尔末系波长的极限值。

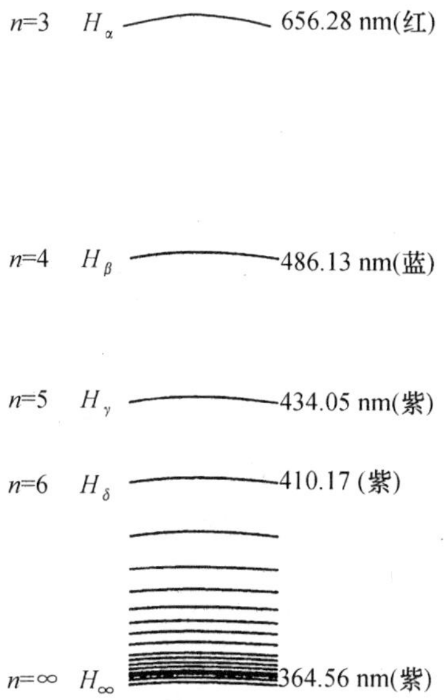

图 16－12　氢原子光谱的巴尔末系

1896 年，里德伯用波数 $\tilde{\nu}$ 来代替巴尔末公式中德波长的倒数，从而得到光谱学中常见的形式，即

$$\tilde{\nu} = \frac{1}{\lambda} = R\left[\frac{1}{2^2} - \frac{1}{n^2}\right], \quad n = 3,4,5,\cdots \tag{16-24}$$

在氢原子光谱中，除了可见光的巴尔末系之外，后来又在实验上发现在紫外光部分和红外光部分也有光谱线。

16.5.2　氢原子线光谱系

氢光谱谱线（表 16－3）规律可统一表达为

$$\boxed{\tilde{\nu} = \frac{1}{\lambda} = R_H\left[\frac{1}{m^2} - \frac{1}{n^2}\right], \quad m = 1,2,3,4,5;n = m+1,m+2,\cdots} \tag{16-25}$$

式中：$m = 1,2,3,4,5,6$ 依次代表**赖曼系**、**巴尔末系**、**帕邢系**、**布喇开系**、**普丰特系**、**汉弗莱系**。在此基础上，里德伯、里兹等人认为一价的碱金属光谱也可以分为若干线系，其波数有和氢光谱类似的规律。

表 16－3　氢光谱谱线

谱线系名称	谱线波段	m	n	谱线公式
1916，赖曼系（Lyman）	紫外光	1	$n=2,3,\cdots$	$\tilde{\nu}=\frac{1}{\lambda}=R_H\left[\frac{1}{1^2}-\frac{1}{n^2}\right]$
1885，巴尔末系（Balmer）	可见光	2	$n=3,4,\cdots$	$\tilde{\nu}=\frac{1}{\lambda}=R_H\left[\frac{1}{2^2}-\frac{1}{n^2}\right]$
1908，帕邢系（Paschen）	红外线	3	$n=4,5,\cdots$	$\tilde{\nu}=\frac{1}{\lambda}=R_H\left[\frac{1}{3^2}-\frac{1}{n^2}\right]$
1922，布喇开系（Brackett）	红外线	4	$n=5,6,\cdots$	$\tilde{\nu}=\frac{1}{\lambda}=R_H\left[\frac{1}{4^2}-\frac{1}{n^2}\right]$
1924，普丰特系（Pfund）	红外线	5	$n=6,7,\cdots$	$\tilde{\nu}=\frac{1}{\lambda}=R_H\left[\frac{1}{5^2}-\frac{1}{n^2}\right]$
1953，汉弗莱系（Humphreys）	红外线	6	$n=7,8,\cdots$	$\tilde{\nu}=\frac{1}{\lambda}=R_H\left[\frac{1}{6^2}-\frac{1}{n^2}\right]$

16.5.3　卢瑟福的原子核式结构模型

1897 年，汤姆逊通过阴极射线实验发现电子，并证实了电子是原子的组成部分。但是实验发现电子是带负电的，而正常原子是中性的，所以在原子中一定还有带正电的物质，这种带正电的物质在原子中是怎样分布的呢？1903 年，英国物理学家汤姆逊首先提出原子的结构模型，此模型称为汤姆逊模型。他认为，原子是球形的，带正电的物质电荷和质量均匀分布在球内，而带负电的电子浸泡在球内，并可在球内运动，球内电子数目恰与正电部分的电荷电量值相等，从而构成中性原子。这个原子模型常被称为“葡萄干蛋糕模型”。

但是，此模型存在许多问题，如电子为什么不与正电荷“融洽”在一起并把电荷中和掉呢？这个模型不能解释氢原子光谱存在的谱线系。此外，卢瑟福（Rutherford，1871—1937）在 α 粒子轰击金箔的散射实验中发现，绝大多数 α 粒子穿过金箔后沿原来方向，或沿散射角很小的方向（一般为 2°～3°）运动，如图 16－13 所示。但是每 8000 个的 α 粒子中也有一个出现散射角大小为 90°的情况，甚至接近 180°，即被沿原入射方向弹回。卢瑟福认为，如果按汤姆逊模型来分析，不可能有 α 粒子的大角散射，所以此汤姆逊的原子模型与实验不符。

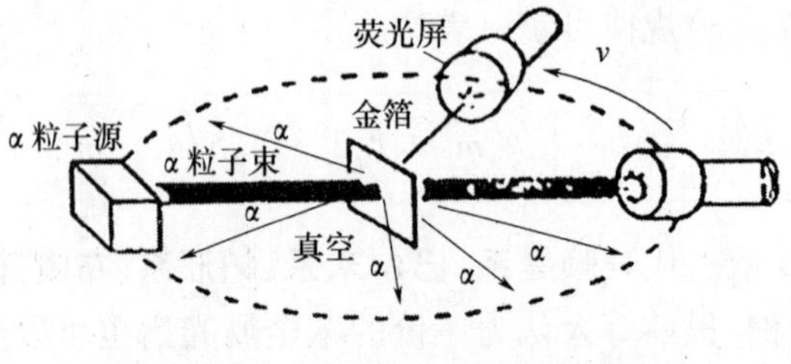

图 16－13　α 粒子轰击金箔的散射实验

为了解释这种现象,1911 年,卢瑟福在 α 粒子散射的基础上提出了原子的核式结构模型。他认为,原子中心有一带电的原子核,它几乎集中了原子的全部质量,电子围绕这个核转动,核的大小与整个原子相比很小,如图 16－14 所示,。按此模型,原子核是很小的,在 α 粒子散射实验中,绝大多数 α 粒子穿过原子时,因受核的作用很小,故它们的散射角很小。只有少数 α 粒子能进入到距原子核很近的地方。这些 α 粒子受核作用(排斥)较大,故它们的散射作用也很大,极少数 α 粒子正对原子核运动,故它们的散射角接近180°。现代实验证明,原子的线度约为10^{-10}m,而原子核的线度约为10^{-15}m。

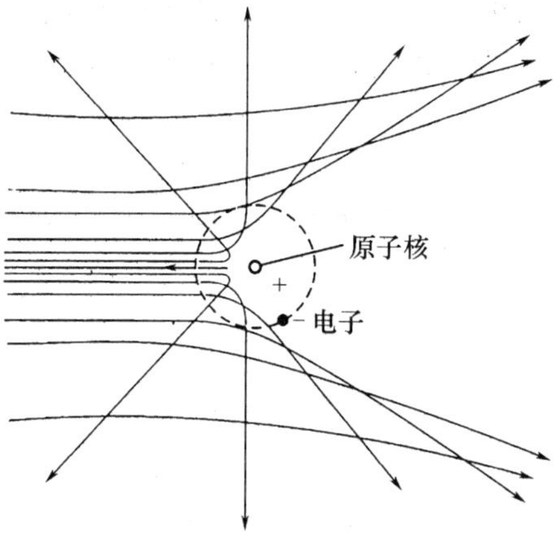

图 16－14　α 粒子流在原子核附近的散射示意图

然而,如果卢瑟福的核式结构模型是正确的,那么,许多实验现象按照经典电磁理论是无法解释的。按照经典电磁理论,凡是作加速运动的电荷都发射电磁波,电子绕原子核运动时是有加速度的,原子就应不断发射电磁波(即不断发光),它的能量要不断减少,因此电子就要作螺旋线运动来逐渐趋于原子核,最后落入原子核上。说明原子并不稳定,但实际上原子是稳定的,这是矛盾的。此外,按经典电磁理论,加速电子发射的电磁波的频率等于电子绕原子核转动的频率,由于电子作螺旋线运动,它转动的频率连续地变化,故发射电磁波的频率亦应该是连续光谱。但实验指出,原子光谱是线状的,这又是矛盾的。

16.5.4　玻尔的氢原子理论

玻尔根据卢瑟福原子核模型和原子的稳定性出发,应用普朗克的量子概念,于 1913 年提出了关于氢原子内部运动的理论,成功地解释了氢原子光谱的规律性。

玻尔理论以三个基本假设为基础。

(1) 电子在原子中可在一些特定的圆周轨迹上运动,不辐射光,因为具有恒定的能量,这些状态称为**稳定状态或定态**。

(2) 电子以速度 v 绕核运动时,只有在电子的角动量 L 为$\frac{h}{2\pi}$的整数倍的那些轨道上才是稳定的,即

$$L = mvr = n\frac{h}{2\pi} \tag{16-26}$$

式中:h 为普朗克常数;n 为量子数,其值取 $n=1,2,3,\cdots$;r 为轨道半径。

(3) 当电子从一个能量为 E_n 的定态跃迁到另一个能量为 E_m 的定态时，会放出或吸收一个光子，光子的频率为

$$v = \left|\frac{E_n - E_m}{h}\right| \tag{16-27}$$

这三条假设中，假设一是经验性的，它解决了原子的稳定性问题；假设二表述的角动量量子化原先是人为加进去的，但它可以从德布罗意假设得出；假设三是从普朗克量子假设引申来的，因此是合理的，它能解释线光谱的起源。

利用玻尔的氢原子理论，可以推导出氢原子的轨道半径和能量，并解释氢原子光谱的规律。设质量为 m 的电子，其带有的电荷为 e，以速度 v 沿半径为 r 轨道上运动，原子核与电子间的库仑力提供向心力，有

$$\frac{e^2}{4\pi\varepsilon_0 r^2} = m\frac{v^2}{r} \tag{16-28}$$

由量子化条件 $mvr = n\frac{h}{2\pi}$，有

$$V = \frac{nh}{2\pi mr} \tag{16-29}$$

代入式(16－28)，有

$$m\left(\frac{nh}{2\pi mr}\right)^2 = \frac{e^2}{4\pi\varepsilon_0 r}$$

则电子轨迹半径为

$$r_n = \frac{n^2h^2\varepsilon_0}{\pi me^2},\quad n = 1,2,3,\cdots \tag{16-30}$$

当 $n=1$ 时，$r_1 = \frac{h^2\varepsilon_0}{\pi me^2} = 5.3\times10^{-11}\,\mathrm{m}$，此为氢原子中电子的最小轨道半径，$r_1$ 称为**玻尔半径**(bohr radius)。电子轨迹半径还可表示为

$$r_n = \frac{n^2h^2\varepsilon_0}{\pi me^2} = n^2r_1 \tag{16-31}$$

由式(16－31)可知，电子轨道半径只能取一系列的分立值，为 r_1、$4r_1$、$9r_1$，$16r_1$，…，如图16－15所示。

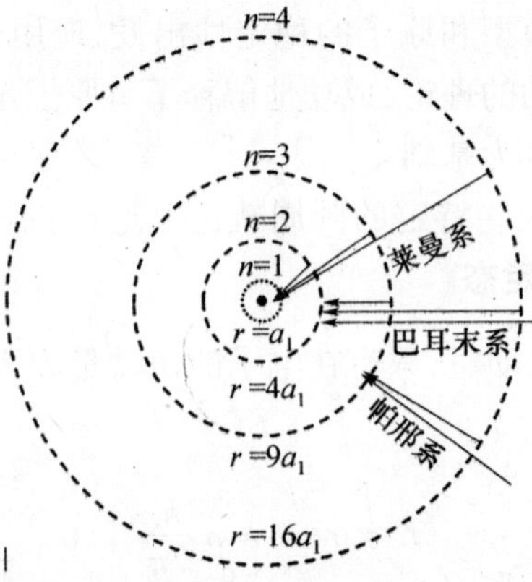

图16－15　氢原子的电子轨道示意图

当电子处于第 n 个轨道上时，氢原子所具有的总能量等于电子动能与势能之和，即

$$E_n = E_k + E_p = \frac{1}{2}mv_n^2 - \frac{e^2}{4\pi\varepsilon_0 r_n} \tag{16-32}$$

由于$\frac{1}{2}mv_n^2 = \frac{e^2}{8\pi\varepsilon_0 r_n}$，代入式(16-32)中，有

$$E_n = -\frac{1}{n^2}\frac{me^4}{8\varepsilon_0^2 h^2}, \quad n = 1,2,3,\cdots \tag{16-33}$$

当 $n=1$ 时，$E_1 = -\frac{me^4}{n^2 8\varepsilon_0^2 h^2} = -13.6\text{eV}$，这里的 E_1 是氢原子最低能量，称为**基态能量**(ground state energy)，而其他各态则称为**激发态**(excited state)。电子在第 n 个轨道上时，氢原子能量还可写为

$$\boxed{E_n = -\frac{me^4}{n^2 8\varepsilon_0^2 h^2} = \frac{1}{n^2}E_1} \tag{16-34}$$

由式(16-34)可知，当 n 取 1,2,3,4,…时，氢原子所具有的能量为

$$E_1 = -13.6\text{eV}, E_2 = \frac{1}{4}E_1, E_3 = \frac{1}{9}E_1, E_4 = \frac{1}{16}E_1$$

以上结果说明，氢原子的能量是不连续的，只能取一些分立的值，这称为能量的量子化，这种量子化的能量值常称为**能级**(energy level)。氢原子内部能量都是负值，能量最大的地方在 $n\to\infty$，能量为零。使原子或分子电离所需的能量称为**电离能**。如果将氢原子电离，相当于把电子从现在的能级拉到无穷远处，而无穷远处是氢原子的最高能级。理论上的氢原子的基态电离能为 13.6eV，这与实验结果是相符合的。氢原子的能级与其相应的电子轨道的示意图如图 16-16 所示。

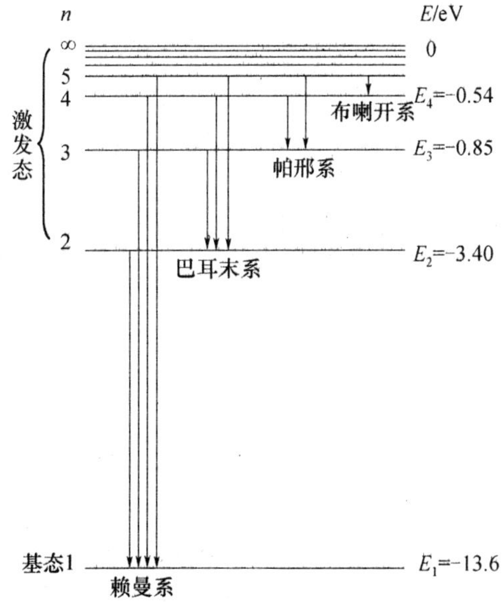

图 16-16　氢原子能级跃迁与光谱系

按照玻尔理论，氢原子的能级公式为 $E_n = -\dfrac{me^4}{n^2 8\varepsilon_0^2 h^2}$，当电子从高能级 n 态向低能级 m 态跃迁时，根据频率公式，有

$$\nu = \frac{1}{h}(E_n - E_m) \tag{16-35}$$

波长倒数为

$$\frac{1}{\lambda} = \frac{1}{hc}(E_n - E_m) = \frac{1}{hc}\left[-\frac{me^4}{n^2 8\varepsilon_0^2 h^2} + \frac{me^4}{m^2 8\varepsilon_0^2 h^2}\right]$$

$$= \frac{me^4}{8\varepsilon_0^2 h^3 c}\left[\frac{1}{m^2} - \frac{1}{n^2}\right] = R_H\left[\frac{1}{m^2} - \frac{1}{n^2}\right] \tag{16-36}$$

式中：$R_H = \dfrac{me^4}{8\varepsilon_0^2 h^3 c} = 1.097373 \times 10^7 \text{m}^{-1}$，这与实验上测得的里德伯常数非常接近（实验上的值为 $R_H = 1.096776 \times 10^7 \text{m}^{-1}$）。由此可见，玻尔理论很好地解释了氢原子光谱的规律性。

16.5.5 玻尔理论的意义与困难

玻尔在实验的基础上结合了卢瑟福的原子核结果模型和普朗克的量子理论研究了原子内部的情况，在原子物理学中跨出了一大步。它的成功在于圆满地解释了氢原子及类氢类系的谱线规律。玻尔理论不仅讨论了氢原子的具体问题，这还包含着关于原子的基本规律，玻尔的定态假设和频率条件不仅对一切原子是正确的，而且对其它微观客体也是适用的，因而是重要的客观规律。

但是玻尔理论不能解释结构稍微复杂一些的谱线结构（如碱金属结构的情况），也不能说明氢原子光谱的精细结构和谱线在匀强磁场中的分裂现象。后来，索末菲（sommerfeld，1868—1951）和威尔逊（wilson，1869—1959）各自独立地把玻尔理论推广到更一般的椭圆轨迹，并考虑到相对论校正以及在磁场中轨迹平面的空间取向，推出一般的量子化条件。利用这些理论，虽然能够得出初步的解释，但对复杂一点的问题，如氦和碱土元素等光谱以及谱线强度、偏振、宽度等问题，仍无法处理。这一系列突出地暴露了玻尔—索末菲理论的严重局限性。尽管如此，玻尔—索末菲理论对学电子系统和碱金属问题，在一定程度上还是可以得到很好的结果。这是人们在原子结构的探索中重要的里程碑。

例 16－4 氢原子从 $n=10$、$n=2$ 的激发态跃迁到基态时发射光子的波长是多少？

解 $\dfrac{1}{\lambda} = R\left[\dfrac{1}{m^2} - \dfrac{1}{n^2}\right]$，依题意可知

$$m = 1$$

所以，有

$$\lambda = \left[R\left(\frac{1}{1^2} - \frac{1}{n^2}\right)\right]^{-1}$$

当 $n=10$ 时，有

$$\lambda_1 = \left[1.097 \times 10^7\left(\frac{1}{1^2} - \frac{1}{10^2}\right)\right]^{-1} = 0.921 \times 10^{-7}\text{m}$$

当 $n=2$ 时,有

$$\lambda_2 = \left[1.097\times10^7\left(\frac{1}{1^2}-\frac{1}{2^2}\right)\right]^{-1} = 1.215\times10^{-7}\text{m}$$

例 16-5 求出氢原子巴尔末系的最长和最小波长?

解 巴尔末系波长的倒数为

$$\frac{1}{\lambda} = R\left[\frac{1}{2^2}-\frac{1}{n^2}\right],\quad n=3,4,5,\cdots$$

(1) 当 $n=3$ 时,$\lambda=\lambda_{\max}$,则

$$\lambda_{\max} = \left[1.097\times10^7\left(\frac{1}{2^2}-\frac{1}{3^2}\right)\right]^{-1} = 6.563\times10^{-7}\text{m}$$

(2) 当 $n=\infty$ 时,$\lambda=\lambda_{\min}$,则

$$\lambda_{\min} = \left[1.097\times10^7\left(\frac{1}{2^2}-\frac{1}{\infty^2}\right)\right]^{-1} = 3.646\times10^{-7}\text{m}$$

例 16-6 求氢原子中基态和第一激发态电离能。

解 氢原子能级为

$$E_n = \frac{1}{n^2}E_1,\quad n=1,2,3,\cdots$$

(1) 基态电离能 = 电子从 $n=1$ 激发到 $n=\infty$ 时所需能量,即

$$W_1 = E_\infty - E_1 = \frac{E_1}{\infty}-\frac{E_1}{1^2} = -E_1 = 13.6\text{eV}$$

(2) 第一激发态电离能 = 电子从 $n=2$ 激发到 $n=\infty$ 时所需能量,即

$$W_1 = E_\infty - E_2 = \frac{E_1}{\infty}-\frac{E_1}{2^2} = -E_2 = -\frac{1}{2^2} = 3.4\text{eV}$$

16.6 实物粒子的波粒二象性 不确定关系

光的干涉和衍射等现象为光的波动性提出了有力的证据,而黑体辐射、光电效应和康普顿效应则为光的粒子性(即量子性)提供了有力的论据。物理学家们已经普遍接受了光的波粒二象性的概念。法国物理学家路易·德布罗意(De Broglie,1892—1987)认为,如同过去对光的认识比较片面一样,对实物粒子的认识或许也是片面的,波粒二象性并不只是光才具有的,实物粒子也具有波粒二象性。德布罗意说道:“整个世纪以来,在光学上,比起波动的研究方面来,是过于忽视了粒子的研究方面;在物质粒子理论上,是否发生了相反的错误呢?是不是我们把关于粒子的图像想得太多,而过分地忽视了波的图像?”正如他自己所说:“经过长时间孤寂的思索和遐想之后,1923 年,我突然想到,应当把爱因斯坦关于光的波粒二象性的观念加以推广,使它包含一切粒子,尤其是电子。”

16.6.1 实物粒子的波粒二象性

一个质量为 m、速度为 v 的微观粒子,从粒子的观点来看具有能量 E 和动量 p,德布罗意把光中对波和粒子的描述,应用到实物粒子上,作了如下假设:每一运动着的事物粒子

都有一波与之相联系，粒子的动量与此波波长的关系如同光子情况一样，即相应的频率 ν 和波长 λ 分别为

$$\boxed{\lambda = \frac{h}{p}} \tag{16-37a}$$

$$\boxed{\nu = \frac{E}{h}} \tag{16-37b}$$

式中：h 为普朗克常数，上两式称为**德布罗意公式**。与实物粒子相联系的波称为**德布罗意波或物质波**(de Broglie wave)。

若对于一静止质量为 m_0 的微观粒子，当其运动速率 v 远小于光速 c，即 $v \ll c$ 时，粒子的德布罗意波长为

$$\lambda = \frac{h}{p} = \frac{h}{m_0 v} \tag{16-38}$$

若粒子的速率接近于光速时，其德布罗意波长为

$$\lambda = \frac{h}{mv} = \frac{h}{m_0 v / \sqrt{1-\beta^2}} \tag{16-39}$$

例 16-7 设电子的静止质量为 m_0，经加速电压 U 电场加速后，求此电子的德布罗意波长。

解 由于电场力作功 eU，等于电子动能的增量

$$eU = \frac{1}{2}mv^2$$

电子获得的速度为

$$v = \sqrt{\frac{2eU}{m}}$$

则电子德布罗意波长为

$$\lambda = \frac{h}{p} = \frac{h}{m_0 v}$$

$$\lambda = \frac{h}{\sqrt{2m_0 e}} \cdot \frac{1}{\sqrt{U}}$$

$$= \frac{6.62 \times 10^{-34}}{\sqrt{2 \times 9.1 \times 10^{-31} \times 1.6 \times 10^{-19}}} \frac{1}{\sqrt{U}} = \frac{1.22}{\sqrt{U}} (\text{nm})$$

上式说明，电子的物质波的波长取决于 U，通过控制 U，就可以得到相应的电子波的波长。当 $U = 150\text{V}$ 时，$\lambda = 0.1\text{nm}$；当 $U = 10000\text{V}$ 时，$\lambda = 0.0122\text{nm}$。

16.6.2 电子衍射实验 物质波的统计解释

1927 年，汤姆逊(G. P. Thomson, 1892—1975)用电子衍射实验证实了实物粒子的波动性。实验装置如图 16-17 所示，K 是发射电子的灯丝，D 是光阑，M 是单晶体。灯丝与栏缝之间有电势差 U，从 K 发射的电子经电场加速，经光阑 D 变成平行光束，入射到多晶薄片 M 上，再射到照相底片 P 上，得到了如图所示的衍射图样。

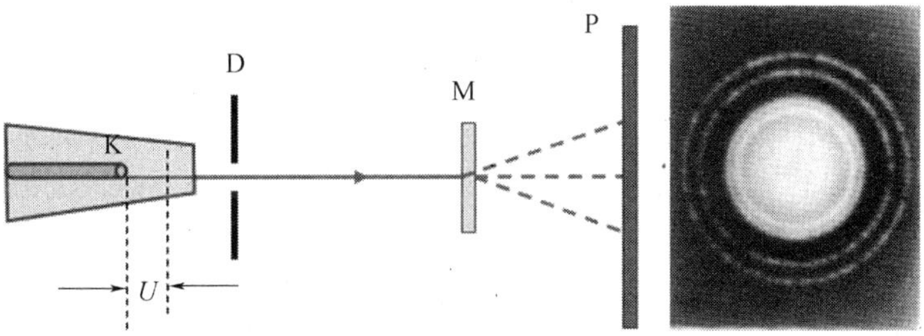

图 16－17　汤姆逊电子衍射实验装置图及衍射图样

电子既然有波动性，自然会联系到原子、分子和中子等其他粒子，是否也具有波动性。用各种气体分子作类似的实验，完全证实了分子也具有波动性，德布罗意公式也仍然是成立的。后来，中子的衍射现象也被观察到。现在德布罗意公式已改为表示中子、电子、质子、原子和分子等粒子的波动性与粒子性之间关系的基本公式。

既然电子、中子、原子等微观粒子具有波粒二象性，那么，如何解释这种波动性呢？

为了理解实物粒子的波粒二象性，不妨重新分析一下光的衍射情况。根据波动光观点，光是一种电磁波，在衍射图样中，亮处表示波的强度大，暗处表示波的强度最小。波的强度与振幅平方成正比。所以，图样亮处波的振幅平方大，图样暗处波的振幅平方小。根据光子的观点，光强大处表示单位时间内到达该处光子数多，光强小处表示单位时间到达该处光子数少。从统计观点看，这相当于，光子到达亮处的概率大于到达暗处的概率。因此，可以说，粒子在某处出现的概率与该处波的强度成正比，所以，也可以说，**粒子在某处附近出现的概率与该处波的振幅平方成正比。**

现在应用上述观点来分析一下电子的衍射图样。从粒子观点看，衍射图样的出现，是由于电子不均匀地射向照相底片各处所形成的，有些地方很密集，有些地方很稀疏。这表示电子射到各处的概率是不同的，电子密集处概率大，电子稀疏处概率小。从波动观点看，电子密集处的波强大，电子稀疏处的波强小。所以，电子出现的概率反映了波的强度，因为波强正比于波幅平方。普遍来说，某处出现粒子的概率正比于该处德布罗意波振幅的平方，这就是德布罗意物质波的统计解释。

16.6.3　应用

微观粒子的波动性已经在现代科学技术上得到应用。电子显微镜分辨之所以较普通显微镜高，就是应用了电子的波动性。我们提到过，光学显微镜的分辨本领 $R=\dfrac{D}{1.22\lambda}$，由于受到可见光的限制（可见光的波长范围 400～760nm），分辨率不能很高，放大倍数只有 2000 倍左右。x 射线的波长很小，但是与 x 射线对应的成像系统作不出来。电子的德布罗意波长比可见光短得多，按 $\lambda=\dfrac{1.22}{\sqrt{U}}\text{nm}$ 可知，U 为几百伏特时，电子波长和 X 射线相通。如果加速电压增大到几万伏特，则 λ 更短。所以，电子显微镜放大倍数很大，可达到几十万倍以上。

例 16－8　一电子束中，电子的速率为 8.4×10^6m/s，求德布罗意波长。

解　因为 8.4×10^6m/s 比 $c=3\times10^8$m/s 小得多，所以可用经典理论，即

$$\lambda = \frac{h}{p} = \frac{h}{m_0 v} = \frac{6.62 \times 10^{-34}}{9.1 \times 10^{-31} \times 8.4 \times 10^{6}} = 0.867 \times 10^{-10}\text{m}$$

例 16-9 设电子的初速度为 0。(1)求电子经过 100V 电势差加速后的德布罗意波长。(2)若电势差 U 很大,考虑电子的相对论效应,证明其德布罗意波的波长为

$$\lambda = \frac{hc}{\sqrt{eU(eU + 2m_0 c^2)}}$$

解 (1)$\lambda = \frac{1.225}{\sqrt{U}}\text{nm} = 0.123\text{nm}$

(2) $p = \sqrt{\frac{E^2 - E_0^2}{c^2}} = \sqrt{\frac{(E_k + E_0)^2 - E_0^2}{c^2}} = \frac{\sqrt{E_k(E_k + 2E_0)}}{c}$

由于 $E_k = eU, E_0 = m_0 c^2$,所以,有

$$p = \frac{\sqrt{eU(eU + 2m_0 c^2)}}{c}$$

$$\lambda = \frac{h}{p} = \frac{hc}{\sqrt{eU(eU + 2m_0 c^2)}}$$

16.6.4 不确定关系

在经典力学中,任一时刻粒子的坐标和动量都有准确值,所以可用坐标和动量描述粒子的状态。那么,对于具有波粒二象性的微观粒子来说,是否也可以通过使用确定的坐标和动量来描述呢? 下面通过电子衍射实验来讨论这个问题。

假设一束平行电子束,沿 Oy 轴方向入射到缝宽为 b 的单缝上,电子经缝后产生衍射,衍射图样分布关于 y 轴对称,在中央处形成亮纹,在其两旁还有其他亮纹,如图 16-18 所示。

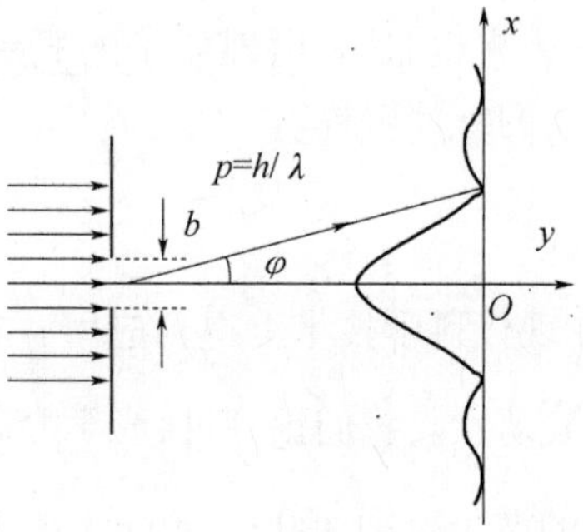

图 16-18 电子束的单缝衍射

对于中央零级。根据单缝衍射公式,有

$$b\sin\varphi = \lambda \tag{16-40}$$

通过缝后,电子由于发生衍射,所以电子运动方向发生了变化,即动量发生了变化。设经过缝后电子动量为 $\boldsymbol{p}_0$,在 φ 角内,动量 x 分量 p_x 满足

$$0 \leqslant p_x \leqslant p\sin\varphi \tag{16-41}$$

故 p_x 的不确定量为

$$\Delta p_x = p\sin\varphi \tag{16-42}$$

由式(16－40)、式(16－42)得

$$b\Delta p_x = p \cdot \lambda \tag{16-43}$$

当电子通过缝时,它通过单缝哪个点是不确定的。所以电子坐标 x 的不确定度 Δx 等于缝宽度 b,则式(16－43)可化为

$$\boxed{\Delta x \cdot \Delta p_x \geqslant h} \tag{16-44}$$

式(16－44)称为**海森堡不确定关系**,简称为**不确定关系**(uncertainity relation),Δx、Δp_x 分别称为粒子的坐标 x 和动量 p_x 的不确定量。不确定关系不仅适用于电子,也适用于其他微观粒子。不确定关系表明,微观粒子的坐标和同一方向的动量不可能同时有确定的值。x 测得越准时,即 Δx 越小时,p_x 测得越不准,即 Δp_x 越大。因此,对于具有波粒二象性的微观粒子,不可能用某一时刻的位置和动量描述其运动状态,经典力学规律不再适用。

例 16－10 一电子具有 $200\text{m} \cdot \text{s}^{-1}$ 的速率,动量不确定度为 0.01%,确定电子位置时,不确定量为多少?

解 根据微观粒子的不确定关系,有

$$\Delta x \cdot \Delta p_x \geqslant h$$

$$\begin{aligned}\Delta x \geqslant \frac{h}{\Delta p_x} &= \frac{h}{p_x \times 0.01\%} \\ &= \frac{h}{0.0001mV_x} \\ &= \frac{6.63 \times 10^{-34}}{10^{-4} \times 9.1 \times 10^{-31} \times 200} \\ &= 3.64 \times 10^{-2}\text{m}\end{aligned}$$

已确定原子大小的数量级为 10^{-10}m,电子则更小,在这种情况下,电子位置不确定量远大于电子本身的线度,所以,此时必须考虑电子的波粒二象性。

16.7 粒子的波函数 薛定谔方程

由于微观粒子具有波粒二象性,坐标和动量不能同时测定。利用经典物理学方法已经无法描述粒子的运动状态。为了解决这个问题,在一系列实验的基础上,经过德布罗意、薛定谔、海森堡等物理学家的共同努力,建立了反映微观粒子和粒子体系运动规律的量子力学。反映微观粒子运动的基本方程是薛定谔方程,微观粒子运动状态用薛定谔方程的函数(波函数)来表述。量子力学有两种不同的表述形式。一是由薛定谔根据德布罗意的波粒二象性假设,从粒子性出发,用波动方程来描述粒子和粒子体系的运动规律,称为**波动力学**。另一种是由海森堡等人从粒子性出发,用矩阵形式来描述粒子和粒子体系的运动规律,称为**矩阵力学**。两种理论完全等价。本书只介绍波动力学的基本概念和基本方程。

16.7.1 波函数及其统计解释

假设有一个沿 x 正方向运动、不受外力作用的自由电子，其所具有的能量和动量分别为 E 和 p。根据**德布罗意关系**可知

$$\lambda = \frac{h}{p}, \quad v = \frac{E}{h} \tag{16-45}$$

其物质波的频率 ν 和波长 λ 将具有确定值。由于单一频率的平面简谐波波函数为

$$y(x,t) = A\cos 2\pi\left(vt - \frac{x}{\lambda}\right)$$

用指数形式的实部来表示，即

$$y(x,t) = A\mathrm{e}^{-i2\pi\left(vt-\frac{x}{\lambda}\right)}$$

为了描述微观粒子的运动状态，薛定谔提出使用物质波波函数的方法。物质波波函数是时间和空间坐标的函数，表示为 $\Psi(x,t)$。根据德布罗意关系，有

$$\boxed{\Psi(x,t) = \psi_0 \mathrm{e}^{-\mathrm{i}\frac{2\pi}{h}(Et-px)}} \tag{16-46}$$

式(16-46)是与能量为 E、动量为 p、沿 $+x$ 方向运动的自由粒子相联系的波。此波称为自由粒子的**德布罗意波**，$\Psi(x,t)$ 称为自由粒子的**波函数**。$\psi_0 \mathrm{e}^{\mathrm{i}\frac{2\pi}{h}px}$ 相当于 x 处波函数的复振幅，而 $\mathrm{e}^{-\mathrm{i}\frac{2\pi}{h}Et}$ 反应了函数随时间的变化。

有了波函数，那怎样来描述微观粒子的运动状态呢？1926 年，德国物理学家玻恩(Born，1882—1970)提出了物质波波函数的统计解释，解决了这个问题。他提出，某时刻在空间 (x,y,z) 处附近 $\mathrm{d}V = \mathrm{d}x\mathrm{d}y\mathrm{d}z$ 体积元内发现粒子数概率与 $|\Psi|^2\mathrm{d}V$ 成正比。由于波函数是复函数，则

$$|\Psi|^2\mathrm{d}V = \Psi\Psi^*\mathrm{d}V \tag{16-47}$$

式中：Ψ^* 是 Ψ 的共轭复数。$|\Psi|^2$ 为粒子出现在点 (x,y,z) 附近单位体积内的概率，称为**概率密度**(probability density)。物质波也称**概率波**(probability wave)。

由于某时刻在整个空间内粒子出现概率应为 1，所以，有

$$\iiint_V |\Psi|^2\mathrm{d}V = 1$$

或

$$\iiint_V |\Psi(x,y,z,t)|^2\mathrm{d}x\mathrm{d}y\mathrm{d}z = 1 \tag{16-48}$$

式(16-48)称为波函数的**归一化条件**(normaliziny condition)。满足归一化条件的波函数称为**归一化波函数**。根据对波函数的统计解释，必须要求**波函数是单值、有限、连续(包括其一阶导数连续)而且是归一化的函数**。

16.7.2 薛定谔方程

1926 年，薛定谔(schrödinger，1887～1961)在德布罗意物质波假说的基础上，建立了势场中适用于描述低速运动的微观粒子的微分方程，也就是物质波波函数 $\Psi(x,t)$ 满足的

方程，可以正确处理低速情况下各种微观粒子运动的问题，称之为薛定谔方程。

设有一质量为 m、动量为 p、能量为 E 的自由粒子，沿 x 轴运动，则粒子波函数可写为

$$\Psi(x,t) = \psi_0 e^{-i\frac{2\pi}{h}(Et-px)} \tag{16-49}$$

将式(16-49)对 x 求两阶导数，对 t 求一阶导数，有

$$\frac{\partial^2\Psi}{\partial x^2} = -\frac{4\pi^2p^2}{h^2}\Psi$$

$$\frac{\partial\Psi}{\partial t} = -i\frac{2\pi}{h}E\Psi$$

对于低速运动的微观粒子，其动量和能量间的关系为 $p^2=2mE$，于是，有

$$\boxed{-\frac{h^2}{8\pi^2m}\frac{\partial^2\Psi}{\partial x^2} = i\frac{h}{2\pi}\frac{\partial\Psi}{\partial t}} \tag{16-50}$$

式(16-50)为**作一维运动的自由粒子含时薛定谔方程**。

若粒子在势能为 $V(x,t)$ 的势场中运动，则自由粒子所具有的能量为

$$E = E_k + V = p^2/2m + V \tag{16-51}$$

带入式(16-50)，有

$$-\frac{h^2}{8\pi^2m}\frac{\partial^2\Psi}{\partial x^2} + V\Psi = i\frac{h}{2\pi}\frac{\partial\Psi}{\partial t} \tag{16-52}$$

式(16-52)为**在势场中作一维运动的自由粒子含时薛定谔方程**。

如果微观粒子的势能 $V(x)$ 仅是坐标的函数，而与时间无关，于是利用分离变量法，可以将波函数写为坐标函数和时间函数的乘积，即

$$\Psi(x,t) = \psi(x)e^{-i\frac{2\pi}{h}Et} \tag{16-53}$$

其中 $\psi(x)=\psi_0 e^{i\frac{2\pi}{h}px}$，代入式(16-52)，有

$$\frac{h^2}{8\pi^2m}\frac{d^2\psi(x)}{dx^2} + (E-V)\psi(x) = 0 \tag{16-54}$$

由于 $\psi(x)$ 只与 x 有关，与 t 无关，所以此式称为**势场中一维运动粒子的定态薛定谔方程**。$\psi(x)$ 称为**定态波函数**，它描写的粒子状态叫做**定态**(stationary state)。

要注意的是，薛定谔方程不能从经典力学导出，也不能用任何逻辑推理的方法加以证明，只能通过实验来检验。几十年来，大量实验事实无不表明用薛定谔方程进行计算(包括近似计算)所得的结果都与实验结果符合得很好。所以薛定谔方程作为基本方程的量子力学被认为是能够正确反映微观系统客观实际的近代物理理论。

16.7.3 一维无限深势阱中的粒子

下面应用定态薛定谔方程研究一维无限深势阱中粒子的运动问题。如图 16-19 所示，设粒子质量为 m，处于势能为 $V(x)$ 的力场中，并沿 x 轴作一维运动。势场 $V(x)$ 具有下面的形式，即

$$V(x) = \begin{cases} 0, & 0 < x < a \\ \infty, & x \leqslant 0, x \geqslant a \end{cases}$$

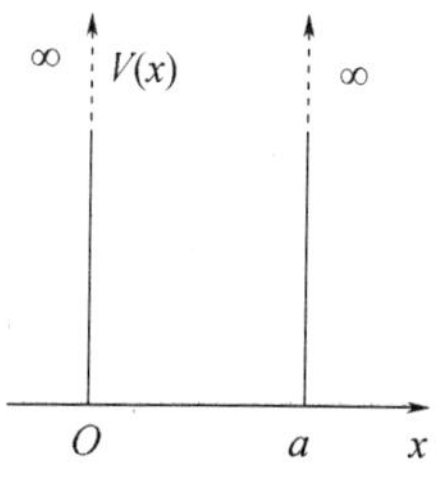

图 16-19　一维无限涤势阱

这个模型相当于粒子只能在宽度为 a 的两个无限高势垒之间作一维自由运动，把满足这个条件的力场叫**一维无限深势阱**。

由定态薛定谔方程，有

$$\frac{d^2\psi}{dt^2}+\frac{8\pi^2 m}{h^2}(E-0)\psi=0,\quad 0<x<a$$

$$\frac{d^2\psi'}{dt^2}+\frac{8\pi^2 m}{h^2}(E-\infty)\psi'=0,\quad x\leqslant 0,x\geqslant a$$

在 $x\leqslant 0,x\geqslant a$ 区域内，不可能找到有限能量的粒子，所以 $\psi'(x)=0$。

令 $\frac{8\pi^2 mE}{h^2}=k^2$，于是，有

$$\frac{d^2\psi}{dx^2}+k^2\psi=0$$

对于二阶齐次线性常微分方程，其通解为

$$\psi(x)=A\sin kx+B\cos kx \tag{16-55}$$

式中：k、A 和 B 都为常数，其值用边界条件确定。

根据边界条件，波函数在势阱边界连续。于是，当 $x=0$ 时，有 $\psi(0)=0$，带入式(16-55)，有 $B=0$。当 $x=a$ 时，$\psi(a)=A\sin ka=0$。此时，如果 $A=0$，波函数则无意义，所以 $A\neq 0$，而 $\sin ka=0$，即

$$k=\frac{n\pi}{a}$$

代入式(16-55)，有

$$E=\frac{n^2h^2}{8ma^2} \tag{16-56}$$

其中，$n=1,2,\cdots$，式(16-56)表明粒子的能量只能取离散的数值。当 $n=1$ 时，势阱中粒子的能量为 $E_1=\frac{h^2}{8ma^2}$，当 $n=2,3,\cdots$时，势阱中粒子的能量分别为 $4E_1,9E_1,\cdots$。也就是说，一维无限深势阱中的粒子的能量是量子化的。

下面根据归一化条件来确定 A 的值，由于粒子被限制在 $x\leqslant 0,x\geqslant a$ 区域内，其波函数为

$$\psi(x)=A\sin\frac{n\pi}{a}x,\quad (n=1,2,\cdots)$$

归一化条件为

$$\int_0^a|\psi(x)|^2dx=\int_0^a\left|A\sin\frac{n\pi}{a}x\right|^2dx=1$$

可得

$$A=\sqrt{\frac{2}{a}}$$

于是，粒子的波函数为

$$\psi(x) = \sqrt{\frac{2}{a}}\sin\frac{n\pi}{a}x\ , \quad (0 < x < a) \tag{16-57}$$

其在势阱中的概率密度为

$$|\psi_n(x)|^2 = \frac{2}{a}\sin^2\frac{n\pi}{a}x \tag{16-58}$$

式(16－58)表明,在势阱内出现粒子的可能性不相同,与地点有关。E_n、$\psi_n(x)$和$|\psi_n(x)|^2$的分布如图16－20所示。

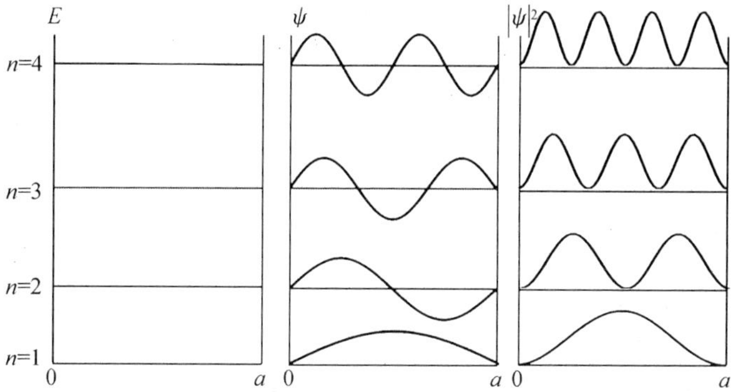

图16－20　一维无限深势阱中,粒子的能级、波函数和概率密度

习　题

16－1　光电效应和康普顿效应都包含有电子和光子的相互作用过程。对此,有以下几种理解,正确的是(　　)。

A. 两种效应中,电子和光子组成的系统都服从动量守恒定律和能量守恒定律

B. 两种效应都相当于电子和光子的弹性碰撞过程

C. 两种效应都属于电子吸收光子的过程

D. 光电效应是电子吸收光子的过程,而康普顿效应则相当于光子和电子的弹性碰撞过程

16－2　已知一单色光照射在钠表面上,测得光电子的最大动能是1.2eV,而钠的红限波长是540nm,那么入射光的波长是(　　)。

A. 535nm　　B. 500nm　　C. 435nm　　D. 355nm

16－3　关于不确定关系$\Delta x\Delta p_x \geqslant h$,有以下几种理解,正确的是(　　)。

A. 粒子的动量不能准确确定

B. 粒子的坐标不能准确确定

C. 粒子的动量和坐标不能同时准确确定

D. 不确定关系仅适用于电子和光子等微观粒子,不适用于宏观粒子

16－4　由氢原子理论可知,当大量氢原子处于$n=3$的激发态时,原子跃迁将发出(　　)。

A. 一种波长的光　　　　B. 两种波长的光

C. 三种波长的光　　　　　　　D. 连续光谱

16-5　已知粒子在一维矩形无限深势阱中运动，其波函数为

$$\Psi(x)=\frac{1}{\sqrt{a}}\cdot\cos\frac{3\pi x}{2a},\quad -a\leqslant x\leqslant a$$

那么，粒子在 $x=5a/6$ 处出现的概率密度为（　　）。

A. $1/(2a)$　　B. $1/a$　　C. $1/\sqrt{2a}$　　D. $1/\sqrt{a}$

16-6　天狼星的温度大约是11000℃。试由维恩位移定律计算其辐射峰值的波长。

16-7　已知地球跟金星的大小差不多，金星的平均温度约为773K，地球的平均温度约为293K。若把它们看作是理想黑体，这两个星体向空间辐射的能量之比为多少？

16-8　太阳可看作是半径为 7.0×10^{8}m 的球形黑体，试计算太阳的温度。设太阳射到地球表面上的辐射能量为 $1.4\times10^{3}\text{W}\cdot\text{m}^{-2}$，地球与太阳间的距离为 1.5×10^{11}m。

16-9　钨的逸出功是4.52eV，钡的逸出功是2.50eV，分别计算钨和钡的截止频率。哪一种金属可以用作可见光范围内的光电管阴极材料？

16-10　钾的截止频率为 4.62×10^{14}Hz，现以波长为435.8nm的光照射，求钾放出的光电子的初速度。

16-11　在康普顿效应中，入射光子的波长为 3.0×10^{-3}nm，反冲电子的速度为光速的60%，求散射光子的波长及散射角。

16-12　试求波长为下列数值的光子的能量、动量及质量：(1)波长为1500nm的红外线；(2)波长为500nm的可见光；(3)波长为20nm的紫外线；(4)波长为0.15nm的X射线；(5)波长为 1.0×10^{-3}nm 的γ射线。

16-13　计算氢原子光谱中莱曼系的最短和最长波长，并指出是否为可见光。

16-14　在玻尔氢原子理论中，当电子由量子数 $n_i=5$ 的轨道跃迁到 $n_f=2$ 的轨道上时，对外辐射光的波长为多少？若再将该电子从 $n_f=2$ 的轨道跃迁到游离状态，外界需要提供多少能量？

16-15　已知α粒子的静质量为 6.68×10^{-27}kg，求速率为5000km/s的α粒子的德布罗意波长。

16-16　求动能为1.0eV的电子的德布罗高波的波长。

16-17　若电子和光子的波长均为0.20nm，则它们的动量和动能各为多少？

16-18　若一个电子的动能等于它的静能，求该电子的速率和德布罗意波长。

16-19　电子位置的不确定量为 5.0×10^{-2}nm 时，其速率的不确定量为多少？

16-20　氦氖激光器发出波长为632.8nm的光，谱线宽度 $\Delta\lambda=10^{-9}$nm，求这种光子沿 x 方向传播时，它的 x 坐标的不确定量。

16-21　一质量为40g的子弹以 1.0×10^{3} m/s 的速率飞行。求：(1)其德布罗意波的波长；(2)若子弹位置的不确定量为0.10μm，求其速率的不确定量。

16-22　设粒子的波函数为 $\psi(x)=Axe^{-\frac{1}{2}a^2x^2}$，$a$ 为常数，求归一化常数 A。

16-23　质量为 m 的粒子沿 x 轴运动，其势能函数可表示为 $U(x)=\begin{cases}0 & 0<x<a\\ \infty & x\leqslant0,x\geqslant a\end{cases}$，求解粒子的归一化波函数和粒子的能量。

16 - 24　已知一维运动粒子的波函数为

$$\psi(x) = \begin{cases} Axe^{-\lambda x}, & x \geq 0 \\ 0, & x < 0 \end{cases}$$

式中 $\lambda > 0$。试求:(1)归一化常数 A 和归一化波函数;(2)该粒子位置坐标的概率分布函数(又称概率密度);(3)在何处找到粒子的概率最大。

16 - 25　设有一电子在宽为 0.20nm 的一维无限深的方势阱中。(1)计算电子在最低能级的能量;(2)当电子处于第一激发态($n = 2$)时,在势阱中何处出现的概率最小,其值为多少?

16 - 26　一粒子被禁闭在长度为 a 的一维箱中运动,其定态为驻波。试根据德布罗意关系式和驻波条件证明:该粒子定态动能是量子化的,求出量子化能级和最小动能公式(不考虑相对论效应)。

附录一　国际基本单位制(SI 单位)和我国法定计量单位

一、国际单位制的基本单位

量的名称	单位名称	单位符号	定义
长度	米	m	米是光在真空中 1/299792458s 时间间隔内所经过的路径长度。
质量(重量)	千克(公斤)	kg	千克是质量单位,等于国际千克原器的质量。
时间	秒	s	秒是铯－133 原子基态的两个超精细能级之间跃迁所对应的辐射的 9192631770 个周期的持续时间
电流	安[培]	A	在真空中,截面积可忽略的两根相距 1m 的无限长平行圆直导线内通以等量的恒定电流时,若导线间相互作用力在每米长度上为 2×10^{-7}N,则每根导线中的电流为 1A
热力学温度	开[尔文]	K	热力学温度开尔文是水三相点热力学温度的 1/273.16
物质的量	摩[尔]	mol	摩尔是一系统的物质的量,该系统中所包含的基本单位元数与 0.012kg 碳－12 的原子数目相等。在使用摩尔时,基本单位应予以指明,可以是原子、分子、离子、电子以及其他粒子,或是这些粒子的特定组合
发光强度	坎[德拉]	cd	坎德拉是一光源在给定方向上的发光强度,该光源发出频率为 540×10^{12} Hz 的单色辐射,且在此方向上的辐射强度为(1/683) $W\cdot sr^{-1}$

二、国际单位制的辅助单位

量的名称	单位名称	单位符号
平面角	弧度	rad
立体角	球面度	sr

三、国际单位制中具有专门名称的导出单位

量的名称	单位名称	单位符号	其他表示式例
频率	赫[兹]	Hz	s^{-1}
力;重力	牛[顿]	N	$(kg\cdot m)/s^2$
压力,压强;应力	帕[斯卡]	Pa	N/m^2
能量;功;热	焦[耳]	J	$N\cdot m$

（续）

量的名称	单位名称	单位符号	其他表示式例
功率;辐射通量	瓦[特]	W	J/s
电荷量	库[仑]	C	A·s
电位;电压;电动势	伏[特]	V	W/A
电容	法[拉]	F	C/V
电阻	欧[姆]	Ω	V/A
电导	西[门子]	S	A/V
磁通量	韦[伯]	Wb	V·s
磁通量密度,磁感应强度	特[斯拉]	T	Wb/m^2
电感	亨[利]	H	Wb/A
摄氏温度	摄氏度	℃	
光通量	流[明]	lm	cd·sr
光照度	勒[克斯]	lx	lm/m^2
放射性活度	贝可[勒尔]	Bq	s^{-1}
吸收剂量	戈[瑞]	Gy	J/kg
剂量当量	希[沃特]	Sv	J/kg

四、我们国家选定的非国际单位制单位

量的名称	单位名称	单位符号	换算关系和说明
时间	分 [小]时 天(日)	mim h d	1min = 60s 1h = 60min = 3600s 1d = 24h = 86400s
平面角	[角]秒 [角]分 度	(") (′) (°)	1" = (π/648000) rad (π 为圆周率) 1′ = (1/60)° = (π/10800) rad 1° = 60′ = (π/180) rad
旋转速度	转每分	r/min	$1r/min = (1/60)s^{-1}$
长度	海里	n mile	1n mile = 1852m (只用于航程)
速度	节	kn	1kn = 1n mile/h = (1852/3600) m/s (只用于航行)
质量	吨 原子质量单位	t u	$1t \approx 10^3 kg$ $1u \approx 1.6605655 \times 10^{-27} kg$
体积	升	L(l)	$1L = 1dm^3 = 10^{-3} m^3$
能	电子伏	eV	$1eV \approx 1.6021892 \times 10^{-19} J$

五、用于构成十进倍数和分数单位的词头

所表示的因数	词头名称	词头符号
10^{18}	艾[可萨]	E
10^{15}	拍[它]	P
10^{12}	太[拉]	T
10^{9}	吉[咖]	G
10^{6}	兆	M
10^{3}	千	k
10^{2}	百	h
10^{1}	十	da
10^{-1}	分	d
10^{-2}	厘	c
10^{-3}	毫	m
10^{-6}	微	μ
10^{-9}	纳[诺]	n
10^{-12}	皮[可]	p
10^{-15}	阿飞[母托]	f
10^{-18}	[托]	a

附录二　常用物理基本常数表

物理常数	符号	最佳实验值	供计算用值
真空中光速	c	$299792458 \pm 1.2\text{m}\cdot\text{s}^{-1}$	$3.00\times10^{8}\ \text{m}\cdot\text{s}^{-1}$
引力常数	G_0	$(6.6720\pm0.0041)\times10^{-11}\text{m}^{3}\cdot\text{s}^{-2}$	$6.67\times10^{-11}\ \text{m}^{3}\cdot\text{s}^{-2}$
阿伏加德罗(Avogadro)常数	N_0	$(6.022045\pm0.000031)\times10^{23}\text{mol}^{-1}$	$6.02\times10^{23}\ \text{mol}^{-1}$
普适气体常数	R	$(8.31441\pm0.00026)\text{J}\cdot\text{mol}^{-1}\cdot\text{K}^{-1}$	$8.31\ \text{J}\cdot\text{mol}^{-1}\cdot\text{K}^{-1}$
玻耳兹曼(Boltzmann)常数	k	$(1.380662\pm0.000041)\times10^{-23}\text{J}\cdot\text{K}^{-1}$	$1.38\times10^{-23}\ \text{J}\cdot\text{K}^{-1}$
理想气体摩尔体积	V_m	$(22.41383\pm0.00070)\times10^{-3}$	$22.4\times10^{-3}\ \text{m}^{3}\cdot\text{mol}^{-1}$
基本电荷(元电荷)	e	$(1.6021892\pm0.0000046)\times10^{-19}\ \text{C}$	$1.602\times10^{-19}\ \text{C}$
原子质量单位	u	$(1.6605655\pm0.0000086)\times10^{-27}\ \text{kg}$	$1.66\times10^{-27}\ \text{kg}$
电子静止质量	m_e	$(9.109534\pm0.000047)\times10^{-31}\text{kg}$	$9.11\times10^{-31}\text{kg}$
电子荷质比	e/m_e	$(1.7588047\pm0.0000049)\times10^{-11}\text{C}\cdot\ \text{kg}^{-2}$	$1.76\times10^{-11}\ \text{C}\cdot\ \text{kg}^{-2}$
质子静止质量	m_p	$(1.6726485\pm0.0000086)\times10^{-27}\ \text{kg}$	$1.673\times10^{-27}\ \text{kg}$
中子静止质量	m_n	$(1.6749543\pm0.0000086)\times10^{-27}\ \text{kg}$	$1.675\times10^{-27}\ \text{kg}$
法拉第常数	F	$(9.648456\pm0.000027)\text{C}\cdot\text{mol}^{-1}$	$96500\ \text{C}\cdot\text{mol}^{-1}$
真空电容率	ε_0	$(8.854187818\pm0.000000071)\times10^{-12}\text{F}\cdot\text{m}^{-2}$	$8.85\times10^{-12}\text{F}\cdot\text{m}^{-2}$
真空磁导率	μ_0	$125.663706144\times10^{-7}\text{H}\cdot\text{m}^{-1}$	$4\pi\text{H}\cdot\text{m}^{-1}$
电子磁矩	μ_e	$(9.284832\pm0.000036)\times10^{-24}\ \text{J}\cdot\text{T}^{-1}$	$9.28\times10^{-24}\ \text{J}\cdot\text{T}^{-1}$
质子磁矩	μ_p	$(1.4106171\pm0.0000055)\times10^{-23}\text{J}\cdot\text{T}^{-1}$	$1.41\times10^{-23}\ \text{J}\cdot\text{T}^{-1}$
玻尔(Bohr)半径	α_0	$(5.2917706\pm0.0000044)\times10^{-11}\ \text{m}$	$5.29\times10^{-11}\ \text{m}$
玻尔(Bohr)磁子	μ_B	$(9.274078\pm0.000036)\times10^{-24}\ \text{J}\cdot\text{T}^{-1}$	$9.27\times10^{-24}\ \text{J}\cdot\text{T}^{-1}$
核磁子	μ_N	$(5.059824\pm0.000020)\times10^{-27}\ \text{J}\cdot\text{T}^{-1}$	$5.05\times10^{-27}\ \text{J}\cdot\text{T}^{-1}$
普朗克(Planck)常数	h	$(6.626176\pm0.000036)\times10^{-34}\ \text{J}\cdot\text{s}$	$6.63\times10^{-34}\ \text{J}\cdot\text{s}$
精细结构常数	a	$7.2973506(60)\times10^{-3}$	
里德伯(Rydberg)常数	R	$1.097373177(83)\times10^{7}\text{m}^{-1}$	
电子康普顿(Compton)波长		$2.4263089(40)\times10^{-12}\text{m}$	
质子康普顿(Compton)波长		$1.3214099(22)\times10^{-15}\text{m}$	
质子电子质量比	m_p/m_e	1836.1515	

部分习题参考答案

第9章 静电场

9-1 8.36×10^{19}N;8.36×10^{5}N

9-2 3.2×10^{-7}N;x 轴正向

9-3 $\boldsymbol{E}=1.8\times10^{4}\boldsymbol{i}+2.7\times10^{4}\boldsymbol{j}$

9-4 (1)$675\boldsymbol{i}$;(2)$1500\boldsymbol{j}$

9-5 $E=\dfrac{\sigma}{4\varepsilon_0}$

9-6 $\dfrac{\lambda}{2\pi\varepsilon_0 R}$

9-7 $\dfrac{q}{6\varepsilon_0},\dfrac{q}{8\varepsilon_0}$

9-8 $1\times10^{4}\text{C}\cdot\text{m}^2$

9-9 (1) -9×10^{5}C;(2)$1.14\times10^{-12}\text{C}\cdot\text{m}^{-3}$

9-10 $\dfrac{\sigma}{\varepsilon_0},0,\dfrac{\sigma}{\varepsilon_0}$

9-11 $0,\dfrac{\rho({r_2}^3-{R_1}^3)}{3\varepsilon_0 {r_2}^2},\dfrac{\rho({R_2}^3-{R_1}^3)}{3\varepsilon_0 {r_3}^2}$

9-12 $\dfrac{\lambda}{\pi\varepsilon_0}\left(\dfrac{1}{d-2x_1}+\dfrac{1}{d+2x_1}\right),\dfrac{\lambda}{\pi\varepsilon_0}\left(\dfrac{1}{d-2x_2}+\dfrac{1}{d+2x_2}\right),\dfrac{\lambda}{\pi\varepsilon_0}\left(\dfrac{1}{d+2x_3}-\dfrac{1}{2x_3-d}\right)$

9-13 (1)0;(2)$\dfrac{\lambda}{2\pi\varepsilon_0 r}$;(3)0

9-14 (1)$E=0,V=2880$;(2) -2.88×10^{-6}J,2.88×10^{-6}J

9-15 (1)3.6×10^{-6}J, -3.6×10^{-6}J

9-16 $\dfrac{q}{4\pi\varepsilon_0 R},\dfrac{q}{4\pi\varepsilon_0 R}2^{2/3}$

9-17 (1)$\dfrac{q}{4\pi\varepsilon_0 R_1}+\dfrac{Q}{4\pi\varepsilon_0 R_2}$;(2)$\dfrac{q}{4\pi\varepsilon_0 r_1}+\dfrac{Q}{4\pi\varepsilon_0 R_2}$;(3)$\dfrac{q+Q}{4\pi\varepsilon_0 r_2}$

9-18 从 x 负半轴到正半轴场强:$0,\dfrac{\sigma}{\varepsilon_0},0$;电势:$\dfrac{\sigma}{\varepsilon_0}a$, $-\dfrac{\sigma}{\varepsilon_0}x$, $-\dfrac{\sigma}{\varepsilon_0}a$

9-19 (1)$\dfrac{\lambda}{4\varepsilon_0}$;(2)$\dfrac{\lambda}{4\pi\varepsilon_0}\ln2$;(3)$\dfrac{\lambda}{4\varepsilon_0}+\dfrac{\lambda}{2\pi\varepsilon_0}\ln2$

9-20 $\dfrac{W}{q}$,A 高,$\dfrac{W}{q}$

9－21　(1) $\frac{\sigma}{2\varepsilon_0}(\sqrt{R^2+x^2}-x)$；(2) $\frac{\sigma}{2\varepsilon_0}\left(1-\frac{x}{\sqrt{R^2+x^2}}\right)$

第 10 章　静电场中的导体和电介质

10－5　场强：$E=\frac{q}{4\pi\varepsilon_0 r^2}(r<R_1)$；$E=0(R_1<r<R_2)$；$E=\frac{q}{4\pi\varepsilon_0 r^2}(r>R_2)$

电势：$V=\frac{q}{4\pi\varepsilon_0}\left(\frac{1}{r}-\frac{1}{R_1}\right)+\frac{q}{4\pi\varepsilon_0 R_2}(r<R_1)$；$V=\frac{q}{4\pi\varepsilon_0 R_2}(R_1<r<R_2)$；

$V=\frac{q}{4\pi\varepsilon_0 r}(R_2<r)$

10－6　(1) $V_1=\frac{q}{4\pi\varepsilon_0}\left(\frac{1}{R_1}-\frac{1}{R_2}\right)+\frac{Q+q}{4\pi\varepsilon_0 R_3}$；$V_2=\frac{Q+q}{4\pi\varepsilon_0 R_3}$；(2) $V_1=V_2=\frac{Q+q}{4\pi\varepsilon_0 R_3}$

(3) $V_2=0$；$V_1=\frac{q}{4\pi\varepsilon_0}\left(\frac{1}{R_1}-\frac{1}{R_2}\right)$

10－7　$\frac{Q}{4\pi\varepsilon_0 R_2}$

10－8　(1) $q_B=-1.0\times10^{-7}\mathrm{C}$；$q_C=-2.0\times10^{-7}\mathrm{C}$；(2) $V_A=2.3\times10^3\mathrm{V}$

10－9　场强：$E=0(r<R)$；$E=\frac{Q}{4\pi\varepsilon_0\varepsilon_r r^2}(R<r<R+d)$；$E=\frac{Q}{4\pi\varepsilon_0 r^2}(r>R+d)$

电势：$V=\frac{Q}{4\pi\varepsilon_r\varepsilon_0}\left(\frac{1}{R}-\frac{1}{R+d}\right)+\frac{Q}{4\pi\varepsilon_0(R+d)}(r<R)$；

$V=\frac{Q}{4\pi\varepsilon_r\varepsilon_0}\left(\frac{1}{r}-\frac{1}{R+d}\right)+\frac{Q}{4\pi\varepsilon_0(R+d)}(R<r<R+d)$； $V=\frac{Q}{4\pi\varepsilon_0 r}(R+d<r)$

10－10　0.152mm

10－11　3.75μF；$1.25\times10^{-4}\mathrm{C}$

10－12　$\frac{\varepsilon_r}{\varepsilon_r d(d-\delta)+\delta}$

10－13　$C=\frac{\varepsilon_0 S}{d-t}$；没有影响

10－14　(1) $\bar{\omega}_1=1.25\times10^9\mathrm{J/m^3}$；$\bar{\omega}_2=2.5\times10^9\mathrm{J/m^3}$；

(2) $W_1=10000\mathrm{J}$；$W_2=30000\mathrm{J}$

(3) 40000J.

10－15　(1) $1.8\times10^{-4}\mathrm{J}$；(2) $8.1\times10^{-5}\mathrm{J}$

第 11 章　恒定电流的磁场

11－1　(1)2Wb；(2)0；(3)$\sqrt{2}$Wb

11－2　(1) $\frac{\mu_0 I}{8R}$，垂直纸面向外；(2) $B=\frac{\mu_0 I}{2R}\left(1-\frac{1}{\pi}\right)$，垂直纸面向内；(3) $B=\frac{\mu_0 I}{4R}+\frac{\mu_0 I}{2\pi R}$，垂直纸面向外

11－3　$2.89\times10^{-5}\mathrm{T}$

11-4　$4\sqrt{2}\times10^{-6}\mathrm{T}$

11-5　(1)$I=\frac{2}{\pi}\times10^{-6}$；$B=6.7\times10^{-6}\mathrm{T}(2)P=7.2\times10^{-21}\mathrm{A\cdot m^2}$

11-6　$-2\mu_0 I$；$-\mu_0 I$；$-\mu_0 I$

11-7　$B=\frac{\mu_0 I\,(r^2-R_1^2)}{2\pi r(R_2^2-R_1^2)}(R_1<r<R_2)$；$B=\frac{\mu_0 I}{2\pi r}(r>R_2)$

11-8　$\Phi=5.49\times10^{-7}\mathrm{Wb}$

11-9　$B=0(r<R_1)$；$B=\frac{\mu_0 I_1}{2\pi r}(R_1<r<R_2)$；$B=\frac{\mu_0(I_1-I_2)}{2\pi r}(R_2<r)$

11-10　(1)$\mu_0 j$(2)0

11-11　(1)$B=\frac{\mu_0 Ir}{2\pi R^2}(r<R)$；$B=\frac{\mu_0 I}{2\pi r}(r>R)$；(2)$\Phi=\frac{\mu_0 Ih}{4\pi}$

11-12　$F=ev\frac{\mu_0 I}{4}\left(\frac{1}{R_2}-\frac{1}{R_1}\right)$，竖直向下

11-13　110m；2.3m

11-14　$F_{ab}=\frac{\mu_0 I_1 I_2 l}{2\pi \mathrm{d}}$；$F_{bc}=\frac{\mu_0 I_1 I_2}{2\pi}\ln\frac{d+l}{d}$；$F_{bc}=\frac{\mu_0 I_1 I_2}{2\pi}\sqrt{2}\ln\frac{d+l}{d}$；$F_{合}=\frac{\mu_0 I_1 I_2}{2\pi}\left(\frac{l}{d}-ln\frac{d+l}{d}\right)$

11-15　$F=2RBI$，方向向上

11-16　(1)$\frac{N}{2}\pi R^2 I$，向外；(2)$\frac{N}{2}\pi R^2 IB$，向上

11-17　$9\sqrt{3}\times10^{-5}$

11-18　(1)$I_1=0.091A$；(2)$I_2=0.024A$

第12章　电磁感应

12-1　$\varepsilon_i=3.6\times10^{-4}\mathrm{V}$

12-2　$-31\mathrm{V}$

12-3　$\varepsilon_i=\frac{\mu_0 I_0 l_1}{2\pi}w\sin wt\ln\frac{(d_1+l_2)(d_2+l_2)}{d_1 d_2}$

12-4　$2BRv$；P端高

12-5　$\varepsilon_i=B_0 Sw\sin 2wt$

12-6　$\varepsilon_i=-6.99\times10^{-3}V$；$A$端高

12-7　$\frac{5}{2}BwR^2$；O点高

12-8　$\varepsilon_i=\frac{\mu_0 Iv}{2\pi}\ln\frac{2a+2b}{2a+b}$

12-9　$\varepsilon_i=\frac{\mu_0 bI_0}{2\pi}\left[w\sin wt\ln\frac{x+a}{x}+\frac{av\cos wt}{x(x+a)}\right]$

12－10 $M=\frac{\mu_0}{2\pi}\left[(d+l)\ln\frac{d+l}{d}+l\right]$

12－11 $L=\frac{\mu_0}{\pi}\ln\frac{d-a}{a}$

12－12 $W=8\times10^{-2}$J

12－13 $\frac{\mu I^2}{16\pi}$

12－14 $\frac{\mu I}{2\pi r}$; $=\frac{\mu I^2}{8\pi^2 r^2}$

第14章 波动光学

14－8 (1)$\lambda=500$nm; (2) $\Delta x=3$mm

14－9 (1)5×10^{-3}m;(2)0.1m; (3) 1.53

14－10 601.3nm

14－11 1.58

14－12 654.5nm,553.8nm,480nm

14－13 673nm

14－14 70nm

14－15 100nm

14－16 (1)4×10^{-4}rad;(2)3.4×10^{-4}m;(3)0.85nm;(4)141 条

14－17 (1)4.8×10^{-5}rad;(2)5000nm,2375nm;(3)暗纹,3 条明和 3 条暗

14－18 5.460×10^{-7}m

14－19 $n=1.00025$

14－20 6.79

14－21 (1)633nm;(2)6330nm,30067.5nm

14－22 589nm

14－23 $k_1=3,k_2=3$

14－24. 1.67mm,0.83mm

14－25 (1) 3.25mm;(2)5.69mm

14－26 0.139m

14－27 (1) 9;(2)5

14－28 (1)55.9°;(2) 11.9°和 38.4°

14－29 (1)2.7mm;(2) 1.8cm

14－30 (1) 6×10^{-6}m;(2) 1.5×10^{-6}m;(3)0, ±1, ±2, ±3, ±5, ±6, ±7, ±9

14－31 (1)2.4×10^{-4}cm;(2) 0.8×10^{-4}cm;(3) $k=0$, ±1, ±2

14－32 3.05×10^{-3}mm

14－33 (1)510.3nm; (2) 25°

14 - 34　(1)0.06m;(2)5

14 - 35　35.26°和54.73°

14 - 36　2.25

14 - 37　1:1

14 - 38　37°

14 - 39　1.6,32°

参考文献

[1] 马文蔚,等. 物理学教程. 北京：高等教育出版社,2006.
[2] 吴百诗. 大学物理基础. 北京：科学出版社,2007.
[3] 程守洙,等. 普通物理学. 北京：高等教育出版社,2003.
[4] 姚启钧. 光学教程. 北京：高等教育出版社,2002.
[5] 张三慧. 大学物理学. 北京：清华大学出版社,2003.
[6] 王永昌. 近代物理学. 北京：清华大学出版社,2006.
[7] 毛骏健,等. 大学物理学. 北京:高等教育出版社,2006.
[8] 邓铁如,等. 西尔斯当代大学物理. 英文改编版. 北京:机械工业出版社,2009.